建筑与市政工程施工现场专业人员职业标准培训教材

施工员通用与基础知识（设备方向）

（第三版）

中国建设教育协会　组织编写
傅慈英　屈振伟　主　编

中国建筑工业出版社

图书在版编目（CIP）数据

施工员通用与基础知识. 设备方向 / 中国建设教育协会组织编写；傅慈英，屈振伟主编. — 3 版. — 北京：中国建筑工业出版社，2023.1
建筑与市政工程施工现场专业人员职业标准培训教材
ISBN 978-7-112-28185-5

Ⅰ. ①施… Ⅱ. ①中… ②傅… ③屈… Ⅲ. ①房屋建筑设备－建筑安装－工程施工－职业培训－教材 Ⅳ. ①TU7

中国版本图书馆 CIP 数据核字（2022）第 218255 号

本书是在第二版的基础上，依据《建筑与市政工程施工现场专业人员考核评价大纲》进行了修订。本次修订及时更新了行业法律法规及相关规范的内容，调整了书稿的章节结构，保证了本书的参考和使用价值。

全书共分上下两篇，上篇通用知识包括：建设法规、工程材料的基本知识、施工图识读与绘制的基本知识、熟悉工程施工工艺和方法、施工项目管理。下篇基础知识包括：设备安装相关的力学知识、建筑设备的基本知识、工程预算的基本知识、计算机和相关资料信息管理软件的应用知识、施工测量的基本知识。

本书可供施工员（设备方向）的从业人员及相关专业人员学习、培训使用。

责任编辑：杜 川 李 慧 李 明 李 杰
责任校对：姜小莲

建筑与市政工程施工现场专业人员职业标准培训教材
施工员通用与基础知识（设备方向）
（第三版）
中国建设教育协会 组织编写
傅慈英 屈振伟 主 编
*
中国建筑工业出版社出版、发行（北京海淀三里河路 9 号）
各地新华书店、建筑书店经销
北京红光制版公司制版
北京建筑工业印刷厂印刷
*

开本：787 毫米×1092 毫米 1/16 印张：19 字数：468 千字
2023 年 3 月第三版 2023 年 3 月第一次印刷
定价：**59.00** 元
ISBN 978-7-112-28185-5
（40214）

版权所有 翻印必究
如有印装质量问题，可寄本社图书出版中心退换
（邮政编码 100037）

建筑与市政工程施工现场专业人员职业标准培训教材编审委员会

主　任：赵　琦　李竹成

副主任：沈元勤　张鲁风　何志方　胡兴福　危道军
　　　　尤　完　赵　研　邵　华

委　员：（按姓氏笔画为序）

王兰英　王国梁　孔庆璐　邓明胜　艾永祥
艾伟杰　吕国辉　朱吉顶　刘尧增　刘哲生
孙沛平　李　平　李　光　李　奇　李　健
李大伟　杨　苗　时　炜　余　萍　沈　汛
宋岩丽　张　晶　张　颖　张亚庆　张晓艳
张悠荣　张燕娜　陈　曦　陈再捷　金　虹
郑华孚　胡晓光　侯洪涛　贾宏俊　钱大治
徐家华　郭庆阳　韩炳甲　鲁　麟　魏鸿汉

出版说明

建筑与市政工程施工现场专业人员队伍素质是影响工程质量和安全生产的关键因素。我国从20世纪80年代开始，在建设行业开展关键岗位培训考核和持证上岗工作。对于提高建设行业从业人员的素质起到了积极的作用。进入21世纪，在改革行政审批制度和转变政府职能的背景下，建设行业教育主管部门转变行业人才工作思路，积极规划和组织职业标准的研发。在住房和城乡建设部人事司的主持下，由中国建设教育协会、苏州二建建筑集团有限公司等单位主编了建设行业的第一部职业标准——《建筑与市政工程施工现场专业人员职业标准》JGJ/T 250—2011，已由住房和城乡建设部发布，作为行业标准于2012年1月1日起实施。为推动该标准的贯彻落实，进一步编写了配套的14个考核评价大纲。

该职业标准及考核评价大纲有以下特点：（1）系统分析各类建筑施工企业现场专业人员岗位设置情况，总结归纳了8个岗位专业人员核心工作职责，这些职业分类和岗位职责具有普遍性、通用性。（2）突出职业能力本位原则，工作岗位职责与专业技能相互对应，通过技能训练能够提高专业人员的岗位履职能力。（3）注重专业知识的完整性、系统性，基本覆盖各岗位专业人员的知识要求，通用知识具有各岗位的一致性，基础知识、岗位知识能够体现本岗位的知识结构要求。（4）适应行业发展和行业管理的现实需要，岗位设置、专业技能和专业知识要求具有一定的前瞻性、引导性，能够满足专业人员提高综合素质和适应岗位变化的需要。

为落实职业标准，规范建设行业现场专业人员岗位培训工作，我们依据与职业标准相配套的考核评价大纲，组织编写了《建筑与市政工程施工现场专业人员职业标准培训教材》。

本套教材覆盖《建筑与市政工程施工现场专业人员职业标准》涉及的施工员、质量员、安全员、标准员、材料员、机械员、劳务员、资料员8个岗位14个考核评价大纲。每个岗位、专业，根据其职业工作的需要，注意精选教学内容、优化知识结构、突出能力要求，对知识、技能经过合理归纳，编写为《通用与基础知识》和《岗位知识与专业技能》两本，供培训配套使用。本套教材共28本，作者基本都参与了《建筑与市政工程施工现场专业人员职业标准》的编写，使本套教材的内容能充分体现《建筑与市政工程施工现场专业人员职业标准》的要求，促进现场专业人员专业学习和能力的提高。

第三版教材在上版教材的基础上，依据《建筑与市政工程施工现场专业人员考核评价大纲》，总结使用过程中发现的不足之处，参照现行标准、规范，面向国家考核评价题库，对教材内容进行了调整、修改、补充，使之更加贴近学员需求，方便学员顺利通过考核评价。

我们的编写工作难免存在不足，因此，我们恳请使用本套教材的培训机构、教师和广大学员多提宝贵意见，以便进一步的修订，使其不断完善。

建筑与市政工程施工现场专业人员职业标准培训教材编审委员会

第三版前言

为满足最新国家标准、法律法规和管理规定，适应《建筑与市政工程施工现场专业人员考核评价大纲》考前培训与复习的需要，本书是在2017年7月第二版基础上修订而成，本次修订的主要内容：一是严格按照住房和城乡建设部人事司颁布的《建筑与市政工程施工现场专业人员考核考评大纲》要求，对全书内容进行了增删和重组，在符合大纲要求的前提下使之更精炼；二是根据最新国家强制性标准、法规和管理规定对相关内容进行了改写，保持内容的符合性；三是结合施工现场新技术、新设备、新材料、新工艺的应用情况，对"四新"技术的内容进行了增减，保持了内容的先进性。

本书在内容上根据大纲要求进行了调整、整合、精炼，并尽可能满足使用者的需要，本书也可供施工员（设备方向）的从业人员及相关专业人员学习、培训使用。

本书由傅慈英、屈振伟主编，参编人员有徐元东、沈灿钢、唐宇乾、周海东、吴剩勇、王明坚、傅天哲、朱剑、俞哲晟、张虎林、汪小中、张远强、应勇、林炜、费岩峰、陈希夷、吴姣、包晓琴、高国现、余鸿雁、余立成、王挺、方合庆、郑士继、胡萍。

限于编者水平，书中疏漏和错误难免，敬请读者批评指正。

第二版前言

本书是为了满足《建筑与市政工程专业施工现场专业人员全国统一考核评价大纲》[施工员（设备方向）]考前培训与复习的需要，在2014年8月第一版基础上修订而成的。本次所作的修订主要有：(1) 严格按照住房和城乡建设部人事司颁布的《建筑与市政工程施工现场专业人员考核评价大纲》，对全书内容进行了增删和重组，使之完全符合考评大纲；(2) 根据有关最新标准、法规和管理规定对全书内容进行了修改，保持了内容的先进性。

本书在内容上依据新颁行的考试大纲作了相应的补充，同时在结构上也按新考试大纲的要求作了调整，希冀应考者便于学习。编写时对原教材中不符新颁行实施的施工技术规范的内容作了删除，并按新施工技术规范的要求进行了改写。本书可供施工员（设备方向）的从业人员及相关专业人员学习、培训使用。

本教材由钱大治、傅慈英主编。参编人员有毛国伟、张远强、姜伟国、俞洪伟、屈振伟、张虎林、徐元东、屠纪松、方合庆、蒲月、余鸿雁、吴剩勇、王挺、费岩峰、唐宇乾、林炜、余立成、周海东、吴娇、沈灿钢、任翔、翁祝梅、郑士继、刘尧增、胡萍。

教材编写过程中，得到了浙江省建设厅人教处的大力支持、帮助和指导，谨此表示感谢，限于编者水平，书中疏漏和错误难免，敬请读者批评指正。

第一版前言

本教材依据《建筑与市政工程施工现场专业人员职业标准》JGJ/T 250—2011 及与其配套的《建筑与市政工程施工现场专业人员考核评价大纲》编写。

在编写时结合实际需要及现实情况对考核评价大纲的内容作适当的突破，因而教材的编写的范围做了少许的扩大，待试用中给以鉴别。

考核评价大纲的体例有所创新，将知识和能力分解成四大部分，而房屋建筑安装工程的三大专业即给排水专业、建筑电气专业、通风与空调专业的培训教材历来是各专业纵向自成体系，这次要拆解成横向联合嵌入四大部分中，给编写工作带来不适应的难度，表现为分解得是否合理，编排上是否零乱，衔接关系是否能呼应，这些我们也是在尝试中，再加上水平有限，难免有较多的瑕疵出现，请使用教材者多提意见，使其不断得到改进。

本教材由钱大治任主编，刘尧增、郑华孚任副主编。参编人员有邓爱华、叶庭奎、张友昌、吕国辉、石修仁、韩炳甲、鲁麟、赵宇、宣根、朱志航、费岩峰、方合庆、傅慈英、盛丽、周海东。

教材完稿后，由编审小组召集傅慈英、翁祝梅、余鸿雁、盛丽、石修仁等业内专家进行审查，审查认为符合"标准"和"大纲"的要求，将提出的意见进行修改后，可以付诸试用。

教材编写过程中，得到了浙江省建设厅人教处郭丽华、章凌云、王战等同志的大力支持、帮助和指导，谨此表示感谢。

目 录

上篇 通用知识 ………………………………………………………… 1

一、建设法规 ……………………………………………………… 1
（一）《中华人民共和国建筑法》 ………………………………… 2
（二）《中华人民共和国安全生产法》 …………………………… 8
（三）《建设工程安全生产管理条例》《建设工程质量管理条例》 … 16
（四）《中华人民共和国劳动法》《中华人民共和国劳动合同法》 … 21

二、工程材料的基本知识 ………………………………………… 28
（一）建筑给水管材及附件 ……………………………………… 28
（二）建筑排水管材及附件 ……………………………………… 37
（三）卫生器具 …………………………………………………… 38
（四）电线、电缆及电线导管 …………………………………… 39
（五）照明灯具、开关及插座 …………………………………… 43
（六）通风空调工程常用材料 …………………………………… 46

三、施工图识读与绘制的基本知识 ……………………………… 50
（一）建筑物施工图的基本知识 ………………………………… 50
（二）建筑设备施工图图示方法及内容 ………………………… 54
（三）施工图的绘制与识读 ……………………………………… 96

四、熟悉工程施工工艺和方法 …………………………………… 99
（一）建筑给水排水工程 ………………………………………… 99
（二）建筑通风与空调工程 ……………………………………… 119
（三）建筑电气工程 ……………………………………………… 140
（四）火灾报警及联动控制系统 ………………………………… 167
（五）建筑智能化工程 …………………………………………… 170

五、施工项目管理 ………………………………………………… 176
（一）施工项目管理的内容及组织 ……………………………… 176
（二）施工项目目标控制 ………………………………………… 182
（三）施工资源与现场管理 ……………………………………… 188

下篇　基础知识 ……191

六、设备安装相关的力学知识 …… 191
　（一）平面力系 …… 191
　（二）杆件强度、刚度和稳定性的概念 …… 196
　（三）流体力学基础 …… 205

七、建筑设备的基本知识 …… 216
　（一）电工学基础 …… 216
　（二）建筑设备工程的基本知识 …… 239

八、工程预算的基本知识 …… 254
　（一）工程量计算 …… 254
　（二）工程造价计价 …… 258

九、计算机和相关资料信息管理软件的应用知识 …… 277
　（一）WPS Office 的应用知识 …… 277
　（二）BIM 的应用知识 …… 278
　（三）常见资料管理软件的应用知识 …… 280

十、施工测量的基本知识 …… 282
　（一）测量基本工作 …… 282
　（二）安装测量的知识 …… 287

上篇 通用知识

一、建设法规

建设法规是指国家立法机关或其授权的行政机关制定的旨在调整国家及其有关机构、企事业单位、社会团体、公民之间，在建设活动中或建设行政管理活动中发生的各种社会关系的法律、法规的统称。它体现了国家对城市建设、乡村建设、市政及社会公用事业等各项建设活动进行组织、管理、协调的方针、政策和基本原则。

我国建设法规体系由以下五个层次组成。

1. 建设法律

建设法律是指由全国人民代表大会及其常务委员会制定通过，由国家主席以主席令的形式发布的属于国务院建设行政主管部门业务范围的各项法律，如《中华人民共和国建筑法》等。

2. 建设行政法规

建设行政法规是指由国务院制定，经国务院常务委员会审议通过，由国务院总理以中华人民共和国国务院令的形式发布的属于建设行政主管部门主管业务范围的各项法规。建设行政法规的名称常以"条例""办法""规定""规章"等名称出现，如《建设工程质量管理条例》《建设工程安全生产管理条例》等。

3. 建设部门规章

建设部门规章是指住房和城乡建设部根据国务院规定的职责范围，依法制定并颁布的各项规章或由住房和城乡建设部与国务院其他有关部门联合制定并发布的规章，如《实施工程建设强制性标准监督规定》《工程建设项目施工招标投标办法》等。

4. 地方性建设法规

地方性建设法规是指在不与宪法、法律、行政法规相抵触的前提下，由省、自治区、直辖市人民代表大会及其常委会结合本地区实际情况制定颁布发行的或经其批准颁布发行的由下级人大或其常委会制定的，只在本行政区域有效的建设方面的法规。

5. 地方建设规章

地方建设规章是指省、自治区、直辖市人民政府以及省会（自治区首府）城市和经国务院批准的较大城市的人民政府，根据法律和法规制定颁布的，只在本行政区域有效的建设方面的规章。

在建设法规的上述五个层次中,其法律效力从高到低依次为建设法律、建设行政法规、建设部门规章、地方性建设法规、地方建设规章。法律效力高的称为上位法,法律效力低的称为下位法。下位法不得与上位法相抵触,否则其相应规定将被视为无效。

(一)《中华人民共和国建筑法》

《中华人民共和国建筑法》(以下简称《建筑法》)于 1997 年 11 月 1 日由中华人民共和国第八届全国人民代表大会常务委员会第二十八次会议通过,于 1997 年 11 月 1 日发布,自 1998 年 3 月 1 日起施行。2011 年 4 月 22 日,第十一届全国人民代表大会常务委员会第二十次会议根据《关于修改〈中华人民共和国建筑法〉的决定》修改,修改后的《建筑法》自 2011 年 7 月 1 日起施行。

《建筑法》的立法目的在于加强对建筑活动的监督管理,维护建筑市场秩序,保证建筑工程的质量和安全,促进建筑业健康发展。《建筑法》共 8 章 85 条,分别从建筑许可、建筑工程发包与承包、建筑工程监理、建筑安全生产管理、建筑工程质量管理等方面作出了规定。

1. 从业资格的有关规定❶

(1) 法规相关条文

《建筑法》关于从业资格的条文是第 12 条、第 13 条、第 14 条。

(2) 建筑业企业的资质

从事土木工程、建筑工程、线路管道设备安装工程、装修工程的新建、扩建、改建等活动的企业称为建筑业企业。建筑业企业资质,是指建筑业企业的建设业绩、人员素质、管理水平、资金数量、技术装备等的总称。

1) 建筑业企业资质序列及类别

建筑业企业资质分为施工综合、施工总承包、专业承包和专业作业四个序列。取得施工综合资质的企业称为施工综合企业。取得施工总承包资质的企业称为施工总承包企业。取得专业承包资质的企业称为专业承包企业。取得专业作业资质的企业称为专业作业企业。

施工综合资质、施工总承包资质、专业承包资质、专业作业资质序列可按照工程性质和技术特点分别划分为若干资质类别,见表 1-1。

建筑业企业资质序列、类别及等级　　　　表 1-1

序号	资质序列	资质类别	资质等级
1	施工综合资质	不分类别	不分等级
2	施工总承包资质	分为 13 个类别,分别为:建筑工程施工总承包、公路工程施工总承包、铁路工程施工总承包、港口与航道工程施工总承包、水利水电工程施工总承包、电力工程施工总承包、矿山工程施工总承包、冶金工程施工总承包、石油化工工程施工总承包、市政公用工程施工总承包、通信工程施工总承包、机电工程施工总承包、民航工程施工总承包	分为甲级、乙级 2 个等级

---

❶ 该部分内容依据《建筑业企业资质标准(征收意见稿)》编写。

续表

序号	资质序列	资质类别	资质等级
3	专业承包资质	分为18个类别，分别为：地基基础工程专业承包、起重设备安装工程专业承包、预拌混凝土专业承包、建筑机电工程专业承包、消防设施工程专业承包、防水防腐保温工程专业承包、桥梁工程专业承包、隧道工程专业承包、模板脚手架专业承包、建筑装修装饰工程专业承包、古建筑工程专业承包、公路工程类专业承包、铁路电务电气化工程专业承包、港口与航道工程类专业承包、水利水电工程类专业承包、输变电工程专业承包、核工程专业承包、通用专业承包	预拌混凝土专业承包、模板脚手架专业承包、通用专业承包3个类别不分等级，其余分为甲级、乙级2个等级
4	专业作业资质	不分类别	不分等级

2）建筑业企业资质等级

建筑业企业资质等级，是指国务院行政主管部门按企业资质条件把企业划分成的不同等级。

施工综合资质不分等级，施工总承包资质分为甲级、乙级2个等级，专业承包资质一般分为甲级、乙级2个等级（部分专业不分等级），专业作业资质不分等级，见表1-1。

3）承揽业务的范围

① 施工综合企业和施工总承包企业

施工综合企业和施工总承包企业可以承接施工总承包工程。对所承接的施工总承包工程的各专业工程，可以全部自行施工，也可以将专业工程依法进行分包，但应分包给具有相应专业承包资质的企业。施工综合企业和施工总承包企业将专业作业进行分包时，应分包给具有专业作业资质的企业。

施工综合企业可承担各类工程的施工总承包、项目管理业务。各类别等级资质施工总承包企业承包工程的具体范围见《建筑业企业资质标准》，其中建筑工程、市政公用工程施工总承包企业承包工程范围分别见表1-2、表1-3。所谓建筑工程是指各类结构形式的民用建筑工程、工业建筑工程、构筑物工程以及相配套的道路、通信、管网管线等设施工程，工程内容包括地基与基础、主体结构、建筑屋面、装修装饰、建筑幕墙、附建人防工程以及给水排水及供暖、通风与空调、电气、消防、防雷等配套工程；市政公用工程包括给水工程、排水工程、燃气工程、热力工程、道路工程、桥梁工程、城市隧道工程（含城市规划区内的穿山过江隧道、地铁隧道、地下交通工程、地下过街通道）、公共交通工程、轨道交通工程、环境卫生工程、照明工程、绿化工程。

建筑工程施工总承包企业承包工程范围 表1-2

序号	企业资质	承包工程范围
1	甲级	可承担各类建筑工程的施工总承包、工程项目管理
2	乙级	可承担下列建筑工程的施工： (1) 高度100m以下的工业、民用建筑工程； (2) 高度120m以下的构筑物工程； (3) 建筑面积15万m² 以下的建筑工程； (4) 单项建安合同额1.5亿元以下的建筑工程

注：表中"以上""以下""不少于"均包含本数。

市政公用工程施工总承包企业承包工程范围　　　　　　　　　　表1-3

序号	企业资质	承包工程范围
1	甲级	可承担各类市政公用工程的施工
2	乙级	可承担下列市政公用工程的施工： (1) 各类城市道路；单跨45m以下的城市桥梁； (2) 15万t/d以下的供水工程；10万t/d以下的污水处理工程；25万t/d以下的给水泵站、15万t/d以下的污水泵站、雨水泵站；各类给水排水及中水管道工程； (3) 中压以下燃气管道、调压站；供热面积150万m^2以下热力工程和各类热力管道工程； (4) 各类城市生活垃圾处理工程； (5) 断面25m^2以下隧道工程和地下交通工程； (6) 各类城市广场、地面停车场硬质铺装

注：表中"以上""以下""不少于"均包含本数。

② 专业承包企业

设有专业承包资质的专业工程单独发包时，应由取得相应专业承包资质的企业承担。专业承包企业可以承接具有施工综合资质和施工总承包资质的企业依法分包的专业工程或建设单位依法发包的专业工程。对所承接的专业工程，可以全部自行组织施工，也可以将专业作业依法分包，但应分包给具有专业作业资质的企业。

各类别等级资质专业承包企业承包工程的具体范围见《建筑业企业资质标准》，其中，与建筑工程、市政公用工程相关性较高的专业承包企业承包工程的范围见表1-4。

部分专业承包企业承包工程范围　　　　　　　　　　表1-4

序号	企业类别	资质等级	承包工程范围
1	地基基础工程专业承包	甲级	可承担各类地基基础工程的施工
		乙级	可承担下列工程的施工： (1) 高度100m以下工业、民用建筑工程和高度120m以下构筑物的地基基础工程； (2) 深度24m以下的刚性桩复合地基处理和深度10m以下的其他地基处理工程； (3) 单桩承受设计荷载5000kN以下的桩基础工程； (4) 开挖深度15m以下的基坑围护工程
2	预拌混凝土专业承包	不分等级	可生产各种强度等级的混凝土和特种混凝土
3	建筑机电工程专业承包	甲级	可承担各类建筑工程项目的设备、线路、管道的安装，35kV以下变配电站工程，非标准钢结构件的制作、安装；各类城市与道路照明工程的施工；各类型电子工程、建筑智能化工程施工
		乙级	可承担单项合同额2000万元以下的各类建筑工程项目的设备、线路、管道的安装，10kV以下变配电站工程，非标准钢结构件的制作、安装；单项合同额1500万元以下的城市与道路照明工程的施工；单项合同额2500万元以下的电子工业制造设备安装工程和电子工业环境工程、单项合同额1500万元以下的电子系统工程和建筑智能化工程施工
4	消防设施工程专业承包	甲级	可承担各类消防设施工程的施工
		乙级	可承担建筑面积5万m^2以下的下列消防设施工程的施工： (1) 一类高层民用建筑以外的民用建筑； (2) 火灾危险性丙类以下的厂房、仓库、储罐、堆场

续表

序号	企业类别	资质等级	承包工程范围
5	模板脚手架专业承包	不分等级	可承担各类模板、脚手架工程的设计、制作、安装、施工
6	建筑装修装饰工程专业承包	甲级	可承担各类建筑装修装饰工程,以及与装修工程直接配套的其他工程的施工;各类型的建筑幕墙工程的施工
6	建筑装修装饰工程专业承包	乙级	可承担单项合同额 3000 万元以下的建筑装修装饰工程,以及与装修工程直接配套的其他工程的施工;单体建筑工程幕墙面积 15000m² 以下建筑幕墙工程的施工
7	古建筑工程专业承包	甲级	可承担各类仿古建筑、历史古建筑修缮工程的施工
7	古建筑工程专业承包	乙级	可承担建筑面积 3000m² 以下的仿古建筑工程或历史建筑修缮工程的施工
8	通用专业承包资质	不分等级	可承担建筑工程中除建筑装修装饰工程、建筑机电工程、地基基础工程等专业承包工程外的其他专业承包工程的施工

注:表中"以上""以下""不少于"均包含本数。

③ 专业作业企业

专业作业企业可以承接具有施工综合资质、施工总承包资质和专业承包资质的企业分包的专业作业。

2. 建筑安全生产管理的有关规定

(1) 法规相关条文

《建筑法》关于建筑安全生产管理的条文是第 36 条~第 51 条,其中有关建筑施工企业的条文是第 36 条、第 38 条、第 39 条、第 41 条、第 44 条~第 48 条、第 51 条。

(2) 建筑安全生产管理方针

建筑安全生产管理是指建设行政主管部门、建筑安全监督管理机构、建筑施工企业及有关单位对建筑生产过程中的安全工作,进行计划、组织、指挥、控制、监督等一系列的管理活动。

《建筑法》第 36 条规定,建筑工程安全生产管理必须坚持"安全第一、预防为主"的方针❶。

安全生产关系到人民群众生命和财产安全,关系到社会稳定和经济健康发展,建设工程安全生产管理必须坚持"安全第一、预防为主"的方针。"安全第一"是安全生产方针的基础;"预防为主"是安全生产方针的核心和具体体现,是实现安全生产的根本途径,生产必须安全,安全促进生产。

"安全第一",是从保护和发展生产力的角度,表明在生产范围内安全与生产的关系,肯定安全在建筑生产活动中的首要位置和重要性。"预防为主",是指在建设工程生产活动中,针对建设工程生产的特点,对生产要素采取管理措施,有效地控制不安全因素的发展与扩大,把可能发生的事故消灭在萌芽状态,以保证生产活动中人的安全、健康及财物

---

❶ 《安全生产法》对安全生产管理方针的表述为:安全生产应当以人为本,坚持安全第一、预防为主、综合治理的方针,建立政府领导、部门监督、单位负责、群众参与、社会监督的工作机制。

安全。

"安全第一"还反映了当安全与生产发生矛盾的时候,应该服从安全,消灭隐患,保证建设工程在安全的条件下生产。"预防为主"则体现在事先策划、事中控制、事后总结,通过信息收集,归类分析,制定预案,控制防范。"安全第一、预防为主"的方针,体现了国家在建设工程安全生产过程中"以人为本"的思想,也体现了国家对保护劳动者权利、保护社会生产力的高度重视。

(3) 建设工程安全生产基本制度

1) 安全生产责任制度

安全生产责任制度是将企业各级负责人、各职能机构及其工作人员和各岗位作业人员在安全生产方面应做的工作及应负的责任加以明确规定的一种制度。

《建筑法》第 36 条规定,建筑工程安全生产管理必须建立健全安全生产的责任制度。第 44 条又规定,建筑施工企业必须依法加强对建筑安全生产的管理,执行安全生产责任制度,采取有效措施,防止伤亡和其他安全生产事故的发生。

安全生产责任制度是建筑生产中最基本的安全管理制度,是所有安全规章制度的核心,是"安全第一、预防为主"方针的具体体现。通过制定安全生产责任制,建立一种分工明确、运行有效、责任落实、能够充分发挥作用的、长效的安全生产机制,把安全生产工作落到实处。认真落实安全生产责任制,不仅是为了保证在发生生产安全事故时,可以追究责任,更重要的是通过日常或定期检查、考核,奖优罚劣,提高全体从业人员执行安全生产责任制的自觉性,使安全生产责任制真正落实到安全生产工作中去。

建筑施工单位的安全生产责任制主要包括企业各级领导人员的安全职责、企业各有关职能部门的安全生产职责以及施工现场管理人员及作业人员的安全职责三个方面。

2) 群防群治制度

群防群治制度是职工群众进行预防和治理安全的一种制度。

《建筑法》第 36 条规定,建筑工程安全生产管理必须建立健全群防群治制度。

群防群治制度也是"安全第一、预防为主"的具体体现,同时也是群众路线在安全工作中的具体体现,是企业进行民主管理的重要内容。这一制度要求建筑企业职工在施工中应当遵守有关生产的法律、法规和建筑行业安全规章、规程,不得违章作业;对于危及生命安全和身体健康的行为有权提出批评、检举和控告。

3) 安全生产教育培训制度

安全生产教育培训制度是对广大建筑干部职工进行安全教育培训,提高安全意识,增加安全知识和技能的制度。

《建筑法》第 46 条规定,建筑施工企业应当建立健全劳动安全生产教育培训制度,加强对职工安全生产的教育培训;未经安全生产教育培训的人员,不得上岗作业。

安全生产,人人有责。只有通过对广大职工进行安全教育、培训,才能使广大职工真正认识到安全生产的重要性、必要性,才能使广大职工掌握更多、更有效的安全生产的科学技术知识,牢固树立安全第一的思想,自觉遵守各项安全生产规章制度。

4) 伤亡事故处理报告制度

伤亡事故处理报告制度是指施工中发生事故时,建筑企业应当采取紧急措施减少人员伤亡和事故损失,并按照国家有关规定及时向有关部门报告的制度。

《建筑法》第51条规定，施工中发生事故时，建筑施工企业应当采取紧急措施减少人员伤亡和事故损失，并按照国家有关规定及时向有关部门报告。

事故处理必须遵循一定的程序，做到"四不放过"，即事故原因不清不放过、事故责任者和群众没有受到教育不放过、事故隐患不整改不放过、事故的责任者没有受到处理不放过。通过对事故的严格处理，可以总结出教训，为制定规程、规章提供第一手素材，做到亡羊补牢。

5）安全生产检查制度

安全生产检查制度是上级管理部门或企业自身对安全生产状况进行定期或不定期检查的制度。

安全生产检查制度是安全生产的保障。通过检查可以发现问题，查出隐患，从而采取有效措施，堵塞漏洞，把事故消灭在发生之前，做到防患于未然，是"预防为主"的具体体现。通过检查，还可总结出好的经验加以推广，为进一步搞好安全工作打下基础。

6）安全责任追究制度

建设单位、设计单位、施工单位、监理单位，由于没有履行职责造成人员伤亡和事故损失的，视情节给予相应处理；情节严重的，责令停业整顿，降低资质等级或吊销资质证书；构成犯罪的，依法追究刑事责任。

（4）建筑施工企业的安全生产责任

《建筑法》第38条、第39条、第41条、第44条～第48条、第51条规定了建筑施工企业的安全生产责任。根据这些规定，《建设工程质量管理条例》等法规作了进一步细化和补充，具体见《建设工程质量管理条例》部分相关内容。

3.《建筑法》关于质量管理的规定

（1）法规相关条文

《建筑法》关于质量管理的条文是第52条～第63条，其中有关建筑施工企业的条文是第52条、第54条、第55条、第58条～第62条。

（2）建设工程竣工验收制度

《建筑法》第61条规定：交付竣工验收的建筑工程，必须符合规定的建筑工程质量标准，有完整的工程技术经济资料和经签署的工程保修书，并具备国家规定的其他竣工条件。建筑工程竣工经验收合格后，方可交付使用；未经验收或者验收不合格的，不得交付使用。

建设工程项目的竣工验收，指在建筑工程已按照设计要求完成全部施工任务，准备交付给建设单位投入使用时，由建设单位或有关主管部门依照国家关于建筑工程竣工验收制度的规定，对该项工程是否符合设计要求和工程质量标准所进行的检查、考核工作。工程项目的竣工验收是施工全过程的最后一道工序，也是工程项目管理的最后一项工作。它是建设投资成果转入生产或使用的标志，也是全面考核投资效益、检验设计和施工质量的重要环节。认真做好工程项目的竣工验收工作，对保证工程项目的质量具有重要意义。

（3）建设工程质量保修制度

建设工程质量保修制度，是指建设工程竣工经验收后，在规定的保修期限内，因勘察、设计、施工、材料等原因造成的质量缺陷，应当由施工承包单位负责维修、返工或更换，由责任单位负责赔偿损失的法律制度。建设工程质量保修制度对于促进建设各方加强质量管理，保护用户及消费者的合法权益可起到重要的保障作用。

《建筑法》第 62 条规定：建筑工程实行质量保修制度。同时，还对质量保修的范围和期限作了规定：建筑工程的保修范围应当包括地基基础工程、主体结构工程、屋面防水工程和其他土建工程，以及电气管线、上下水管线的安装工程，供热、供冷系统工程等项目；保修的期限应当按照保证建筑物合理寿命年限内正常使用、维护使用者合法权益的原则确定。具体的保修范围和最低保修期限由国务院规定。据此，国务院在《建设工程质量管理条例》中作了明确规定，详见《建设工程质量管理条例》相关内容。

（4）建筑施工企业的质量责任与义务

《建筑法》第 54 条、第 55 条、第 58 条～第 62 条规定了建筑施工企业的质量责任与义务。据此，《建设工程质量管理条例》作了进一步细化，见《建设工程质量管理条例》部分相关内容。

（二）《中华人民共和国安全生产法》

《中华人民共和国安全生产法》（以下简称《安全生产法》）由第九届全国人民代表大会常务委员会第二十八次会议于 2002 年 6 月 29 日通过，自 2002 年 11 月 1 日起施行。根据 2021 年 6 月 10 日第十三届全国人民代表大会常务委员会第二十九次会议《全国人民代表大会常务委员会关于修改〈中华人民共和国安全生产法〉的决定》第三次修正，修正后的《安全生产法》自 2021 年 9 月 1 日起施行。

《安全生产法》的立法目的，是为了加强安全生产工作，防止和减少生产安全事故，保障人民群众生命和财产安全，促进经济社会持续健康发展。《安全生产法》包括总则、生产经营单位的安全生产保障、从业人员的安全生产权利和义务、安全生产的监督管理、生产安全事故的应急救援与调查处理、法律责任、附则 7 章，共 119 条。对生产经营单位的安全生产保障、从业人员的安全生产权利和义务、安全生产的监督管理、生产安全事故的应急救援与调查处理四个主要方面作出了规定。

1. 生产经营单位的安全生产保障的有关规定

（1）法规相关条文

《安全生产法》关于生产经营单位的安全生产保障的条文是第 20 条～第 51 条。

（2）组织保障措施

1）建立安全生产管理机构

《安全生产法》第 24 条规定：矿山、金属冶炼、建筑施工、运输单位和危险物品的生产、经营、储存单位，应当设置安全生产管理机构或者配备专职安全生产管理人员。

2）明确岗位责任

① 生产经营单位的主要负责人的职责

生产经营单位是指从事生产或者经营活动的企业、事业单位、个体经济组织及其他组织和个人。主要负责人是指生产经营单位内对生产经营活动负有决策权并能承担法律责任的人，包括法定代表人、实际控制人、总经理、经理、厂长等。《安全生产法》第 5 条规定：生产经营单位的主要负责人是本单位安全生产第一责任人，对本单位安全生产工作全面负责。

《安全生产法》第21条规定：生产经营单位的主要负责人对本单位安全生产工作负有下列职责：

  A. 建立健全并落实本单位安全生产责任制加强安全生产标准化建设；

  B. 组织制定并实施本单位安全生产规章制度和操作规程；

  C. 组织制定并实施本单位安全生产教育和培训计划；

  D. 保证本单位安全生产投入的有效实施；

  E. 组织建立并落实安全风险分级管控和隐患排查治理双重预防工作机制，督促、检查本单位的安全生产工作，及时消除生产安全事故隐患；

  F. 组织制定并实施本单位的生产安全事故应急救援预案；

  G. 及时、如实报告生产安全事故。

同时，《安全生产法》第50条规定：生产经营单位发生生产安全事故时，单位的主要负责人应当立即组织抢救，并不得在事故调查处理期间擅离职守。

② 生产经营单位的安全生产管理人员的职责

《安全生产法》第46条规定：生产经营单位的安全生产管理人员应当根据本单位的生产经营特点，对安全生产状况进行经常性检查；对检查中发现的安全问题，应当立即处理；不能处理的，应当及时报告本单位有关负责人，有关负责人应当及时处理。检查及处理情况应当如实记录在案。

③ 对安全设施、设备的质量负责的岗位

  A. 对安全设施的设计质量负责的岗位

《安全生产法》第33条规定：建设项目安全设施的设计人、设计单位应当对安全设施设计负责。

矿山、金属冶炼建设项目和用于生产、储存、装卸危险物品的建设项目的安全设施设计应当按照国家有关规定报经有关部门审查，审查部门及其负责审查的人员对审查结果负责。

  B. 对安全设施的施工负责的岗位

《安全生产法》第34条规定：矿山、金属冶炼建设项目和用于生产、储存、装卸危险物品的建设项目的施工单位必须按照批准的安全设施设计施工，并对安全设施的工程质量负责。

  C. 对安全设施的竣工验收负责的岗位

《安全生产法》第34条规定：矿山、金属冶炼建设项目和用于生产、储存危险物品的建设项目竣工投入生产或者使用前，应当由建设单位负责组织对安全设施进行验收；验收合格后，方可投入生产和使用。负有安全生产监督管理职责的部门应当加强对建设单位验收活动和验收结果的监督核查。

  D. 对安全设备质量负责的岗位

《安全生产法》第37条规定：生产经营单位使用的危险物品的容器、运输工具，以及涉及人身安全、危险性较大的海洋石油开采特种设备和矿山井下特种设备，必须按照国家有关规定，由专业生产单位生产，并经具有专业资质的检测、检验机构检测、检验合格，取得安全使用证或者安全标志，方可投入使用。检测、检验机构对检测、检验结果负责。

(3) 管理保障措施

1) 人力资源管理

① 对主要负责人和安全生产管理人员的管理

《安全生产法》第27条规定：生产经营单位的主要负责人和安全生产管理人员必须具备与本单位所从事的生产经营活动相应的安全生产知识和管理能力。

危险物品的生产、经营、储存、装卸单位以及矿山、金属冶炼、建筑施工、运输单位的主要负责人和安全生产管理人员，应当由主管的负有安全生产监督管理职责的部门对其安全生产知识和管理能力考核合格。考核不得收费。

② 对一般从业人员的管理

《安全生产法》第28条规定：生产经营单位应当对从业人员进行安全生产教育和培训，保证从业人员具备必要的安全生产知识，熟悉有关的安全生产规章制度和安全操作规程，掌握本岗位的安全操作技能，了解事故应急处理措施，知悉自身在安全生产方面的权利和义务。未经安全生产教育和培训合格的从业人员，不得上岗作业。

生产经营单位使用被派遣劳动者的，应当将被派遣劳动者纳入本单位从业人员统一管理，对被派遣劳动者进行岗位安全操作规程和安全操作技能的教育和培训。

劳务派遣单位应当对被派遣劳动者进行必要的安全生产教育和培训。

③ 对特种作业人员的管理

《安全生产法》第30条规定：生产经营单位的特种作业人员必须按照国家有关规定经专门的安全作业培训，取得相应资格，方可上岗作业。

2) 物力资源管理

① 设备的日常管理

《安全生产法》第35条规定：生产经营单位应当在有较大危险因素的生产经营场所和有关设施、设备上，设置明显的安全警示标志。

《安全生产法》第36条规定：安全设备的设计、制造、安装、使用、检测、维修、改造和报废，应当符合国家标准或者行业标准。

生产经营单位必须对安全设备进行经常性维护、保养，并定期检测，保证正常运转。维护、保养、检测应当做好记录，并由有关人员签字。

② 设备的淘汰制度

《安全生产法》第38条规定：国家对严重危及生产安全的工艺、设备实行淘汰制度，具体目录由国务院应急管理部门会同国务院有关部门制定并公布。省、自治区、直辖市人民政府可以根据本地区实际情况制定并公布具体目录。生产经营单位不得使用应当淘汰的危及生产安全的工艺、设备。

③ 生产经营项目、场所、设备的转让管理

《安全生产法》第49条规定：生产经营单位不得将生产经营项目、场所、设备发包或者出租给不具备安全生产条件或者相应资质的单位或者个人。

④ 生产经营项目、场所的协调管理

《安全生产法》第49条规定：生产经营项目、场所发包或者出租给其他单位的，生产经营单位应当与承包单位、承租单位签订专门的安全生产管理协议，或者在承包合同、租赁合同中约定各自的安全生产管理职责；生产经营单位对承包单位、承租单位的安全生产工作统一协调、管理，定期进行安全检查，发现安全问题的，应当及时督促整改。

（4）经济保障措施

1）保证安全生产所必需的资金

《安全生产法》第 23 条规定：生产经营单位应当具备的安全生产条件所必需的资金投入，由生产经营单位的决策机构、主要负责人或者个人经营的投资人予以保证，并对由于安全生产所必需的资金投入不足导致的后果承担责任。

2）保证安全设施所需要的资金

《安全生产法》第 31 条规定：生产经营单位新建、改建、扩建工程项目的安全设施，必须与主体工程同时设计、同时施工、同时投入生产和使用。安全设施投资应当纳入建设项目概算。

3）保证劳动防护用品、安全生产培训所需要的资金

《安全生产法》第 45 条规定：生产经营单位必须为从业人员提供符合国家标准或者行业标准的劳动防护用品，并监督、教育从业人员按照使用规则佩戴、使用。

《安全生产法》第 47 条规定：生产经营单位应当安排用于配备劳动防护用品、进行安全生产培训的经费。

4）保证工伤社会保险所需要的资金

《安全生产法》第 51 条规定：生产经营单位必须依法参加工伤社会保险，为从业人员缴纳保险费。

（5）技术保障措施

1）对新工艺、新技术、新材料或者使用新设备的管理

《安全生产法》第 29 条规定：生产经营单位采用新工艺、新技术、新材料或者使用新设备，必须了解、掌握其安全技术特性，采取有效的安全防护措施，并对从业人员进行专门的安全生产教育和培训。

2）对安全条件论证和安全评价的管理

《安全生产法》第 32 条规定：矿山、金属冶炼建设项目和用于生产、储存、装卸危险物品的建设项目，应当按照国家有关规定由具有相应资质的安全评估机构进行安全评价。

3）对废弃危险物品的管理

危险物品是指易燃易爆物品、危险化学品、放射性物品等能够危及人身安全和财产安全的物品。

《安全生产法》第 39 条规定：生产、经营、运输、储存、使用危险物品或者处置废弃危险物品的，由有关主管部门依照有关法律、法规的规定和国家标准或者行业标准审批并实施监督管理。

生产经营单位生产、经营、运输、储存、使用危险物品或者处置废弃危险物品，必须执行有关法律、法规和国家标准或者行业标准，建立专门的安全管理制度，采取可靠的安全措施，接受有关主管部门依法实施的监督管理。

4）对重大危险源的管理

重大危险源是指长期地或者临时地生产、搬运、使用或者储存危险物品，且危险物品的数量等于或者超过临界量的单元（包括场所和设施）。

《安全生产法》第 40 条规定：生产经营单位对重大危险源应当登记建档，进行定期检测、评估、监控，并制定应急预案，告知从业人员和相关人员在紧急情况下应当采取的应急措施。

生产经营单位应当按照国家有关规定将本单位重大危险源及有关安全措施、应急措施报有关地方人民政府应急管理部门和有关部门备案。

5）对员工宿舍的管理

《安全生产法》第 42 条规定：生产、经营、储存、使用危险物品的车间、商店、仓库不得与员工宿舍在同一座建筑物内，并应当与员工宿舍保持安全距离。

生产经营场所和员工宿舍应当设有符合紧急疏散要求、标志明显、保持畅通的出口、疏散通道。禁止占用、锁闭、封堵生产经营场所或者员工宿舍的出口、疏散通道。

6）对危险作业的管理

《安全生产法》第 43 条规定：生产经营单位进行爆破、吊装、动火、临时用电以及国务院应急管理部门会同国务院有关部门规定的其他危险作业，应当安排专门人员进行现场安全管理，确保操作规程的遵守和安全措施的落实。

7）对安全生产操作规程的管理

《安全生产法》第 44 条规定：生产经营单位应当教育和督促从业人员严格执行本单位的安全生产规章制度和安全操作规程；并向从业人员如实告知作业场所和工作岗位存在的危险因素、防范措施以及事故应急措施。

8）对施工现场的管理

《安全生产法》第 48 条规定：两个以上生产经营单位在同一作业区域内进行生产经营活动，可能危及对方生产安全的，应当签订安全生产管理协议，明确各自的安全生产管理职责和应当采取的安全措施，并指定专职安全生产管理人员进行安全检查与协调。

2. 从业人员的安全生产权利义务的有关规定

（1）法规相关条文

《安全生产法》关于从业人员的安全生产权利义务的条文是第 28 条、第 45 条、第 52 条～第 61 条。

（2）安全生产中从业人员的权利

生产经营单位的从业人员，是指该单位从事生产经营活动各项工作的所有人员，包括管理人员、技术人员和各岗位的工人，也包括生产经营单位临时聘用的人员。

生产经营单位的从业人员依法享有以下权利：

1）知情权

《安全生产法》第 53 条规定：生产经营单位的从业人员有权了解其作业场所和工作岗位存在的危险因素、防范措施及事故应急措施，有权对本单位的安全生产工作提出建议。

2）批评权和检举、控告权

《安全生产法》第 54 条规定：从业人员有权对本单位安全生产工作中存在的问题提出批评、检举、控告。

3）拒绝权

《安全生产法》第 54 条规定：从业人员有权拒绝违章指挥和强令冒险作业。生产经营单位不得因从业人员对本单位安全生产工作提出批评、检举、控告或者拒绝违章指挥、强令冒险作业而降低其工资、福利等待遇或者解除与其订立的劳动合同。

4）紧急避险权

《安全生产法》第 55 条规定：从业人员发现直接危及人身安全的紧急情况时，有权停止作业或者在采取可能的应急措施后撤离作业场所。生产经营单位不得因从业人员在前款紧急情况下停止作业或者采取紧急撤离措施而降低其工资、福利等待遇或者解除与其订立的劳动合同。

5）请求赔偿权

《安全生产法》第 56 条规定：因生产安全事故受到损害的从业人员，除依法享有工伤保险外，依照有关民事法律尚有获得赔偿的权利的，有权提出赔偿要求。

《安全生产法》第 52 条规定：生产经营单位与从业人员订立的劳动合同，应当载明有关保障从业人员劳动安全、防止职业危害的事项，以及依法为从业人员办理工伤保险的事项。生产经营单位不得以任何形式与从业人员订立协议，免除或者减轻其对从业人员因生产安全事故伤亡依法应承担的责任。

6）获得劳动防护用品的权利

《安全生产法》第 45 条规定：生产经营单位必须为从业人员提供符合国家标准或者行业标准的劳动防护用品，并监督、教育从业人员按照使用规则佩戴、使用。

7）获得安全生产教育和培训的权利

《安全生产法》第 28 条规定：生产经营单位应当对从业人员进行安全生产教育和培训，保证从业人员具备必要的安全生产知识，熟悉有关的安全生产规章制度和安全操作规程，掌握本岗位的安全操作技能，了解事故应急处理措施，知悉自身在安全生产方面的权利和义务。

（3）安全生产中从业人员的义务

1）自律遵规的义务

《安全生产法》第 57 条规定：从业人员在作业过程中，应当严格落实岗位安全生产责任，遵守本单位的安全生产规章制度和操作规程，服从管理，正确佩戴和使用劳动防护用品。

2）自觉学习安全生产知识的义务

《安全生产法》第 58 条规定：从业人员应当接受安全生产教育和培训，掌握本职工作所需的安全生产知识，提高安全生产技能，增强事故预防和应急处理能力。

3）危险报告义务

《安全生产法》第 59 条规定：从业人员发现事故隐患或者其他不安全因素，应当立即向现场安全生产管理人员或者本单位负责人报告；接到报告的人员应当及时予以处理。

3. 安全生产监督管理的有关规定

（1）法规相关条文

《安全生产法》关于安全生产监督管理的条文是第 62 条～第 78 条。

（2）安全生产监督管理部门

根据《安全生产法》第 9 条规定，国务院应急管理部门对全国安全生产工作实施综合监督管理。国务院交通运输、住房和城乡建设、水利、民航等有关部门在各自的职责范围内对有关行业、领域的安全生产工作实施监督管理。

（3）安全生产监督管理措施

《安全生产法》第60条规定：负有安全生产监督管理职责的部门依照有关法律、法规的规定，对涉及安全生产的事项需要审查批准（包括批准、核准、许可、注册、认证、颁发证照等，下同）或者验收的，必须严格依照有关法律、法规和国家标准或者行业标准规定的安全生产条件和程序进行审查；不符合有关法律、法规和国家标准或者行业标准规定的安全生产条件的，不得批准或者验收通过。对未依法取得批准或者验收合格的单位擅自从事有关活动的，负责行政审批的部门发现或者接到举报后应当立即予以取缔，并依法予以处理。对已经依法取得批准的单位，负责行政审批的部门发现其不再具备安全生产条件的，应当撤销原批准。

（4）安全生产监督管理部门的职权

《安全生产法》第65条规定：应急管理部门和其他负有安全生产监督管理职责的部门依法开展安全生产行政执法工作，对生产经营单位执行有关安全生产的法律、法规和国家标准或者行业标准的情况进行监督检查，行使以下职权：

1）进入生产经营单位进行检查，调阅有关资料，向有关单位和人员了解情况。

2）对检查中发现的安全生产违法行为，当场予以纠正或者要求限期改正；对依法应当给予行政处罚的行为，依照本法和其他有关法律、行政法规的规定作出行政处罚决定。

3）对检查中发现的事故隐患，应当责令立即排除；重大事故隐患排除前或者排除过程中无法保证安全的，应当责令从危险区域内撤出作业人员，责令暂时停产停业或者停止使用相关设施、设备；重大事故隐患排除后，经审查同意，方可恢复生产经营和使用。

4）对有根据认为不符合保障安全生产的国家标准或者行业标准的设施、设备、器材以及违法生产、储存、使用、经营、运输的危险物品予以查封或者扣押，对违法生产、储存、使用、经营危险物品的作业场所予以查封，并依法作出处理决定。

监督检查不得影响被检查单位的正常生产经营活动。

（5）安全生产监督检查人员的义务

《安全生产法》第67条规定了安全生产监督检查人员的义务：

1）应当忠于职守，坚持原则，秉公执法；

2）执行监督检查任务时，必须出示有效的行政执法证件；

3）对涉及被检查单位的技术秘密和业务秘密，应当为其保密。

4. 安全事故应急救援与调查处理的规定

（1）法规相关条文

《安全生产法》关于生产安全事故的应急救援与调查处理的条文是第79条～第89条。

（2）生产安全事故的等级划分标准

生产安全事故是指在生产经营活动中造成人身伤亡（包括急性工业中毒）或者直接经济损失的事故。国务院《生产安全事故报告和调查处理条例》规定，根据生产安全事故（以下简称事故）造成的人员伤亡或者直接经济损失，事故一般分为以下等级：

1）特别重大事故，是指造成30人及以上死亡，或者100人及以上重伤（包括急性工业中毒，下同），或者1亿元及以上直接经济损失的事故；

2）重大事故，是指造成10人及以上30人以下死亡，或者50人及以上100人以下重伤，或者5000万元及以上1亿元以下直接经济损失的事故；

3）较大事故，是指造成3人及以上10人以下死亡，或者10人及以上50人以下重伤，或者1000万元及以上5000万元以下直接经济损失的事故；

4）一般事故，是指造成3人以下死亡，或者10人以下重伤，或者1000万元以下直接经济损失的事故。

（3）生产安全事故报告

《安全生产法》第83条规定，生产经营单位发生生产安全事故后，事故现场有关人员应当立即报告本单位负责人。单位负责人接到事故报告后，应当按照国家有关规定立即如实报告当地负有安全生产监督管理职责的部门，不得隐瞒不报、谎报或者迟报，不得故意破坏事故现场、毁灭有关证据。第84条规定：负有安全生产监督管理职责的部门接到事故报告后，应当立即按照国家有关规定上报事故情况。负有安全生产监督管理职责的部门和有关地方人民政府对事故情况不得隐瞒不报、谎报或者迟报。《关于进一步强化安全生产责任落实坚决防范遏制重特大事故的若干措施》要求，严格落实事故直报制度，生产安全事故隐瞒不报、谎报或者拖延不报的，对直接责任人和负有管理和领导责任的人员依规依纪依法从严追究责任。

《建设工程安全生产管理条例》进一步规定，施工单位发生生产安全事故，应当按照国家有关伤亡事故报告和调查处理的规定，及时、如实地向负责安全生产监督管理的部门、建设行政主管部门或者其他有关部门报告；特种设备发生事故的，还应当同时向特种设备安全监督管理部门报告。实行施工总承包的建设工程，由总承包单位负责上报事故。

（4）应急抢救工作

《安全生产法》第83条规定，单位负责人接到事故报告后，应当迅速采取有效措施，组织抢救，防止事故扩大，减少人员伤亡和财产损失。第85条规定，有关地方人民政府和负有安全生产监督管理职责的部门的负责人接到生产安全事故报告后，应当按照生产安全事故应急救援预案的要求立即赶到事故现场，组织事故抢救。

（5）事故的调查

《安全生产法》第86条规定：事故调查处理应当按照科学严谨、依法依规、实事求是、注重实效的原则，及时、准确地查清事故原因，查明事故性质和责任，评估应急处置工作，总结事故教训，提出整改措施，并对事故责任者提出处理建议。

《生产安全事故报告和调查处理条例》规定了事故调查的管辖：特别重大事故由国务院或者国务院授权有关部门组织事故调查组进行调查；重大事故、较大事故、一般事故分别由事故发生地省级人民政府、设区的市级人民政府、县级人民政府负责调查。省级人民政府、设区的市级人民政府、县级人民政府可以直接组织事故调查组进行调查，也可以授权或者委托有关部门组织事故调查组进行调查。未造成人员伤亡的一般事故，县级人民政府也可以委托事故发生单位组织事故调查组进行调查。上级人民政府认为必要时，可以调查由下级人民政府负责调查的事故。特别重大事故以下等级事故，事故发生地与事故发生单位不在同一个县级以上行政区域的，由事故发生地人民政府负责调查，事故发生单位所在地人民政府应当派人参加。

(三)《建设工程安全生产管理条例》《建设工程质量管理条例》

《建设工程安全生产管理条例》(以下简称《安全生产管理条例》)于 2003 年 11 月 12 日国务院第 28 次常务会议通过,自 2004 年 2 月 1 日起施行。《安全生产管理条例》包括总则,建设单位的安全责任,勘察、设计、工程监理及其他有关单位的安全责任,施工单位的安全责任,监督管理,生产安全事故的应急救援和调查处理,法律责任,附则 8 章,共 71 条。

《安全生产管理条例》的立法目的,是加强建设工程安全生产监督管理,保障人民群众生命和财产安全。

《建设工程质量管理条例》(以下简称《质量管理条例》)于 2000 年 1 月 10 日国务院第 25 次常务会议通过,自 2000 年 1 月 30 日起施行;依据 2019 年 4 月 23 日《国务院关于修改部分行政法规的决定》(国务院令第 714 号)第二次修订。

《质量管理条例》包括总则,建设单位的质量责任和义务,勘察、设计单位的质量责任和义务,施工单位的质量责任和义务,工程监理单位的质量责任和义务,建设工程质量保修,监督管理,罚则,附则 9 章,共 82 条。

《质量管理条例》的立法目的,是加强对建设工程质量的管理,保证建设工程质量,保护人民生命和财产安全。

1. 《安全生产管理条例》关于施工单位的安全责任的有关规定

(1) 法规相关条文

《安全生产管理条例》关于施工单位的安全责任的条文是第 20 条~第 38 条。

(2) 施工单位的安全责任

1) 有关人员的安全责任

① 施工单位主要负责人

施工单位主要负责人不仅仅指法定代表人,而是指对施工单位全面负责、有生产经营决策权的人。

《安全生产管理条例》第 21 条规定:施工单位主要负责人依法对本单位的安全生产工作全面负责。具体包括:

A. 建立健全安全生产责任制度和安全生产教育培训制度;

B. 制定安全生产规章制度和操作规程;

C. 保证本单位安全生产条件所需资金的投入;

D. 对所承建的建设工程进行定期和专项安全检查,并做好安全检查记录。

② 施工单位的项目负责人

项目负责人主要指项目经理,在工程项目中处于中心地位。《安全生产管理条例》第 21 条规定:施工单位的项目负责人对建设工程项目的安全全面负责。鉴于项目负责人对安全生产的重要作用,该条同时规定施工单位的项目负责人应当由取得相应执业资格的人员担任。这里的"相应执业资格"目前指建造师执业资格。

根据《安全生产管理条例》第 21 条,项目负责人的安全责任主要包括:

A. 落实安全生产责任制度、安全生产规章制度和操作规程；
B. 确保安全生产费用的有效使用；
C. 根据工程的特点组织制定安全施工措施，消除安全事故隐患；
D. 及时、如实报告生产安全事故。
③ 专职安全生产管理人员

《安全生产管理条例》第 23 条规定：施工单位应当设立安全生产管理机构，配备专职安全生产管理人员。专职安全生产管理人员是指经建设主管部门或者其他有关部门安全生产考核合格，并取得安全生产考核合格证书在企业从事安全生产管理工作的专职人员，包括施工单位安全生产管理机构的负责人及其工作人员和施工现场专职安全生产管理人员。

专职安全生产管理人员的安全责任主要包括：对安全生产进行现场监督检查。发现安全事故隐患，应当及时向项目负责人和安全生产管理机构报告；对于违章指挥、违章操作的，应当立即制止。

2）总承包单位和分包单位的安全责任

《安全生产管理条例》第 24 条规定：建设工程实行施工总承包的，由总承包单位对施工现场的安全生产负总责。为了防止违法分包和转包等违法行为的发生，真正落实施工总承包单位的安全责任，该条进一步规定：总承包单位应当自行完成建设工程主体结构的施工。该条同时规定：总承包单位依法将建设工程分包给其他单位的，分包合同中应当明确各自的安全生产方面的权利、义务。总承包单位和分包单位对分包工程的安全生产承担连带责任。

但是，总承包单位与分包单位在安全生产方面的责任也不是固定不变的，需要视具体情况确定。《安全生产管理条例》第 24 条规定：分包单位应当服从总承包单位的安全生产管理，分包单位不服从管理导致生产安全事故的，由分包单位承担主要责任。

3）安全生产教育培训
① 管理人员的考核

《安全生产管理条例》第 36 条规定：施工单位的主要负责人、项目负责人、专职安全生产管理人员应当经建设行政主管部门或者其他有关部门考核合格后方可任职。

② 作业人员的安全生产教育培训
A. 日常培训

《安全生产管理条例》第 36 条规定：施工单位应当对管理人员和作业人员每年至少进行一次安全生产教育培训，其教育培训情况记录到个人工作档案。安全生产教育培训考核不合格的人员，不得上岗。

B. 新岗位培训

《安全生产管理条例》第 37 条对新岗位培训作了两方面规定。一是作业人员进入新的岗位或者新的施工现场前，应当接受安全生产教育培训。未经教育培训或者教育培训考核不合格的人员，不得上岗作业；二是施工单位在采用新技术、新工艺、新设备、新材料时，应当对作业人员进行相应的安全生产教育培训。

③ 特种作业人员的专门培训

《安全生产管理条例》第 25 条规定：垂直运输机械作业人员、安装拆卸工、爆破作业人员、起重信号工、登高架设作业人员等特种作业人员，必须按照国家有关规定经过专门的安全作业培训，并取得特种作业操作资格证书后，方可上岗作业。

4) 施工单位应采取的安全措施

① 编制安全技术措施、施工现场临时用电方案和专项施工方案

《安全生产管理条例》第 26 条规定：施工单位应当在施工组织设计中编制安全技术措施和施工现场临时用电方案。同时规定，对下列达到一定规模的危险性较大的分部分项工程编制专项施工方案，并附具安全验算结果，经施工单位技术负责人、总监理工程师签字后实施，由专职安全生产管理人员进行现场监督：

A. 基坑支护与降水工程；

B. 土方开挖工程；

C. 模板工程；

D. 起重吊装工程；

E. 脚手架工程；

F. 拆除、爆破工程；

G. 国务院建设行政主管部门或者其他有关部门规定的其他危险性较大的工程。

② 安全施工技术交底

施工前的安全施工技术交底的目的就是让所有的安全生产从业人员都对安全生产有所了解，最大限度避免安全事故的发生。因此，第 27 条规定：建设工程施工前，施工单位负责项目管理的技术人员应当对有关安全施工的技术要求向施工作业班组、作业人员作出详细说明，并由双方签字确认。

③ 施工现场安全警示标志的设置

《安全生产管理条例》第 28 条规定：施工单位应当在施工现场入口处、施工起重机械、临时用电设施、脚手架、出入通道口、楼梯口、电梯井口、孔洞口、桥梁口、隧道口、基坑边沿、爆破物及有害危险气体和液体存放处等危险部位，设置明显的安全警示标志。安全警示标志必须符合国家标准。

④ 施工现场的安全防护

《安全生产管理条例》第 28 条规定：施工单位应当根据不同施工阶段和周围环境及季节、气候的变化，在施工现场采取相应的安全施工措施。施工现场暂时停止施工的，施工单位应当做好现场防护，所需费用由责任方承担，或者按照合同约定执行。

⑤ 施工现场的布置应当符合安全和文明施工要求

《安全生产管理条例》第 29 条规定：施工单位应当将施工现场的办公、生活区与作业区分开设置，并保持安全距离；办公、生活区的选址应当符合安全性要求。职工的膳食、饮水、休息场所等应当符合卫生标准。施工单位不得在尚未竣工的建筑物内设置员工集体宿舍。

施工现场临时搭建的建筑物应当符合安全使用要求。施工现场使用的装配式活动房屋应当具有产品合格证。临时建筑物一般包括施工现场的办公用房、宿舍、食堂、仓库、卫生间等。

⑥ 对周边环境采取防护措施

《安全生产管理条例》第 30 条规定：施工单位对因建设工程施工可能造成损害的毗邻建筑物、构筑物和地下管线等，应当采取专项防护措施。施工单位应当遵守有关环境保护

法律、法规的规定，在施工现场采取措施，防止或者减少粉尘、废气、废水、固体废物、噪声、振动和施工照明对人和环境的危害和污染。在城市市区内的建设工程，施工单位应当对施工现场实行封闭围挡。

⑦ 施工现场的消防安全措施

《安全生产管理条例》第 31 条规定：施工单位应当在施工现场建立消防安全责任制度，确定消防安全责任人，制定用火、用电、使用易燃易爆材料等各项消防安全管理制度和操作规程，设置消防通道、消防水源，配备消防设施和灭火器材，并在施工现场入口处设置明显标志。

⑧ 安全防护设备管理

《安全生产管理条例》第 33 条规定：作业人员应当遵守安全施工的强制性标准、规章制度和操作规程，正确使用安全防护用具、机械设备等。

《安全生产管理条例》第 34 条规定：施工单位采购、租赁的安全防护用具、机械设备、施工机具及配件，应当具有生产（制造）许可证、产品合格证，并在进入施工现场前进行查验；施工现场的安全防护用具、机械设备、施工机具及配件必须由专人管理，定期进行检查、维修和保养，建立相应的资料档案，并按照国家有关规定及时报废。

⑨ 起重机械设备管理

《安全生产管理条例》第 35 条对起重机械设备管理作了如下规定：

A. 施工单位在使用施工起重机械和整体提升脚手架、模板等自升式架设设施前，应当组织有关单位进行验收，也可以委托具有相应资质的检验检测机构进行验收；使用承租的机械设备和施工机具及配件的，由施工总承包单位、分包单位、出租单位和安装单位共同进行验收。验收合格的方可使用。

B. 《特种设备安全监察条例》规定的施工起重机械，在验收前应当经有相应资质的检验检测机构监督检验合格。这里"作为特种设备的施工起重机械"是指涉及生命安全、危险性较大的起重机械。

C. 施工单位应当自施工起重机械和整体提升脚手架、模板等自升式架设设施验收合格之日起 30 日内，向建设行政主管部门或者其他有关部门登记。登记标志应当置于或者附着于该设备的显著位置。

⑩ 办理意外伤害保险

《安全生产管理条例》第 38 条规定：施工单位应当为施工现场从事危险作业的人员办理意外伤害保险。同时还规定：意外伤害保险费由施工单位支付。实行施工总承包的，由总承包单位支付意外伤害保险费。意外伤害保险期限自建设工程开工之日起至竣工验收合格止。

2. 《质量管理条例》关于施工单位的质量责任和义务的有关规定

（1）法规相关条文

《质量管理条例》关于施工单位的质量责任和义务的条文是第 25 条～第 33 条。

（2）施工单位的质量责任和义务

1）依法承揽工程

《质量管理条例》第 25 条规定：施工单位应当依法取得相应等级的资质证书，并在其资质等级许可的范围内承揽工程。

禁止施工单位超越本单位资质等级许可的业务范围或者以其他施工单位的名义承揽工程。禁止施工单位允许其他单位或者个人以本单位的名义承揽工程。施工单位不得转包或者违法分包工程。

2）建立质量保证体系

《质量管理条例》第 26 条规定：施工单位对建设工程的施工质量负责。施工单位应当建立质量责任制，确定工程项目的项目经理、技术负责人和施工管理负责人。

建设工程实行总承包的，总承包单位应当对全部建设工程质量负责；建设工程勘察、设计、施工、设备采购的一项或者多项实行总承包的，总承包单位应当对其承包的建设工程或者采购的设备的质量负责。

《质量管理条例》第 27 条规定：总承包单位依法将建设工程分包给其他单位的，分包单位应当按照分包合同的约定对其分包工程的质量向总承包单位负责，总承包单位与分包单位对分包工程的质量承担连带责任。

3）按图施工

《质量管理条例》第 28 条规定：施工单位必须按照工程设计图纸和施工技术标准施工，不得擅自修改工程设计，不得偷工减料。施工单位在施工过程中发现设计文件和图纸有差错的，应当及时提出意见和建议。

4）对建筑材料、构配件和设备进行检验的责任

《质量管理条例》第 29 条规定：施工单位必须按照工程设计要求、施工技术标准和合同约定，对建筑材料、建筑构配件、设备和商品混凝土进行检验，检验应当有书面记录和专人签字；未经检验或者检验不合格的，不得使用。

5）对施工质量进行检验的责任

《质量管理条例》第 30 条规定：施工单位必须建立、健全施工质量的检验制度，严格工序管理，做好隐蔽工程的质量检查和记录。隐蔽工程在隐蔽前，施工单位应当通知建设单位和建设工程质量监督机构。

6）见证取样

在工程施工过程中，为了控制工程施工质量，需要依据有关技术标准和规定的方法，对用于工程的材料和构件抽取一定数量的样品进行检测，并根据检测结果判断其所代表部位的质量。《质量管理条例》第 31 条规定：施工人员对涉及结构安全的试块、试件以及有关材料，应当在建设单位或者工程监理单位监督下现场取样，并送具有相应资质等级的质量检测单位进行检测。

7）保修

《质量管理条例》第 32 条规定：施工单位对施工中出现质量问题的建设工程或者竣工验收不合格的建设工程，应当负责返修。

在建设工程竣工验收合格前，施工单位应对质量问题履行返修义务；建设工程竣工验收合格后，施工单位应对保修期内出现的质量问题履行保修义务。《民法典》第 801 条对施工单位的返修义务也有相应规定：因施工人原因致使建设工程质量不符合约定的，发包人有权请求施工人在合理期限内无偿修理或者返工、改建。经过修理或者返工、改建后，造成逾期交付的，施工人应当承担违约责任。返修包括修理和返工。

(四)《中华人民共和国劳动法》《中华人民共和国劳动合同法》

《中华人民共和国劳动法》(以下简称《劳动法》)于 1994 年 7 月 5 日第八届全国人民代表大会常务委员会第八次会议通过,自 1995 年 1 月 1 日起施行;根据 2018 年 12 月 29 日第十三届全国人民代表大会常务委员会第七次会议《关于修改〈中华人民共和国劳动法〉等七部法律的决定》第二次修改。

《劳动法》分为总则、促进就业、劳动合同和集体合同、工作时间和休息休假、工资、劳动安全卫生、女职工和未成年工特殊保护、职业培训、社会保险和福利、劳动争议、监督检查、法律责任、附则 13 章,共 107 条。

《劳动法》的立法目的,是保护劳动者的合法权益,调整劳动关系,建立和维护适应社会主义市场经济的劳动制度,促进经济发展和社会进步。

《中华人民共和国劳动合同法》(以下简称《劳动合同法》)于 2007 年 6 月 29 日第十届全国人民代表大会常务委员会第二十八次会议通过,自 2008 年 1 月 1 日起施行;根据 2012 年 12 月 28 日第十一届全国人民代表大会第十三次会议《关于修改〈中华人民共和国劳动合同法〉的决定》修改,修改后的《劳动法》自 2013 年 7 月 1 日起实施。《劳动合同法》包括总则、劳动合同的订立、劳动合同的履行和变更、劳动合同的解除和终止、特别规定、监督检查、法律责任、附则 8 章,共 98 条。

《劳动合同法》的立法目的是完善劳动合同制度,明确劳动合同双方当事人的权利和义务,保护劳动者的合法权益,构建和发展和谐稳定的劳动关系。

《劳动合同法》在《劳动法》的基础上,对劳动合同的订立、履行、终止等内容作出了更为详尽的规定。

1.《劳动法》《劳动合同法》关于劳动合同和集体合同的有关规定

(1) 法规相关条文

《劳动法》关于劳动合同的条文是第 16 条~第 32 条,关于集体合同的条文是第 33 条~第 35 条。

《劳动合同法》关于劳动合同的条文是第 7 条~第 50 条,关于集体合同的条文是第 51 条~第 56 条。

(2) 劳动合同、集体合同的概念

劳动合同是劳动者与用人单位确立劳动关系、明确双方权利和义务的协议。这里的劳动关系,是指劳动者与用人单位(包括各类企业、个体工商户、事业单位等)在实现劳动过程中建立的社会经济关系。

劳动合同分为固定期限劳动合同、无固定期限劳动合同和以完成一定工作任务为期限的劳动合同。固定期限劳动合同是指用人单位与劳动者约定合同终止时间的劳动合同。无固定期限劳动合同是指用人单位与劳动者约定无确定终止时间的劳动合同。以完成一定工作任务为期限的劳动合同是指用人单位与劳动者约定以某项工作的完成为合同期限的劳动合同。

集体合同又称集体协议、团体协议等,是指企业职工一方与企业(用人单位)就劳动报酬、工作时间、休息休假、劳动安全卫生、保险福利等事项，依据有关法律法规，通过平等协商达成的书面协议。集体合同实际上是一种特殊的劳动合同。

(3) 劳动合同的订立

1) 劳动合同当事人

《劳动法》第16条规定，劳动合同的当事人为用人单位和劳动者。

《中华人民共和国劳动合同法实施条例》（以下简称《劳动合同法实施条例》）进一步规定：劳动合同法规定的用人单位设立的分支机构，依法取得营业执照或者登记证书的，可以作为用人单位与劳动者订立劳动合同；未依法取得营业执照或者登记证书的，受用人单位委托可以与劳动者订立劳动合同。

2) 劳动合同的类型

劳动合同分为以下三种类型：一是固定期限劳动合同，即用人单位与劳动者约定合同终止时间的劳动合同；二是以完成一定工作任务为期限的劳动合同，即用人单位与劳动者约定以某项工作的完成为合同期限的劳动合同；三是无固定期限劳动合同，即用人单位与劳动者约定无明确终止时间的劳动合同。

有下列情形之一，劳动者提出或者同意续订、订立劳动合同的，除劳动者提出订立固定期限劳动合同外，应当订立无固定期限劳动合同：

① 劳动者在该用人单位连续工作满10年的；

② 用人单位初次实行劳动合同制度或者国有企业改制重新订立劳动合同时，劳动者在该用人单位连续工作满10年且距法定退休年龄不足10年的；

③ 连续订立两次固定期限劳动合同，且劳动者没有《劳动合同法》第39条（即用人单位可以解除劳动合同的条件）和第40条第1款、第2款规定（即劳动者患病或者非因工负伤，在规定的医疗期满后不能从事原工作，也不能从事由用人单位另行安排的工作的；劳动者不能胜任工作，经过培训或者调整工作岗位，仍不能胜任工作的）的情形，续订劳动合同的。

若劳动者依据此处的规定提出订立无固定期限劳动合同的，用人单位应当与其订立无固定期限劳动合同。对劳动合同的内容，双方应当按照合法、公平、平等自愿、协商一致、诚实信用的原则协商确定。

劳动者非因本人原因从原用人单位被安排到新用人单位工作的，劳动者在原用人单位的工作年限合并计算为新用人单位的工作年限。原用人单位已经向劳动者支付经济补偿的，新用人单位在依法解除、终止劳动合同计算支付经济补偿的工作年限时，不再计算劳动者在原用人单位的工作年限。

3) 订立劳动合同的时间限制

《劳动合同法》第10条规定：建立劳动关系，应当订立书面劳动合同。已建立劳动关系，未同时订立书面劳动合同的，应当自用工之日起一个月内订立书面劳动合同。用人单位与劳动者在用工前订立劳动合同的，劳动关系自用工之日起建立。

因劳动者的原因未能订立劳动合同的，《劳动合同法实施条例》第5条规定：自用工之日起一个月内，经用人单位书面通知后，劳动者不与用人单位订立书面劳动合同的，用人单位应当书面通知劳动者终止劳动关系，无需向劳动者支付经济补偿，但是应当依法向劳动者支付其实际工作时间的劳动报酬。

因用人单位的原因未能订立劳动合同的,《劳动合同法实施条例》第6条规定:用人单位自用工之日起超过一个月不满一年未与劳动者订立书面劳动合同的,应当依照《劳动合同法》第82条的规定向劳动者每月支付两倍的工资,并与劳动者补订书面劳动合同;劳动者不与用人单位订立书面劳动合同的,用人单位应当书面通知劳动者终止劳动关系,并依照《劳动合同法》第47条的规定支付经济补偿。

4) 劳动合同的生效

劳动合同由用人单位与劳动者协商一致,并经用人单位与劳动者在劳动合同文本上签字或者盖章生效。

劳动合同文本由用人单位和劳动者各执一份。

(4) 劳动合同的条款

《劳动合同法》第17条规定:劳动合同应当具备以下条款:

1) 用人单位的名称、住所和法定代表人或者主要负责人;

2) 劳动者的姓名、住址和居民身份证或者其他有效身份证件号码;

3) 劳动合同期限;

4) 工作内容和工作地点;

5) 工作时间和休息休假;

6) 劳动报酬;

7) 社会保险;

8) 劳动保护、劳动条件和职业危害防护;

9) 法律、法规规定应当纳入劳动合同的其他事项。

劳动合同除前款规定的必备条款外,用人单位与劳动者可以约定试用期、培训、保守秘密、补充保险和福利待遇等其他事项。

《劳动合同法》第18条规定:劳动合同对劳动报酬和劳动条件等标准约定不明确,引发争议的,用人单位与劳动者可以重新协商;协商不成的,适用集体合同规定;没有集体合同或者集体合同未规定劳动报酬的,实行同工同酬;没有集体合同或者集体合同未规定劳动条件等标准的,适用国家有关规定。

(5) 试用期

1) 试用期的最长时间

《劳动法》第21条规定:试用期最长不得超过6个月。

《劳动合同法》第19条进一步明确:劳动合同期限3个月以上未满1年的,试用期不得超过1个月;劳动合同期限1年以上不满3年的,试用期不得超过2个月;3年以上固定期限和无固定期限的劳动合同,试用期不得超过6个月。

2) 试用期的次数限制

《劳动合同法》第19条规定:同一用人单位与同一劳动者只能约定一次试用期。

以完成一定工作任务为期限的劳动合同或者劳动合同期限不满3个月的,不得约定试用期。

试用期包含在劳动合同期限内。劳动合同仅约定试用期的,试用期不成立,该期限为劳动合同期限。

3) 试用期内的最低工资

《劳动合同法》第 20 条规定：劳动者在试用期的工资不得低于本单位相同岗位最低档工资或者劳动合同约定工资的 80%，并不得低于用人单位所在地的最低工资标准。

《劳动合同法实施条例》对此作进一步明确：劳动者在试用期的工资不得低于本单位相同岗位最低档工资的 80% 或者不得低于劳动合同约定工资的 80%，并不得低于用人单位所在地的最低工资标准。

4）试用期内合同解除条件的限制

《劳动合同法》第 21 条规定：在试用期中，除劳动者有《劳动合同法》第 39 条（即用人单位可以解除劳动合同的条件）和第 40 条第 1 款、第 2 款（即劳动者患病或者非因工负伤，在规定的医疗期满后不能从事原工作，也不能从事由用人单位另行安排的工作的；劳动者不能胜任工作，经过培训或者调整工作岗位，仍不能胜任工作的）规定的情形外，用人单位不得解除劳动合同。用人单位在试用期解除劳动合同的，应当向劳动者说明理由。

（6）劳动合同的无效

《劳动合同法》第 26 条规定：下列劳动合同无效或者部分无效：

1）以欺诈、胁迫的手段或者乘人之危，使对方在违背真实意思的情况下订立或者变更劳动合同的；

2）用人单位免除自己的法定责任、排除劳动者权利的；

3）违反法律、行政法规强制性规定的。

对劳动合同的无效或者部分无效有争议的，由劳动争议仲裁机构或者人民法院确认。

劳动合同部分无效，不影响其他部分效力的，其他部分仍然有效。

劳动合同被确认无效，劳动者已付出劳动的，用人单位应当向劳动者支付劳动报酬。劳动报酬的数额，参照本单位相同或者相近岗位劳动者的劳动报酬确定。

（7）劳动合同的变更

用人单位变更名称、法定代表人、主要负责人或者投资人等事项，不影响劳动合同的履行。

用人单位发生合并或者分立等情况，原劳动合同继续有效，劳动合同由承继其权利和义务的用人单位继续履行。

用人单位与劳动者协商一致，可以变更劳动合同约定的内容。变更劳动合同，应当采用书面形式。

变更后的劳动合同文本由用人单位和劳动者各执一份。

（8）劳动合同的解除

用人单位与劳动者协商一致，可以解除劳动合同。用人单位向劳动者提出解除劳动合同并与劳动者协商一致解除劳动合同的，用人单位应当向劳动者给予经济补偿。

劳动者提前 30 日以书面形式通知用人单位，可以解除劳动合同。劳动者在试用期内提前 3 日通知用人单位，可以解除劳动合同。

1）劳动者解除劳动合同的情形

《劳动合同法》第 38 条规定：用人单位有下列情形之一的，劳动者可以解除劳动合同，用人单位应当向劳动者支付经济补偿：

① 未按照劳动合同约定提供劳动保护或者劳动条件的；

② 未及时足额支付劳动报酬的;
③ 未依法为劳动者缴纳社会保险费的;
④ 用人单位的规章制度违反法律、法规的规定,损害劳动者权益的;
⑤ 因《劳动合同法》第 26 条第 1 款(即:以欺诈、胁迫的手段或者乘人之危,使对方在违背真实意思的情况下订立或者变更劳动合同的)规定的情形致使劳动合同无效的;
⑥ 法律、行政法规规定劳动者可以解除劳动合同的其他情形。

用人单位以暴力、威胁或者非法限制人身自由的手段强迫劳动者劳动的,或者用人单位违章指挥、强令冒险作业危及劳动者人身安全的,劳动者可以立即解除劳动合同,不需事先告知用人单位。

2) 用人单位可以解除劳动合同的情形

除用人单位与劳动者协商一致,用人单位可以与劳动者解除合同外,如遇下列情形,用人单位也可以与劳动者解除合同。

① 随时解除

《劳动合同法》第 39 条规定:劳动者有下列情形之一的,用人单位可以解除劳动合同:

A. 在试用期间被证明不符合录用条件的;

B. 严重违反用人单位的规章制度的;

C. 严重失职,营私舞弊,给用人单位造成重大损害的;

D. 劳动者同时与其他用人单位建立劳动关系,对完成本单位的工作任务造成严重影响,或者经用人单位提出,拒不改正的;

E. 因《劳动合同法》第 26 条第 1 款第 1 项(即以欺诈、胁迫的手段或者乘人之危,使对方在违背真实意思的情况下订立或者变更劳动合同的)规定的情形致使劳动合同无效的;

F. 被依法追究刑事责任的。

② 预告解除

《劳动合同法》第 40 条规定:有下列情形之一的,用人单位提前 30 日以书面形式通知劳动者本人或者额外支付劳动者 1 个月工资后,可以解除劳动合同,用人单位应当向劳动者支付经济补偿:

A. 劳动者患病或者非因工负伤,在规定的医疗期满后不能从事原工作,也不能从事由用人单位另行安排的工作的;

B. 劳动者不能胜任工作,经过培训或者调整工作岗位,仍不能胜任工作的;

C. 劳动合同订立时所依据的客观情况发生重大变化,致使劳动合同无法履行,经用人单位与劳动者协商,未能就变更劳动合同内容达成协议的。

用人单位依照此规定,选择额外支付劳动者 1 个月工资解除劳动合同的,其额外支付的工资应当按照该劳动者上 1 个月的工资标准确定。

③ 经济性裁员

《劳动合同法》第 41 条规定:有下列情形之一,需要裁减人员 20 人以上或者裁减不足 20 人但占企业职工总数 10% 以上的,用人单位提前 30 日向工会或者全体职工说明情况,听取工会或者职工的意见后,裁减人员方案经向劳动行政部门报告,可以裁减人员,用人单位应当向劳动者支付经济补偿：

A. 依照企业破产法规定进行重整的；

B. 生产经营发生严重困难的；

C. 企业转产、重大技术革新或者经营方式调整，经变更劳动合同后，仍需裁减人员的；

D. 其他因劳动合同订立时所依据的客观经济情况发生重大变化，致使劳动合同无法履行的。

④ 用人单位不得解除劳动合同的情形

《劳动合同法》第 42 条规定：劳动者有下列情形之一的，用人单位不得依照本法第 40 条、第 41 条的规定解除劳动合同：

A. 从事接触职业病危害作业的劳动者未进行离岗前职业健康检查，或者疑似职业病病人在诊断或者医学观察期间的；

B. 在本单位患职业病或者因工负伤并被确认丧失或者部分丧失劳动能力的；

C. 患病或者非因工负伤，在规定的医疗期内的；

D. 女职工在孕期、产期、哺乳期的；

E. 在本单位连续工作满 15 年，且距法定退休年龄不足 5 年的；

F. 法律、行政法规规定的其他情形。

（9）劳动合同终止

《劳动合同法》第 44 条规定：有下列情形之一的，劳动合同终止。用人单位与劳动者不得在劳动合同法规定的劳动合同终止情形之外约定其他的劳动合同终止条件：

1）劳动者达到法定退休年龄的，劳动合同终止；

2）劳动合同期满的。除用人单位维持或者提高劳动合同约定条件续订劳动合同，劳动者不同意续订的情形外，依照本项规定终止固定期限劳动合同的，用人单位应当向劳动者支付经济补偿；

3）劳动者开始依法享受基本养老保险待遇的；

4）劳动者死亡，或者被人民法院宣告死亡或者宣告失踪的；

5）用人单位被依法宣告破产的。依照本项规定终止劳动合同的，用人单位应当向劳动者支付经济补偿；

6）用人单位被吊销营业执照、责令关闭、撤销或者用人单位决定提前解散的。依照本项规定终止劳动合同的，用人单位应当向劳动者支付经济补偿；

7）法律、行政法规规定的其他情形。

（10）集体合同的内容与订立

集体合同的主要内容包括劳动报酬、工作时间、休息休假、劳动安全卫生、保险福利等事项，也可以就劳动安全卫生、女职工权益保护、工资调整机制等事项订立专项集体合同。

集体合同由工会代表职工与企业（用人单位）签订；没有建立工会的企业（用人单位），由职工推举的代表与企业（用人单位）签订。

（11）集体合同的效力

依法签订的集体合同对企业和企业全体职工具有约束力。职工个人与企业订立的劳动合同中劳动条件和劳动报酬等标准不得低于集体合同的规定。

(12) 集体合同争议的处理

用人单位违反集体合同,侵犯职工劳动权益的,工会可以依法要求用人单位承担责任。因履行集体合同发生争议,经协商解决不成的,工会或职工协商代表可以自劳动争议发生之日起1年内向劳动争议仲裁委员会申请劳动仲裁;对劳动仲裁结果不服的,可以自收到仲裁裁决书之日起15日内向人民法院提起诉讼。

2.《劳动法》关于劳动安全卫生的有关规定

(1) 法规相关条文

《劳动法》关于劳动安全卫生的条文是第52条~第57条。

(2) 劳动安全卫生

劳动安全卫生又称劳动保护,是指直接保护劳动者在劳动中的安全和健康的法律保护。

根据《劳动法》的有关规定,用人单位和劳动者应当遵守如下有关劳动安全卫生的法律规定:

1) 用人单位必须建立、健全劳动安全卫生制度,严格执行国家劳动安全卫生规程和标准,对劳动者进行劳动安全卫生教育,防止劳动过程中的事故,减少职业危害。

2) 劳动安全卫生设施必须符合国家规定的标准。

新建、改建、扩建工程的劳动安全卫生设施必须与主体工程同时设计、同时施工、同时投入生产和使用。

3) 用人单位必须为劳动者提供符合国家规定的劳动安全卫生条件和必要的劳动防护用品,对从事有职业危害作业的劳动者应当定期进行健康检查。

4) 从事特种作业的劳动者必须经过专门培训并取得特种作业资格。

5) 劳动者在劳动过程中必须严格遵守安全操作规程。劳动者对用人单位管理人员违章指挥、强令冒险作业,有权拒绝执行;对危害生命安全和身体健康的行为,有权提出批评、检举和控告。

二、工程材料的基本知识

本章对房屋建筑安装工程中给水排水、建筑电气等专业工程中常见的、常用的材料作出介绍。众所周知，材料有通用材料和专用材料之分，通用材料如用低碳钢制作的各类紧固件及各类金属结构用的型钢，本章主要介绍专业的专用材料，而通用材料可以查阅相关的五金手册可获得大量的信息。

（一）建筑给水管材及附件

本节对常用的给水管材及其附件作简略的介绍，以供学习者参考应用。

1. 给水管材的分类、规格、特性及应用

（1）常用金属管材

1）流体用无缝钢管：流体用无缝钢管强度高，广泛用于输送流体的管道。例如热力管道、制冷管道、压缩空气管道、氧气管道、乙炔管道，以及除强腐蚀性介质以外的各种化工管道。无缝钢管用外径乘以壁厚表示，如 $D108\times4$ 表示无缝钢管用外径为 108mm，壁厚为 4mm。

2）焊接钢管：建筑给水排水工程常用的焊接钢管为低压流体输送用焊接钢管，可分为镀锌管（俗称白铁管）和不镀锌管（俗称黑铁管）。根据管壁的不同厚度又可分为普通管（工作压力≤1.0MPa）和加强管（工作压力≤1.6MPa）。镀锌焊接钢管由焊接钢管热浸镀锌而成，两者规格相同。镀锌焊接钢管在安装工程消防和供暖工程等系统广泛应用。管径不大于 100mm 的焊接钢管一般采用丝扣连接，大于 100mm 一般采用法兰或卡箍连接，镀锌钢管不得焊接，需要焊接时可选用无缝钢管或不镀锌钢管焊接加工完成后再镀锌。焊接钢管广泛应用于自来水工程、石化工业、化学工业、电力工业、农业灌溉、城市建设等领域。

3）螺旋缝电焊钢管：螺旋缝电焊钢管采用普通碳素钢或低合金钢制造，一般用于工作压力不超过 2MPa，介质温度最高不超过 200℃ 的直径较大的管道，如冷水机组冷却水管、室外煤气管道等。

4）球墨铸铁管：室外大口径给水管道通常采用有衬里的给水球墨铸铁给水管，采用 T 形滑入式柔性接口，橡胶圈密封。

5）铜管：铜管常用牌号有 TP2、TU2，通常有硬态（Y）、半硬态（Y2）、软态（M）三种，其规格尺寸范围为 $DN4\sim DN300$。适用于制造换热设备以及建筑物内的饮用水、生活冷热水、民用天然气、煤气以及空调与制冷、供热等系统。

6）薄壁不锈钢管：不锈钢管安全可靠、卫生环保、经济适用，管道的薄壁化以及新型可靠、简单方便的连接方法开发成功，使其具有更多其他管材不可替代的优点，特别是壁厚仅为 0.6~1.2mm 的薄壁不锈钢管在优质饮用水系统、热水系统及部分给水系统应用中，具有安全可靠、卫生环保、经济适用等特点。大量应用于建筑给水和直饮水的管路。不锈钢管的连接方式多样，常见的管件类型有压缩式、压紧式、活接式、推进式、推螺纹式、承插焊接式、活套式法兰连接、焊接式及焊接与传统连接相结合的派生系列连接方式。这些连接方式，根据其原理不同，其适用范围也有所不同，但大多数均安装方便、牢固可靠。连接采用的密封圈或密封垫，其材质大多选用符合国家标准要求的硅橡胶、丁腈橡胶和三元乙丙橡胶等。

（2）常用非金属管材

1）硬聚氯乙烯（U-PVC）管：硬聚氯乙烯（U-PVC）管有给水管和排水管两种，主要区别是材料要求和工作压力的不同，U-PVC给水管具有良好的耐压性能，且重量轻、阻力小、抗腐蚀、施工方便，适用给水温度不大于45℃、给水压力不大于0.6MPa的给水管，制造U-PVC给水管的PVC塑料粒子原料必须符合卫生规范的要求。

2）聚丙烯（PP-R）给水管：聚丙烯（PP-R）管分为S5、S4、S3.2、S2.5、S2五个系列，对应的压力等级应按管道介质温度和使用年限，依据相关标准选择。其适用于建筑物内冷热水管道系统，包括工业及民用冷热水、饮用水和供暖系统等，通常情况下热水系统设计温度不大于70℃，地板供暖和低温散热器供暖系统设计温度不大于60℃，高温散热器供暖系统设计温度不大于80℃。

3）交联聚乙烯（PEX）给水管：交联聚乙烯管材及管件有冷水型和热水型两种。工作温度冷水型小于等于45℃，热水型小于等于95℃。PEX管规格以外径计，常用最小外径为20mm，最大为63mm，管道与管件连接采用卡箍式或卡套式连接。

4）工程塑料（ABS）给水管：给水用ABS管材选用合适的ABS树脂及原料，经挤出成型（或注射成型）制得。ABS管综合性能良好，特别是耐压能力、耐低温能力等物理性能是在目前所有塑料管材中最强的，适用于恶劣、寒冷条件下的场合。其可用于给水、排水管，自来水、纯净水输送管，空调工程配管，冰水系统，海水输送管，集排污水管，流体处理，电气配管，游泳池用管，饮料用输送管，压缩空气配管，环保工程用管等。工程中常用的ABS管材，公称压力$PN=1.0$MPa，适用于工作温度$-40\sim80$℃的场合，采用ABS冷胶融合连接。

5）聚乙烯（PE）管：聚乙烯管适用温度范围为$-60\sim60$℃，具有良好的耐磨性、低温抗冲击性和耐化学腐蚀性，特别是可挠性好，容易弯曲，管道的柔性可以提高单节管道长度，减少管件使用。

6）氯化聚氯乙烯（CPVC）管：CPVC管是以氯化聚氯乙烯树脂为主要原料，经挤出机挤出成型而生产出的一种管材。其多用在冷热水的输水、热化学溶液和废液输送管路中，长期使用输液温度最高可达120℃。

（3）常用复合管材

复合管材是以金属与热塑性塑料复合结构为基础的管材，随着材料科学的发展，复合的材料更丰富，复合的方式也更多样。复合管材越来越多地应用于给水排水工程中，工程技术人员应充分熟悉复合管材的性能特点、适用范围、操作说明等，以满足规范和设计的要求。

1）钢塑复合管是指在钢管内壁衬（涂）一定厚度塑料层复合而成的管材，其可分为衬塑钢管和涂塑钢管两种。钢塑复合管既有钢管的高强度，又有塑料材质干净卫生、不污染水质的特点，在耐腐蚀性、耐化学稳定性、耐水性及机械性等方面较为出色，具有减阻、防腐、抗压、抗菌等作用，广泛应用于给水、油气及各种化工流体的输送。

2）铝塑复合管

铝塑复合管是由内外层塑料（PE）、中间层铝合金及胶接层复合而成的管材，符合卫生标准，具有较高的耐压、耐冲击、抗裂能力和良好的保温性能。

2. 给水附件的分类及特性

给水附件有阀门、管件、水表、压力表、温度计、波纹金属软管、排气装置和减压板（节流板、孔板）等。给水设备有水泵、水箱和气压给水设备等。以下重点介绍常用阀门、消防专用阀门、常用管件、波纹金属软管、水表、水泵的分类及使用。

（1）常用阀门

阀门的作用是通过改变阀门内部通道截面来控制管道内介质的流动参数，参阅《阀门型号编制方法》GB/T 32808—2016。

1）阀门产品型号：阀门的型号由阀门类型、驱动方式、端部连接形式、结构形式、密封面或衬里材料、公称压力、阀体材料七部分组成，如图2-1及表2-1～表2-18所示。

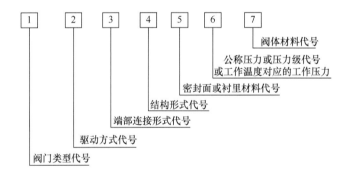

图 2-1 阀门产品型号

第1单元、阀门型号类型（代号表）　　表 2-1

类型	蝶阀	安全阀	隔膜阀	球阀	闸阀	止回阀	旋塞阀	减压阀	截止阀	过滤器	放料阀	安全阀
代号	D	A	G	Q	Z	H	X	Y	J	GL	FL	A

第2单元、阀门型号传动方式（代号表）　　表 2-2

传动方式	电磁动	电磁-液动	电-液动	蜗动	正齿轮	伞齿轮	气动	液动	气-液动	电动	手柄-手轮
代号	0	1	2	3	4	5	6	7	8	9	无代号

第3单元、阀门型号连接方式（代号表）　　表 2-3

连接方式	内螺纹	外螺纹	两不同连接	法兰	焊接	对夹	卡箍	卡套
代号	1	2	3	4	6	7	8	9

第4单元、阀门型号结构形式（代号表）：

蝶阀结构形式（代号表）　　　　　　　　　　　　　　　　　　　　　　表 2-4

蝶阀结构形式		蝶阀代号	蝶阀结构形式		蝶阀代号
密封型	单偏心	0	非密封型	单偏心	5
	中心垂直板	1		中心垂直板	6
	双偏心	2		双偏心	7
	三偏心	3		三偏心	8
	连杆机构	4		连杆机构	9

闸阀结构形式（代号表）　　　　　　　　　　　　　　　　　　　　　　表 2-5

闸阀结构形式				闸阀代号
阀杆升降式			弹性闸板	0
阀杆升降式（明杆）	楔式闸板	刚性闸板	单闸板	1
			双闸板	2
	平行式闸板		单闸板	3
			双闸板	4
阀杆非升降式（暗杆）	楔式闸板		单闸板	5
			双闸板	6
	平行式闸板		单闸板	7
			双闸板	8

球阀结构形式（代号表）　　　　　　　　　　　　　　　　　　　　　　表 2-6

球阀结构形式		球阀代号	球阀结构形式		球阀代号
浮动球	直通流道	1	固定球	直通流道	7
	Y形三通流道	2		四通流道	6
	L形三通流道	4		T形三通流道	8
	T形三通流道	5		L形三通流道	9
	—	—		半球直通	0

止回阀结构形式（代号表）　　　　　　　　　　　　　　　　　　　　　表 2-7

止回阀结构形式		止回阀代号	止回阀结构形式		止回阀代号
升降式阀瓣	直通流道	1	旋启式阀瓣	单瓣结构	4
	立式结构	2		多瓣结构	5
	角式流道	3		双瓣结构	6
—	—	—	蝶形止回式		7

截止阀、节流阀和柱塞阀结构形式（代号表） 表 2-8

截止阀结构形式		截止阀代号	截止阀结构形式		截止阀代号
阀瓣非平衡式	直通流道	1	阀瓣平衡式	直通流道	6
	Z形流道	2		角式流道	7
	三通流道	3		—	—
	角式流道	4		—	—
	直流流道	5			

隔膜阀结构形式（代号表） 表 2-9

隔膜阀结构形式	隔膜阀代号	隔膜阀结构形式	隔膜阀代号
屋脊流道	1	直通流道	6
直流流道	5	Y形角式流道	8

旋塞阀结构形式（代号表） 表 2-10

旋塞阀结构形式		旋塞阀代号	旋塞阀结构形式		旋塞阀代号
填料密封	直通流道	3	油密封	直通流道	7
	T形三通流道	4		T形三通流道	8
	四通流道	5			

安全阀结构形式（代号表） 表 2-11

安全阀结构形式		安全阀代号	安全阀结构形式		安全阀代号
弹簧载荷弹簧密封结构	带散热片全启式	0	弹簧载荷弹簧不封闭且带扳手结构	微启式、双联阀	3
	微启式	1		微启式	7
	全启式	2		全启式	7
	带扳手全启式	4		—	—
杠杆式	单杠杆	2	带控制机构全启式		6
	双杠杆	4	脉冲式		9

减压阀结构形式（代号表） 表 2-12

减压阀结构形式	减压阀代号	减压阀结构形式	减压阀代号
薄膜式	1	波纹管式	4
弹簧薄膜式	2	杠杆式	5
活塞式	3	—	—

疏水阀结构形式（代号表） 表 2-13

疏水阀结构形式	疏水阀代号	疏水阀结构形式	疏水阀代号
浮球式	1	蒸汽压力式或膜盒式	6
浮桶式	3	金属片式	7
液体或固体膨胀式	4	脉冲式	8
钟形浮子式	5	圆盘热动力式	9

排污阀结构形式（代号表）　　　　　　　　　　　表 2-14

排污阀结构形式		排污阀代号	排污阀结构形式		排污阀代号
流面连接排放	截止型直通式	1	液底间断排放	截止型直流式	5
	截止型角式	2		截止型直通式	6
	—	—		截止型角式	7
	—	—		浮动闸板型直通式	8

第 5 单元、阀门型号密封材质（代号表）　　　　　　表 2-15

材料	巴氏合金	搪	渗氮钢	18-8 系不锈钢	氟塑料	玻璃	Cr13 不锈钢	衬胶	蒙乃尔合金
代号	B	C	D	E	F	G	H	J	M
材料	尼龙塑料	蒙乃尔	衬铅	Mo2Ti 不锈钢	塑料	铜合金	橡胶	硬质合金	阀体直接加工
代号	N	P	Q	R	S	T	X	Y	W

第 6 单元、阀门型号公称压力：

公称压力用 PN 表示，未标注单位时，单位通常为 0.1MPa。

第 7 单元、阀门型号阀体材料（代号表）　　　　　　表 2-16

阀体材料	钛及钛合金	碳钢	Cr13 系不锈钢	铬钼钢	可锻铸铁	铝合金
代号	A	C	H	I	K	L
阀体材料	球墨铸铁	Mo2Ti 系不锈钢	塑料	铜及铜合金	18-8 系不锈钢	灰铸铁
代号	Q	R	S	T	P	Z

阀门型号阀体材料（代号表）　　　　　　　　　　　表 2-17

序号	代号	阀体材料
1	Z	灰铸铁
2	T	铜及铜合金
3	C	碳钢
4	K	可锻铸铁
5	Q	球墨铸铁
6	I	铬钼钢：1Cr5Mo、ZG1Cr5Mo
7	P	18-8 系不锈钢：Cr18Ni9Ti、ZG1Cr18Ni9Ti
8	R	1Mo2Ti 系不锈钢：Cr18Ni12 Mo2Ti、ZG1Cr18Ni12 Mo2Ti
9	V	铬钼钒钢：12Cr1 Mo1V、ZG12Cr1 Mo1V
10	S	塑料
11	L	铝合金
12	H	Cr13 系不锈钢
13	A	钛及钛合金

注：公称压力不大于 PN16 的灰铸铁阀门的阀体材料代号在型号编制时可以省略；公称压力不小于 PN25 的碳素钢阀门的阀体材料代号在型号编制时可以省略。

阀门型号密封面或衬里材料（代号表） 表 2-18

序号	密封面或衬里材料	代号
1	铜合金	T
2	橡胶	X
3	尼龙塑料	N
4	氟塑料	F
5	锡基轴承合金（巴氏合金）	B
6	合金钢	H
7	渗氮钢	D
8	硬质合金	Y
9	衬胶	J
10	衬铅	Q
11	搪瓷	C
12	渗硼钢	P

注：1. 由阀体直接加工的阀座密封材料代号用"W"表示。

2. 当阀座和阀瓣（阀板）密封材料不同时，用低硬度材料代号表示（隔膜阀除外）。

2）给水排水工程也可按用途、压力等级、驱动方式来进行划分。

① 按用途划分

A. 截断阀：其作用是接通或截断管路中的介质，如闸阀、截止阀、蝶阀、球阀、旋塞阀等。其中截止阀关闭严密，但水流阻力较大，常用于管径小于等于 50mm 且经常启闭的管段上；闸阀因水中杂质沉积阀座易关闭不严，故管径大于 50mm 或双向流动的管段上宜采用闸阀。

B. 止回阀：其作用是防止管路中介质倒流，如止回阀、底阀。

C. 调节阀：其作用是调节介质的压力和流量参数，如节流阀、减压阀等，在实际使用过程中，截断阀也常用来起到一定的调节作用。

② 按压力划分

A. 真空阀：指工作压力低于标准大气压的阀门。

B. 低压阀：指公称压力小于等于 1.6MPa 的阀门。

C. 中压阀：指公称压力 2.5～6.4MPa 的阀门。

D. 高压阀：指公称压力 10～80MPa 的阀门。

③ 按驱动方式划分

A. 手动阀门：靠人力操纵手轮、手柄或链条来驱动的阀门。

B. 动力驱动阀门：靠各种动力源来驱动的阀门，如电动阀、气动阀、液动阀等。

C. 自动阀门：无须外力驱动，利用介质本身的能量来使阀门动作的阀门，如止回阀、安全阀、减压阀、疏水器等。

（2）消防专用阀门

1）室内消火栓：室内消火栓的型号由五部分组成，如图 2-2 所示。

二、工程材料的基本知识

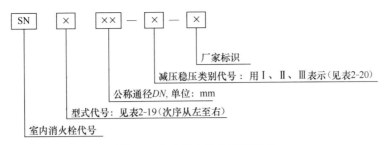

图 2-2　室内消火栓的型号组成

型式代号　　　　　　　　　　　　　　　　　　　　　　表 2-19

形式	出口数量		栓阀数量		结构形型式						
	单出口	双出口	单阀	双阀	直角出口型	45°出口型	旋转型	减压型	旋转减压型	减压稳压型	旋转减压稳压型	异径三通型
代号	不标注	S	不标注	S	不标注	A	Z	J	ZJ	W	ZW	Y

减压稳压性能及流量　　　　　　　　　　　　　　　　表 2-20

减压稳压类别	进水口压力 P_1 MPa	出水口压力 P_2 MPa	流量 Q L/s
Ⅰ	0.5～0.8	0.25～0.40	≥5.0
Ⅱ	0.7～1.2	0.35～0.45	
Ⅲ	0.7～1.6	0.35～0.45	

2) 室外消火栓：室外消火栓的型号由六部分组成，如图 2-3 所示。

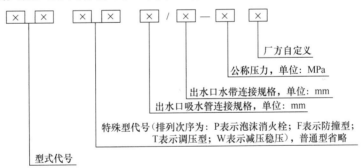

图 2-3　室外消火栓的型号组成

第 1 单元以二位汉语拼音字母表示型式代号：
地上式 SS　　地下式 SA　　折叠式 SD
第 2 单元以一位汉语拼音字母表示特殊型代号：
普通型省略　泡沫型 P　防撞型 F　减压稳压 W　调压型 T
第 3 单元表示出水口吸水管连接规格，用数字表示，单位为 mm。
第 4 单元表示出水口管水带连接规格，用数字表示，单位为 mm。
第 5 单元表示公称压力，用数字表示，单位为 MPa。

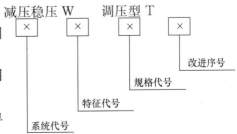

图 2-4　自动喷水灭火系统的阀门型号组成

第6单元表示厂方自定义,由厂家编码。

3)自动喷水灭火系统阀门

自动喷水灭火系统的阀门型号由四部分组成,如图2-4所示,各单元表示的意义为:

第1单元以二位汉语拼音字母表示系统代号:

自动喷水灭火系统 ZS

第2单元以汉语拼音字母表示特征代号:

闸阀 ZF　　球阀 QF　　蝶阀 DF　　电磁阀 CF　　信号阀 XF

雨淋阀隔膜型 ZM　　湿式报警阀 FZ　　报警控制装置 J

第3单元表示规格代号用数字表示,用数字组成表示产品的公称直径,单位为 mm。

第4单元表示改进序号,以 A、B、C、D……表示产品的每一次设计改进。

(3) 常用管件

管件应有符合国家标准的明显标志;管件应和管材配套。

1)无缝钢管管件:无缝钢管管件制作省工且适于在安装加工现场集中预制,因而采用十分广泛,已成为安装单位所用管件的主要采取的类型。

2)可锻铸铁管件:此类管件采用可锻铸铁浇注成型,并经机械加工形成螺纹,主要用于焊接钢管的螺纹连接。一般管件内外表面均镀锌。

3)球墨铸铁管件:此类管件是与球墨铸铁管配套使用的,分为给水铸铁管件和排水铸铁管件两种,从连接方式可分为机械式柔性连接管件、T形承插式柔性连接管件、平口柔性连接管件、法兰管件等几种。

4)硬聚氯乙烯(U-PVC)管件:硬聚氯乙烯管件分为给水管件和排水管件两种。U-PVC管件除阀门外均采用承插粘接,阀门接口处带有紧锁螺母及短节,使用时管道应与短节用塑料焊接。

(4) 波纹金属软管

给水系统中为补偿位移和安装偏差、吸收振动及降低噪声常使用波纹金属软管,通常安装在振动设备进出口、管道穿越沉降缝处、管道连接卫生洁具及水嘴处。波纹金属软管可以由波纹管、网罩和接头组合而成,也可由波纹管和接头组合而成。

(5) 水表

水表是一种测量水的使用量的装置,常见于自来水的用户端,其度数用以计算水费的依据。一般给水系统中按测量原理,水表可分为速度式水表和容积式水表。

1)速度式水表:安装在封闭管道中,由一个运动单元组成,并由水流运动速度直接使其获得动力速度的水表。典型的有旋翼式水表、螺翼式水表。

2)容积式水表:安装在管道中,由一些被逐次充满和排放流体的已知容积的容室和凭借流体驱动的机构组成的水表,或简称定量排放水表。

民用分户水表一般采用旋翼式水表。

(6) 水泵

水泵是输送水或使水增压的机械。它将原动机的机械能或其他外部能量传送给水,使水的能量增加,达到输送水或使水增压的目的。衡量水泵性能的技术参数有流量、吸程、扬程、功率、转速、效率等;根据不同的工作原理可分为容积水泵、叶片泵等类型。容积泵是利用其工作室容积的变化来传递能量,有往复泵、转子泵等类型;叶片泵是利用回转叶片与水的相互作用来传递能量,有离心泵、轴流泵等类型。

（二）建筑排水管材及附件

本节对常用的排水管材及其附件作简略的介绍，以供学习者参考应用。

1. 排水管材的分类、规格、特性及应用

从技术上说给水管材是可以用在排水工程中，但建筑排水工程绝大多数是定重力流，个别区段还会出现负压，因而将可以承压的给水管材用于建筑排水工程中是不合理也不经济的。因此，建筑排水管材常用的是排水用球墨铸铁管、U-PVC 塑料排水管和室外埋地的排水混凝土管、U-PVC 加筋管、高密度聚乙烯（HDPE）双壁波纹管等。

（1）室内排水常用的球墨铸铁管规格从 $DN50$mm 至 $DN200$mm。其接口形式有两种：一种是采用法兰对夹连接，橡胶圈密封；另一种是柔性平口连接排水铸铁管。

（2）U-PVC 排水管是非承压管材，具有重量轻、不结垢、抗腐蚀、易切割、价格低等优点，但耐热性能差，适用于连续排放温度不超过 40℃，瞬时排放温度不超过 80℃的生活污水。U-PVC 排水管的最大缺点是工作时噪声大，现在常见的新产品有芯层发泡 U-PVC 管、螺旋内壁 U-PVC 管等，降噪效果较明显，可用于对隔声要求比较高的室内排水系统。

排水塑料管的公称外径常用的有 40、50、75、90、110、125、160，单位是 mm。

（3）住宅小区室外排水用的混凝土管的内径有 100、150、200、250、300、350、400、450、500、600 等，单位是 mm，每支管道的有效长度应大于等于 1000mm，连接方式分为柔性连接和刚性连接两种，其中柔性连接有承插式和企口式，主要采用弹性密封圈或弹性填料的插入式接头形式，刚性连接有承插式和企口式，主要采用有石棉水泥、膨胀水泥砂浆等填料的插入式接头等形式。

2. 排水附件的分类及特性

（1）排水管道的附件材质基本上与管材相一致，即铸铁管的附件用铸铁制成，塑料管的附件用同质塑料制成，混凝土管的附件用混凝土制成，只有少数是例外，如地漏、塑料管的阻火圈、室外排水工程的构筑物等。

（2）排水附件有管道的连接件、排水口、清通用管件、保持功能用管件、室外排水局部处理构筑物等。

1）管道连接件：有法兰、H 形管、盲板、管箍、三通四通、弯头、偏心异径管、同心异径管等。

2）排水口：有地漏、器具排水栓、排水漏斗、雨水斗、虹吸雨水斗等。

虹吸雨水斗一般由反漩涡顶盖、格栅片、底座和底座支架组成，反漩涡顶盖能很好地防止空气通过雨水斗进入整个系统，并在斗前水位上升到一定程度时完全阻隔空气进入，使系统产生虹吸效应，大大提高雨水系统排水效率。

3）清通用管件：有清扫口、检查口、除污器、毛发聚集器等。

4）保持功能用管件：有各类伸缩器、各类套管、阻火圈、通气帽、各型存水弯等。

5）室外排水局部处理构筑物：有沉淀池、化粪池、降温池、消毒池、隔油井等。

(三)卫生器具

本节对常用的卫生器具的分类及特性作出简明介绍,供学习者参考应用。

1. 便溺用卫生器具的分类及特性

便溺用卫生器具主要有大便器、小便器、小便槽三类,其排放的水称为生活污水。

(1) 大便器:常见的有坐式大便器和蹲式大便器两种,材质均为陶瓷制品,以白色为主,偶有特殊需要有彩色的。由于使用的卫生习惯原因,家庭中以坐式大便器居多,公共厕所以蹲式大便器居多。坐式大便器按不同的排水方式可分为"冲落式""虹吸式""喷射式虹吸式"和"漩涡式虹吸式"等。虹吸式坐便器的最大优点就是冲水噪声小,从冲污能力上来说,虹吸式坐便器容易冲掉黏附在马桶表面的污物,虹吸式坐便器存水面较冲落式高,用水量较冲落式大,目前被普遍使用。新推出的高档漩涡虹吸式坐便器具有结构先进、功能好、噪声更低等特点。蹲式大便器按结构也分为带存水弯和不带存水弯两种。

(2) 小便器:常见的有立式小便器和挂式小便器两种,材质均为陶瓷制品,以白色为主,也有少许是彩色的。在学校等公共场所,有采用砖砌贴瓷砖在上部带有喷淋管的长方形小便槽,并装有定时的冲洗装置。

2. 盥洗、淋浴用卫生器具的分类及特性

盥洗、淋浴用卫生器具主要有洗脸盆、浴盆、成套淋浴房、盥洗槽等。其排放的水称为生活废水。

(1) 洗脸盆:从安装方式上分类有墙式(挂式)洗脸盆、台式洗脸盆、立式洗脸盆三种,材质有陶瓷的和玻璃的,以陶瓷为主。

(2) 浴盆:又称浴缸,从成品制造来分有铸铁搪瓷的、陶瓷的、工程塑料的,从功能上分有普通型、按摩型等,从卫生需要看,家庭装修中使用浴盆的较多,而公共场所如宾馆、旅舍浴盆正在被淋浴房所替代。

(3) 淋浴房:是带有冷、热水淋浴器的由玻璃制成的柜:成套产品,可按用户需要,视建筑物平面布置情况定制。在公共浴室,还有成排的淋浴器。

(4) 盥洗槽:是一般采用水磨石面或瓷砖石贴面的钢筋混凝土,设置在同一时间盥洗人数较多的场所,如旅馆、集体宿舍和公共建筑的盥洗室。按其形状分类有长方形和圆形两种。

3. 洗涤用卫生器的分类及特性

洗涤用卫生器具包括各种类型的洗涤盆、污水盆、拖布盆、实验室化验盆、妇女卫生盆等,其材质以陶瓷为主,也有一定数量的不锈钢、石质和水泥产品。

4. 卫生器具的附件

(1) 给水附件:卫生器具给水附件主要包括各种类型的水嘴、冲洗阀、浮球阀、配水阀门(三角阀)、配水短管等。

(2) 排水附件：卫生器具排水附件主要包括排水栓、存水弯（S 弯和 P 弯）、排水斗等。

5. 无障碍卫生洁具

常用的无障碍卫生洁具有无障碍坐便器、无障碍洗手盆、无障碍小便器，这些无障碍卫生洁具通常都是在卫生洁具边安装必须的安全抓杆和救助呼叫装置，具体可参考《建筑与市政工程无障碍通用规范》GB 55019—2021。

（四）电线、电缆及电线导管

本节对房屋建筑电气工程中常用的电线、电缆及导管等电工材料作出简明的介绍，供学习者参考应用。

1. 电线

（1）常用电线的型号的构成

1）型号编制的方法如图 2-5 所示。

图 2-5 常用电线的型号编制

2）说明

① 代号或用途以字母表示，B 为固定敷设电线（又称布电线路电线）；R 为软线；N 为农用直埋线。

② 线芯材质，通常只有两种，铝芯用 L 表示；铜芯用 T 表示，在型号中可以省去不标。

③ 绝缘是指芯线外的绝缘材料名称，如 V 表示为聚氯乙烯；X 表示为天然橡皮绝缘；F 为丁腈聚氯乙烯复合物绝缘；E 为乙丙橡皮绝缘；YJ 为交联聚乙烯绝缘。

④ 护套，通常单芯电线外无护套，仅在多芯电线或电缆外有统包的护套。V 为聚氯乙烯护套；Y 为聚乙烯护套；X 为天然橡皮护套；F 为氯丁橡胶护套。

⑤ 派生为同型号的不同生产牌号，通常用数字表示，也有字母表示，如户外用的以 W 表示。

（2）常用的电线型号见表 2-21。

常用的电线型号　　　　　表 2-21

序号	型号	名称	适用范围
1	BV	铜芯聚氯乙烯绝缘电线	适用于交流电压 450/750V 及以下动力装置、日用电器、仪表及电信设备
2	BVP	铜芯聚氯乙烯绝缘屏蔽电线	电器、电子、仪表、通信、计算机系统
3	BVR	铜芯聚氯乙烯绝缘软线	适用于交流电压 450/750V 及以下动力、日用电器、仪表及电信设备等线路，且多用于各种机械设备当中，弯曲性较强

续表

序号	型号	名称	适用范围
4	BVV	铜芯聚氯乙烯绝缘聚氯乙烯护套电线	交流额定电压 300/500V 及以下动力、日用电器、仪器仪表及电信设备
5	BVVB	铜芯聚氯乙烯绝缘聚氯乙烯护套平行电线	适用于交流电压 450/750V 及以下动力、日用电器、仪表及电信设备等线路
6	BX	铜芯橡皮绝缘电线	室外架设，起重机安装、露天设备配套等，也用于冷库供电线路
7	BXF	铜芯氯丁橡皮绝缘电线	适用于户内明敷设和户外特别寒冷地区
8	BXR	铜芯橡皮绝缘软线	同 BX 电线，用于安装时要求柔软的场所
9	RX	铜芯橡皮绝缘棉纱编织双绞软线	300/500V 及以下的室内照明灯具、家用电器和工具
10	RVB	铜芯聚氯乙烯绝缘平行软线	家用电器、小型电动工具、仪器、仪表及动力照明的连接
11	RVS	铜芯聚氯乙烯绝缘绞型软线	家用电器、小型电动工具、仪器、仪表及动力照明的连接
12	RV	聚氯乙烯铜芯软线	各种交流电器、电工仪器、小型电动工具、家用电器装置的连接
13	RVV	聚氯乙烯绝缘及护套铜芯软线	各种交流电器、电工仪器、小型电动工具、家用电器装置的连接

(3) 电线导体的标称截面

① 标称截面常用的有 0.75、1、1.5、2.5、4、6、10、16、25、35、50、70、95、120、150、185、240、300、400mm² 等。

② 标称截面 0.75、1、1.5、2.5、4、6mm² 有单芯的作布电线用，有多股的作移动设备的馈电线用。

③ 标称截面 10mm² 及以上的电线导体均为多股组成 10～35mm² 为 7 股；35～95mm² 为 19 股；120～185mm² 为 37 股；240～400mm² 为 61 股。

(4) 电线的额定电压 U_0/U 有两类，即 300V/500V；450V/750V。

2. 电缆

(1) 型号构成的方法和绝缘及护套的材料代号基本与电线相同。

(2) 电缆有外覆的铠装，多用数字表达，见表 2-22。

电缆的表示　　　　　表 2-22

序号	数字	示意	序号	数字	示意
1	20	裸钢带铠装	4	23	钢带铠装聚乙烯护套
2	21	钢带铠装纤维护套	5	30	裸细钢丝铠装
3	22	钢带铠装聚氯乙烯护套	6	32	细钢丝铠装聚氯乙烯护套

(3) 常用的电缆

电缆分为电力电缆和控制电缆两大类，电力电缆供应电能，控制电缆为信号、指令、测量数据等提供通路。常用的电缆型号见表2-23。

常用的电缆型号　　　　　　　　表2-23

序号	型号	名称	适用范围
1	VV	铜芯聚氯乙烯绝缘聚氯乙烯护套电力电缆	室内、隧道及管道中，电缆不能承受机械外力作用，长期最高工作温度为70℃
2	VV_{22}	铜芯聚氯乙烯绝缘聚氯乙烯护套钢带铠装电力电缆	室内、隧道内直埋土壤，电缆能承受机械外力作用，不能承受大的拉力，长期最高工作温度为70℃
3	VV_{32}	铜芯聚氯乙烯绝缘聚氯乙烯护套内细钢丝铠装电力电缆	高落差地区（如矿井），电缆能承受机械外力作用及相当的拉力，长期最高工作温度为70℃
4	ZRYJV	铜芯交联聚乙烯绝缘聚氯乙烯护套阻燃电力电缆	室内、隧道及管道，特点：在明火燃烧的情况下，移走火源，小于等于12s自动熄灭，长期最高工作温度为90℃
5	$ZRYJV_{22}$	铜芯交联聚乙烯绝缘钢带铠装聚氯乙烯护套阻燃电力电缆	室内、隧道内直埋土壤，特点：在明火燃烧的情况下，移走火源，小于等于12s自动熄灭，长期最高工作温度为90℃
6	$ZRYJV_{32}$	铜芯交联聚乙烯绝缘钢丝铠装聚氯乙烯护套阻燃电力电缆	高落差地区（如矿井），特点：在明火燃烧的情况下，移走火源，小于等于12s自动熄灭，长期最高工作温度为90℃
7	KVV	铜芯聚氯乙烯绝缘聚氯乙烯护套控制电缆	室内、电缆沟、管道内及地下
8	KVV_{20}	铜芯聚氯乙烯绝缘聚氯乙烯护套裸钢带铠装控制电缆	交流额定电压450/750V及以下控制、监控回路及保护线路
9	KVV_{30}	铜芯聚氯乙烯绝缘聚氯乙烯护套裸细钢丝铠装控制电缆	交流额定电压450/750V及以下控制、监控回路及保护线路
10	KV_{22}	铜芯聚氯乙烯绝缘钢带铠装聚氯乙烯护套控制电缆	室内、电缆沟、管道内及地下，电缆能承受机械外力作用
11	KV_{32}	铜芯聚乙烯绝缘细钢丝铠装聚乙烯护套控制电缆	室内、电缆沟、管道内及地下，电缆能承受机械外力作用
12	PTYV	铜芯聚乙烯绝缘塑料护套信号电缆	额定电压交流500V或直流1000V及以下的铁路信号联络、火警信号、电报及其他自动装置系统
13	$PTYA_{23}$	铜芯聚乙烯绝缘综合屏蔽钢带铠装信号电缆	额定电压交流500V或直流1000V及以下传输铁路信号、音频信号或自动信号装置的控制电路，具有一定的屏蔽性能，适宜于电气化区段或其他有强电干扰的地区敷设
14	WDN（A，B）-YJY	无卤低烟（A、B）类耐火交联聚乙烯绝缘聚乙烯护套铜芯电力电缆	可敷设在对无卤低烟且耐火有要求的室内、隧道及管道中
15	WDN（A，B）-YJFE	无卤低烟（A、B）类耐火辐照交联聚乙烯绝缘聚烯烃护套铜芯电力电缆	可敷设在对无卤低烟且耐火有要求且温度较高的室内、隧道及管道中
16	BTTQ	轻型铜护套氧化镁绝缘铜芯电缆	适用于防爆系统和设备，火灾危险区（石油化工工业、核电站等）；高温场合（冶金工业、发电厂等）；要求特别安全的设施（公共场所、高层建筑）；地下供电线路

续表

序号	型号	名称	适用范围
17	BTTZ	重型铜护套氧化镁绝缘铜芯电缆	适用于防爆系统和设备，火灾危险区（石油化工工业、核电站等）；高温场合（冶金工业、发电厂等）；要求特别安全的设施（公共场所、高层建筑）；地下供电线路

注：VV_{22}、VLV_{22}能承受机械外力作用，但不能承受大的拉力，可直接敷设在地下。

（4）电缆的导体

1）电缆的导体标称截面系列与电线相同。

2）电力电缆的导体有单芯、双芯、三芯、四芯和五芯共五种，其中三芯电缆的导体三根互相绝缘的导体截面是相等的；其中四芯电缆的导体亦相互绝缘，但三根导体截面相等，一根导体截面小1~2个等级；五芯电缆的五根芯亦是相互绝缘的，其中三根导体截面相等，其余两根导体截面依据施工设计选定。

3）控制电缆均为铜芯多芯电缆，铜芯标称截面为0.5、0.75、1、1.5、4、6、10mm^2；同一电缆内芯数最少2根，最多为61根。常用的KVV型控制电缆芯线截面为0.75~2.5mm^2，芯线根数为2~61根。

（5）电缆的额定电压

1）房屋建筑安装工程中电力电缆的额定电压有1kV、10kV、35kV。

2）控制电缆的额定压U_0/U有两类，即300V/500V；450V/750V。

3. 导管

（1）导管也称电线（电缆）保护管，供电气装置和通信装置的绝缘导线（或电缆）使用，使之得以进出或更换。导管和导管配件应能给装在其内的绝缘导线和电缆提供机械保护，需要时，还应提供电气保护。导管和导管配件之间接口的保护性能不低于导管系统所规定的要求。

（2）导管按材质分类可分为金属导管和非金属导管两类，金属导管主要指钢导管，非金属导管主要指塑料管。

（3）导管按刚度分类可分为刚性导管、柔性导管及介于两者之间的可挠性导管三类。

（4）导管按通用程度分类可分为专用导管和非专用导管两类，前者仅在电气工程中应用，后者在其他工程中也有采用。

1）非专用的金属导管主要指无缝钢管和水煤气管，水煤气管又分为镀锌和不镀锌的两种，常用的水煤气管的规格见表2-24。

水煤气管的规格　　表2-24

公称直径（mm）	15	20	25	32	40	50	70	80	100	125	150
英寸	$\frac{1}{2}$	$\frac{3}{4}$	1	$1\frac{1}{4}$	$1\frac{1}{2}$	2	$2\frac{1}{2}$	3	4	5	6
外径（mm）	21.25	26.25	33.50	42.25	48.00	60.00	75.50	88.50	114.00	140.00	165.00
壁厚（mm）	2.75	2.75	3.25	3.25	3.50	3.75	3.75	4.00	4.00	4.50	4.50

2）专用的金属导管主要指薄壁钢电线管、套接紧定式薄壁钢导管和可挠金属电线管，

其大部分为镀锌制品,且备有相应配套的连接用零部件和盒箱等,其规格见表2-25～表2-27。

薄壁钢电线管　　　　　　　　　　　　　　　　　　　　　　表2-25

公称直径（mm）	13	16	19	25	32	38	51	64	76
英寸	$\frac{1}{2}$	$\frac{5}{8}$	$\frac{3}{4}$	1	$1\frac{1}{4}$	$1\frac{1}{2}$	2	$2\frac{1}{2}$	3
外径（mm）	12.70	15.88	19.05	25.4	31.75	38.10	50.8	63.5	76.2
壁厚（mm）	1.60	1.60	1.80	1.80	1.80	1.80	2.00	2.50	3.20

套接紧定式钢导管（JDG）　　　　　　　　　　　　　表2-26

外径（mm）	16	20	25	32	40
外径偏差（mm）	0 −0.3	0 −0.3	0 −0.3	0 −0.4	0 −0.4
壁厚（mm）	1.60	1.60	1.60	1.60	1.60
壁厚偏差（mm）	±0.15	±0.15	±0.15	±0.15	±0.15

可挠金属电线管　　　　　　　　　　　　　　　　　表2-27

规格代号	10	12	15	17	24	30
内径（mm）	9.2	11.4	14.1	16.6	23.8	29.3
外径（mm）	13.3	16.1	19	21.5	28.8	34.9
外径公差（mm）	±0.2	±0.2	±0.2	±0.2	±0.2	±0.2
螺距（mm）	1.6±0.2	1.6±0.2	1.6±0.2	1.6±0.2	1.8±0.25	1.8±0.25
规格代号	38	50	63	76	83	101
内径（mm）	37.1	49.1	62.6	76.0	81.0	100.2
外径（mm）	42.9	54.9	69.1	82.9	88.1	107.3
外径公差（mm）	±0.4	±0.4	±0.6	±0.6	±0.6	±0.6
螺距（mm）	1.8±0.25	1.8±0.25	2.0±0.3	2.0±0.3	2.0±0.3	2.0±0.3

3）塑料导管也是专用导管,以聚氯乙烯为主要原料,也有刚性的、柔性的和可挠的,且有配套的各种零部件,其主要性能指标是非可燃性,成品均经阻燃处理,否则不准流入市场。SG型无增塑刚性PVC导管规格见表2-28。

SG型无增塑刚性PVC导管　　　　　　　　　　　　表2-28

外径（mm）	16	20	25	32	40	50	63
内径（mm）	12.2	15.6	20.6	26.6	34.4	43.2	56.2
壁厚（mm）	1.9	2.2	2.2	2.7	2.8	3.4	3.4

根据目前国家建筑市场中的型号可分为轻型、中型、重型三种,在建筑施工中宜采用中型、重型。

（五）照明灯具、开关及插座

本节对房屋建筑电气工程中常用的照明灯具、开关及插座作出简明的介绍,供学习者参考应用。

1. 照明灯具

（1）照明灯具可分为现场组装的灯具和成套灯具两大类。

1）现场组装的灯具是将购入的灯座、灯罩、光源等零件按设计要求组合而成，大多用于一般辅助场所。

2）成套灯具由设计单位按供应商提供的样本根据建筑设计选定，但其光源要另行购置。

（2）灯具按防触电保护形式分为Ⅰ类、Ⅱ类和Ⅲ类。

1）Ⅰ类灯具的防触电保护不仅依靠基本绝缘，还需把外露可导电部分连接到保护导体上，因此Ⅰ类灯具外露可导电部分必须采用铜芯软导线与保护导体可靠连接，连接处应设置接地标识；铜芯软导线（接地线）的截面应与进入灯具的电源线截面相同，导线间的连接应采用导线连接器或缠绕搪锡连接。

2）Ⅱ类灯具的防触电保护不仅依靠基本绝缘，还具有双重绝缘或加强绝缘，因此Ⅱ类灯具外壳不需要与保护导体连接。

3）Ⅲ类灯具的防触电保护是依靠安全特低电压，电源电压不超过交流50V，采用隔离变压器供电。因此Ⅲ类灯具的外壳不容许与保护导体连接。

（3）灯具的铭牌除标明额定工作电压外，还标明使用的光源的最大功率。

（4）灯具的名称如图2-6所示，安装方式见表2-29。

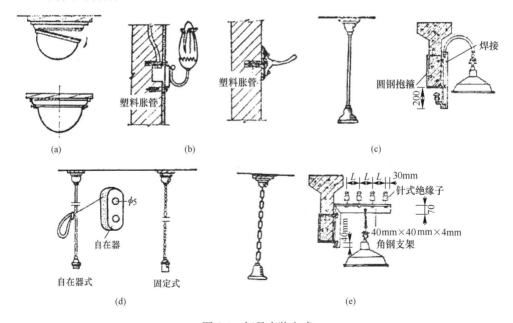

图2-6　灯具安装方式
(a) 吸顶灯；(b) 壁灯；(c) 吊杆灯；(d) 吊线灯；(e) 吊链灯

灯具安装方式的文字符号　　　　　　　表 2-29

安装方式	旧符号	新符号
自在器线吊式	—	SW
链吊式	L	CS
管吊式	G	DS
壁装式	B	W
吸顶式	D	C
嵌入式	R	R
顶棚内安装	DR	CR
支架上安装	J	S
座装	ZH	HM

(5) 灯具的电光源

1) 电光源的文字符号见表 2-30。

电光源的文字符号　　　　　　　表 2-30

序号	电光源类型	文字符号	序号	电光源类型	文字符号
1	氖灯	Ne	5	荧光灯	FL
2	氙灯	Xe	6	红外线灯	IR
3	钠灯	Na	7	紫外线灯	UV
4	发光灯	EL	8	发光二极管	LED

2) 电光源的分类

根据其由电能转换光能的工作原理不同，大致可分为热辐射光源、气体放电光源和电致发光电源三大类。

① 热辐射光源是利用物体通电加热而辐射发光的原理制成的，如白炽灯、卤钨灯等，但目前民用工程中已不采用。

② 气体放电光源是利用气体放电时发光的原理制成的，如荧光灯、荧光高压汞灯、高压钠灯、霓虹灯、氙灯和金属卤化物灯等。荧光灯的性能主要取决于灯管的几何尺寸、光源功率、涂覆荧光灯粉和制造工艺。

③ 电致发光光源是在电场作用下，使固体物质发光的光源。它能将电能直接转变为光能，如：发光二极管。

2. 照明开关及插座

(1) 开关和插座均有明装和暗装两大类。

(2) 常用的照明开关的额定电流为 3、5、10、15、20、30A 等。

(3) 常用的插座额定电流为 5、10、15A 等。

(4) 照明开关和插座均由工程塑料与铜导体及紧固螺栓构成。

(5) 照明开关从外形和内部结构可分为单极开关、双极开关、三极开关、单极三线双控开关、风扇调速开关、拉线开关、限时开关等各种类别。

（6）照明插座从外形和内部结构可分为单相双孔插座、单相带接地孔的三孔插座、带接地孔的三相四孔插座、带中性线孔和接地孔的三相五孔插座、防触电带保护的单相插座、具有单极开关的单相插座等各种类别。

（六）通风空调工程常用材料

1. 金属板材

常用的金属板材有普通钢板、镀锌薄钢板、彩色涂层钢板、铝板、不锈钢板和塑料复合钢板等。

（1）普通钢板：普通钢板俗称黑铁皮，分为热轧、冷轧薄钢板，其厚度一般为0.5～2.0mm，具有良好的机械强度和加工性能，价格比较便宜，所以在通风工程中应用最为广泛。但其表面较易生锈，故在应用前应进行刷油防腐。

（2）镀锌薄钢板：由普通薄钢板表面涂金属锌制成；镀锌薄钢板分为切成定尺长度的镀锌板和带卷镀锌板包装两种规格，厚度为0.25～2.0mm，因其表面呈银白色，故又称白铁皮。板材的锌花大小、锌层厚度可证明镀锌质量的好坏，锌花越小、锌层厚度越厚越好。镀锌薄钢板一般用于空调及通风、洁净空调、防排烟等系统和潮湿环境中的风管制作。通风与空调工程中镀锌钢板常用的厚度为0.5～1.5mm，镀锌层厚度应按设计或合同规定选用，当设计无规定时：不应采用低于$80g/m^2$板材；当用于净化空调系统时镀锌层厚度不应小于$100g/m^2$。镀锌薄钢板施工时，应注意使镀锌层不受破坏、腐蚀，镀锌钢板风管表面不得有10%以上的白花、锌层粉化等镀锌层严重损坏的现象。

（3）铝及铝合金板：用于通风空调工程中的铝板多以纯铝制作，有退火的和冷作硬化的两种。铝板的加工性能好，有良好的耐腐蚀性，但纯铝的强度低，用途受到限制。铝合金板以铝为主，加入一种或几种其他元素制作而成，铝合金板具有较强的机械强度，比重轻，塑性及耐腐蚀性能也很好，易于加工成型。铝及铝合金板在摩擦时不易产生火花，因此常用于通风工程的防爆系统中。铝板风管和配件加工时，应注意保护材料的表面，不得出现划痕等现象，划线时应采用铅笔或色笔。

（4）不锈钢板：不锈钢板又叫不锈耐酸钢板，其表面有铬元素形成的钝化保护膜，起隔绝空气作用，使钢不被氧化。其具有较高的强度和硬度，韧性大，可焊性强，在空气、酸及碱性溶液或其他介质中有较高的化学稳定性。由于不锈钢板具有表面光洁，不易锈蚀和耐酸等特点，所以不锈钢板多用在化学工业输送含有腐蚀性介质的通风系统中。

2. 非金属材料

（1）玻璃钢

1）有机玻璃钢采用不饱和聚酯树脂和玻璃纤维制成。树脂型号可根据风管用途不同选用相应型号的树脂。玻璃钢风管内表面平整光滑、外表面整齐美观，厚度均匀，且边缘处不应有毛刺及分层现象。玻璃钢风管可按用户要求做成各种颜色，色泽明快；可以按用户要求做成阻燃风管，氧指数不小于30。一般适用于输送腐蚀性气体的通风系统中。

2）无机玻璃钢通风管道，是以氯镁无机复合材料（无机材料、胶凝材料、憎水材料）

为胶结料，以玻璃丝布为增强材料，配以增韧剂、增强剂和抗水剂，通过严格的调制程序、加工工艺和养护过程，形成结晶网络骨架和孔隙结构的水化物硬化体，整体一次性成型。同时无机玻璃钢板材具有重量轻、强度高、保温隔热、阻燃、抗腐蚀、无毒无污染的特性。

(2) 硬聚氯乙烯

硬聚氯乙烯板又称硬塑料板，具有一定的机械强度、弹性和良好的耐腐蚀性以及良好的化学稳定性，并有良好的可塑性、可焊性，又便于加工成型，所以在通风工程中得到广泛的应用。但硬聚氯乙烯板的热稳定性较差，一般在-10～60℃之间使用。

3. 复合材料

(1) 玻镁复合板

玻镁复合板原材料选用优质氧化镁、氯化镁、中碱玻璃纤维布、轻质材料和无机粘合剂，经生产线加工复合而成。该材料由两层高强度无机材料和一层保温材料复合而成，解决了返潮、返卤问题，而且不含氯离子，是一种重量轻、强度高、不燃烧、隔声性能好的材料。其特点：

1) 遇火不产生氯化氢等有毒气体，具有无毒、无味、不燃、不爆、保温、隔热及良好的二次加工性能和施工方便等特点，是新一代的节能环保型绿色产品。

2) 具有良好的保温性能，同时噪声低，能保持室内环境安静；表面光滑、风阻小，漏风率低；不生锈，不发霉，不积尘，不繁殖细菌、真菌，无臭味，不会产生粒状、气状污染物及生物气胶，能提高室内空气品质，是绿色环保产品。

3) 为A级不燃材料，防火性能好；强度高，可满足高、中、低压通风系统的使用；不怕水，在潮湿的环境下不生锈、不腐蚀，即使浸在水中，仍能保持较高的强度，湿强度高达97%，防潮抗水性能好。

(2) 玻纤铝箔复合板

玻纤铝箔复合板由外表面铝箔隔气保护层、玻璃纤维中间层和内表面防纤维脱落的保护层组成。其中玻璃纤维内表面是将熔融状态的玻璃用离心喷吹法工艺进行纤维成型并喷涂热固性树脂后制成丝状材料，再经热固化深加工处理而制成。其具有防火、防毒、耐腐蚀、重量轻、耐高温、使用寿命长、防潮性及憎水性好、外形美观、内层、表层防霉抗菌等诸多优点，是优越的保温、隔热、吸声材料。

(3) 酚醛铝箔复合板

酚醛是有机高分子材料中防火性能最好的材料，酚醛复合风管内外层为含防腐防菌涂层的压花铝箔，绝热层为硬质酚醛泡沫。其具有良好的环保、节能、安全、不燃、隔声、美观、清洁、使用寿命长等多种优越性能，可广泛用于工业与民用建筑、酒店、医院、写字楼以及其他特殊要求场所。

(4) 聚氨酯铝箔复合板

聚氨酯铝箔复合板采用微氟难燃 B_1 级聚氨酯硬质泡沫作为夹心层，双面复合不燃铝箔板一次性加工成型。风管板中的聚氨酯是一种闭孔的微细泡沫，导热系数低，这使得聚氨酯复合风管的性能极佳，节能效果非常明显。聚氨酯夹心材料作为风管板材绝热层，配有防火等多种添加剂，使材料在防火、物理性能、保温和环保等各方面均能满足通风管道的使用要求。

（5）彩钢复合板

1）彩钢复合板是将彩色涂层钢板或其他面材及底板与保温芯材通过粘结剂（或发泡）整体加工复合而成的保温型复合板材。芯材（主要有聚苯乙烯 EPS、岩棉、玻璃丝棉、聚氨酯等）内层的绝热材料应采用不燃或难燃且对人体无害的材料。其具有良好的环保、节能、安全、不燃、隔声、美观、清洁、使用寿命长等多种优越性，可广泛适用于工业及民用建筑、酒店、医院、写字楼等场所。

2）彩钢复合防火板是将彩钢板与镁质防火板用防火胶机械一次成型。镁质防火板由氧化镁、硫酸镁、玻纤、防火助剂等组成。彩钢复合防火板板材具有强度高、重量轻、不吸水、不返卤、防潮、耐酸碱性、保温隔热和隔声性能好、绿色环保无毒性等特点，且具有良好的防火性能，燃烧性能达到 A_1 级。其可广泛用于工业、民用建筑及消防防排烟等系统。

4. 纤维织物布

纤维织物布是用特殊纤维织成的柔性织物布，用纤维织物布经缝纫、对开孔（或网格条缝）连接加工成柔性风管（含管件的缝制搭配），织物布风管通常被称作布袋风管。其主要靠纤维渗透和喷孔射流的独特出风模式，能均匀送风，是一种替代传统送风管、风阀、散流器、绝热材料等的一种送风空调风管系统。纤维布风管具有重量轻、不产生冷凝水、无噪声、容易清洗和维护等特点，主要应用于体育馆、会展中心等大型建筑和制药、电子、农业、实验室等的空调通风系统，以及食品工业洁净用房中风管和风口易堵和清洗频繁的管段。

5. 常用辅助材料

（1）垫料

垫料主要用于风管法兰接口连接、空气过滤器与风管的连接以及通风、空调器各处理段的连接等部位作为衬垫，以保持接口处的严密性。其具有不吸水、不透气和较好的弹性等特点，其厚度为3～5mm，空气洁净系统的法兰垫料厚度不能小于5mm，一般为5～8mm。工程中常用的垫料有石棉绳、橡胶板、石棉橡胶板、乳胶海绵板、闭孔海绵橡胶板、耐酸橡胶板、软聚氯乙烯塑料板和新型密封垫料等，可按风管壁厚、所输送介质的性质以及要求密闭程度的不同来选用。防排烟风管的法兰垫片应为不燃材料，净化空气系统法兰垫料采用不产尘、不易老化、具有一定强度和弹性的材料。

1）石棉绳

石棉绳是由矿物中石棉纤维加工编制而成，可用于空气加热器附近的风管及输送温度大于 70℃ 的排风系统，一般使用直径为 3～5mm。石棉绳不宜作为一般风管法兰的垫料。

2）橡胶板

常用的橡胶板除了在 −50～150℃ 温度范围内具有极好的弹性外，还具有良好的不透水性、不透气性、耐酸碱、电绝缘性能和一定的扯断强力及耐疲劳强力。其厚度一般为 3～5mm。

3）石棉橡胶板

石棉橡胶板可分为普通石棉橡胶板和耐油石棉橡胶板两种，应按使用对象的要求来选用。石棉橡胶板的弹性较差，一般不作为风管法兰的垫料。但高温（大于70℃）排风系统的风管采用石棉橡胶板作为风管法兰的垫料比较好。

4）闭孔海绵橡胶板

闭孔海绵橡胶板是由氯丁橡胶经发泡成型，构成闭孔直径小而稠密的海绵体，其弹性介于一般橡胶板和乳胶海绵板之间，用于要求密封严格的部位，常用于空气洁净系统风管、设备等连接的垫片，但不得采用乳胶海绵。

5）其他

以橡胶为基料并添加补强剂、增黏剂等填料，配置而成的浅黄色或白色黏性胶带，可用作通风、空调风管法兰的密封垫料。这种新型密封垫料（XM—37M型）与金属、多种非金属材料均有良好的黏附能力，并具有密封性好、使用方便、无毒、无味等特点。XM—37M型密封粘胶带的规格为：7500mm×12mm×3mm，7500mm×20mm×3mm，用硅酮纸成卷包装。另外，硅钛合金橡胶板耐高温垫片，是由硅胶布和玻纤布经过特殊工艺复合而成，达到A级不燃标准，可用于防排烟系统。8501型阻燃密封胶带也是一种专门用于风管法兰密封的新型垫料，多年来已被市场认可，使用相当普遍。

（2）螺栓和螺母

1）螺栓和螺母用于风管法兰的连接和通风设备与支架的连接，一般将六角螺栓和六角螺母配套使用。螺栓的规格以螺栓的公称直径×螺杆长度表示。

2）圆、矩形风管的法兰螺栓应按规范附表要求选用，材质应与管材性能相适应，安装在地下室等潮湿环境的风管法兰螺栓宜采用热镀锌制品。

（3）铆钉

在通风与空调工程中，铆钉主要用于板材与板材、风管或部件与法兰之间的连接。常用的铆钉有抽芯铆钉、半圆头铆钉和平头铆钉等几种。净化空调系统应采用镀锌铆钉，不得使用抽芯铆钉。不锈钢风管应采用同材质铆钉，抽芯铆钉不得用于软接与法兰连接固定。

三、施工图识读与绘制的基本知识

本章简明介绍建筑施工图和建筑设备施工图的组成、绘制、识读的基本知识,以供学习者在实际工作中应用。

(一) 建筑物施工图的基本知识

本节主要介绍房屋建筑施工图的组成、作用和特点,以供学习者做好设备安装工程中与土建施工的配合工作。建筑施工图是整套完整的建筑工程施工图的一部分,整套完整的建筑工程施工图包含建筑施工图(简称建施,包括总平面图、平面图、立面图、剖面图和构造详图)、结构施工图(简称结施,包括结构平面布置图和各构件的结构详图)、设备施工图(简称设施,包括给水排水、供暖通风、电气、消防、智能建筑等设备的平面布置图和详图)及相关目录和设计说明(包括设计依据、工程概况、设计要求、施工中应执行的规范及标准图、主要设备材料表及特别注意的事项)。

1. 常用符号及规定

(1) 标高

1) 绝对标高:我国把青岛附近黄海某处平均海平面定为绝对标高零点,其他各地标高都以它作为基准。

2) 相对标高:把室内首层地面高度定为相对标高的零点,比它高的定为正,比它低的定为负。

3) 标高符号:如符号"▽"所示,符号的下短横线表示某处的标高,上部较长横线要注明标高值,国际标准规定准确到毫米,通常零点标注为 0.000,高于零点的为正,如 $\underset{\triangledown}{3.900m}$,(正可不加+号),低于零点的为负如 $\underset{\triangledown}{-0.440m}$。

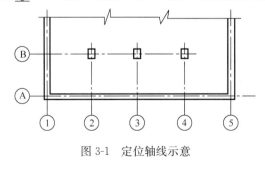

图 3-1 定位轴线示意

(2) 定位轴线

1) 位置

建筑物的承重墙、柱、梁和屋架等主要构件的位置应画上定位轴线并进行编号,如图 3-1 所示。

2) 编号

① 以建筑物施工图的布置方向进行确定。

② 水平方向用阿拉伯数字自左至右依次编号。

③ 垂直方向用大写拉丁字母由下向上依次编号(其中 I、O、Z 不得使用,避免同 1、0、2 混淆)。

(3) 索引和详图

1）索引符号用以标明总图与详图间的关系，画在总图上，如图3-2（a）所示。

2）详图符号与索引符号相对应，画在详图上，如图3-2（b）所示。

(a)　　　　　　　　　　　　　　　　　　　　(b)

图 3-2　索引符号和详图符号
（a）索引符号；（b）详图符号

（4）指北针和风玫瑰

1）在总平面图和建筑物底层平面图上，一般应画上指北针，用以表示建筑物的朝向，如图 3-3（a）所示。

2）风玫瑰符号也称风向频率玫瑰图，实线表示该地区的常年风向频率，虚线表示该地区夏季（6、7、8）三个月的风向频率，从而可知该地区常年和夏季的主导风向。风玫瑰图画在总平面图上，如图3-3（b）所示。

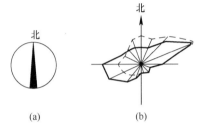

图 3-3　指北针和风玫瑰
（a）指北针；（b）风玫瑰

2. 建筑施工图的分类及作用

建筑施工图依据正投影法原理绘制，一套建筑施工图通常包含有图纸目录、设计说明、施工总平面图、各层建筑平面图、建筑立面图、建筑剖面图、各类详图如设备基础图等，通常采用缩小比例出图。

（1）设计说明及作用

设计说明主要说明工程施工图设计的依据、项目概况、设计标高、用料说明、对采用新技术、新材料的做法说明及对特殊建筑造型和必要的建筑构造的说明、各分部工程的主要分项工程的设计要求、性能施工或安装制作要求、其他需要说明的问题等。其作用是让施工人员能初步了解工程的规模、性质、技术要求等。

（2）施工总平面图及作用

施工总平面图如图3-4所示，其标示的内容和作用有：

1）表明工程的总体布局，包括室内外工程的概貌，周边的道路等交通设施，以及电力、供水、排污、热网和通信等的引入方向，还有地形和排水方向。

2）反映原有和新建建筑物、构筑物的位置和标高，是新建工程定位、施工放线、土方施工及平衡的依据。

3）是编制施工组织设计或施工方案的重要依据之一，对施工平面布置、临时设施安排起决定性作用。

（3）建筑平面图及作用

1）建筑平面图是建筑物的水平剖视图，剖切位置设在窗台的上方，如图3-5所示。

2）建筑平面图表达的内容有：

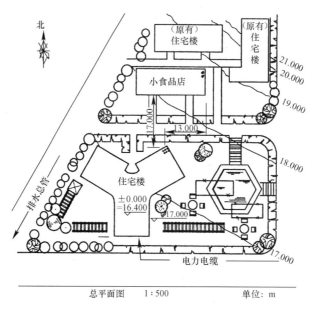

图 3-4 施工总平面图

① 建筑物的形状和朝向。
② 内部功能布置和各种房间的相互关系。

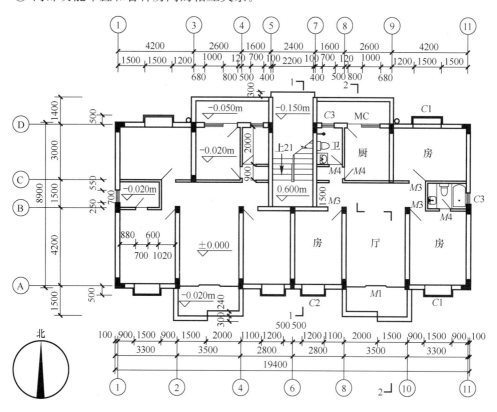

图 3-5 建筑平面图

③ 建筑物的入口、通道和楼梯的位置。

④ 多层的建筑物如各层平面布置相同只要提供一个平面图，如各层平面布置均不相同则每层均须提供平面图。

⑤ 屋顶平面图为建筑物的俯视图。

(4) 建筑立面图及作用

1) 建筑立面图是建筑物的正投影图和侧投影图，如图 3-6 所示。

图 3-6　建筑立面图（m）

2) 建筑立面图通常以立面朝向命名，则可分为东、南、西、北等立面图，且与总平面图上的布置朝向一一对应。

3) 建筑立面图表达的内容有：

① 建筑物的外形、总高度、各楼层高度、外部门窗位置及形式、室外地坪标高等。

② 建筑物外墙的装饰要求。

③ 与安装工程有关的孔洞位置。

(5) 建筑剖面图

1) 建筑剖面图是与建筑物平面相垂直剖面构成的剖视图，剖切位置在建筑平面图上有标明，如图 3-7 所示。

2) 建筑剖面图一般选择在内部结构和构造比较复杂的位置。

3) 建筑剖面图表达的内容有：

① 高度方面的情况，如各平面的相对标高。

② 空间布置，楼层间垂直交通的布置。

③ 屋面的排水方向，屋顶突出的建筑物标高，如电梯机房等。

(6) 设备基础图

1) 设备基础图的形式：

① 整体浇筑的钢筋混凝土块体基础。

② 底板横梁和墙或纵墙相互连系的墙式基础，大部分埋入地下，仅墙顶露出地面以固定设备用。

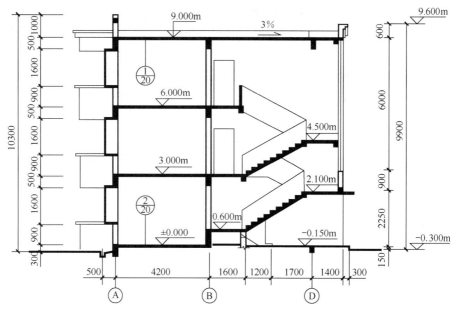

图 3-7 建筑剖面图

③ 下部平板和梁、柱构成的框架式基础，这种基础可以是钢或钢筋混凝土构成，前两种均为钢筋混凝土构成。

2) 设备基础图在平面图上有位置标示，具体构造要查阅用较大比例出图的详图。

（二）建筑设备施工图图示方法及内容

本节对给水排水工程、建筑电气工程和建筑通风与空调工程等施工图示方法及内容作重点和扼要的介绍，以供学习者在实践中应用。

1. 概述

（1）安装工程施工图的类别

1) 类别的形成

安装工程各专业施工图的绘制首先要遵循国家有关标准规定的机械制图法则，但若全部参照执行，即将所有轮廓不论可见的还是不可见的均画在施工图上，不仅绘图工作量大，也不一定能表达清楚，因而通过实践，逐步形成了具有各专业风格特点的施工图。

2) 各专业特点

① 机械设备安装、压力容器制作安装、钢结构制作安装

此类专业通常以适当比例用机械制图法则反映实体的外形和尺寸，并附有详细的节点图。

② 管道安装、通风与空调管安装

此类专业通常以适当比例用示意和图例方式表示管道走向、管与零部件的连接位置、管与机械设备和容器等的连通部位，以及表明管与管之间的相对位置。并要参阅施工图指

明的标准图集。

③ 电气和仪表安装、智能化安装

此类专业主要以示意和图例表示相关的设备、器具和元器件与线路间的连接关系，而安装的位置及在建筑施工图上的中心尺寸或外形尺寸的表示，基本符合机械制图法则，要有适当比例，并要参阅施工图指明的标准图集，有的元器件或设备的安装还要参照产品技术说明书的要求。

④ 绝热工程安装

绝热工程有保温保冷两种，其施工图原则上符合机械制图法则，并要参阅施工图指明的标准图集，新型的绝热材料施工还要参照产品技术说明书的要求。

3) 工艺流程图

工艺流程图在工业安装工程中基本上是必备的施工图，在房屋建筑安装工程中，由于大型公共建筑的机房设备复杂、中水处理再利用的节水工艺推广，因而工艺流程图的应用亦被房屋建筑安装施工图所采纳。

工艺流程图是将工程中的机械设备、容器、管道、电气、仪表等综合反映在同一张图面上，仅表明其相互关联关系和生产中的物料流向，无比例，仅示意。

4) 图纸幅面规格与图样比例

① 图纸幅面规格

图纸幅面及图框尺寸如表3-1和图3-8、图3-9所示，图纸的短边尺寸不应加长，A0～A3幅面长边尺寸可加长，加长后尺寸应符合图纸长边加长尺寸的规定。

幅面及图框尺寸（单位：mm） 表3-1

尺寸代号＼幅面代号	A0	A1	A2	A3	A4
$b \times l$	841×1189	594×841	420×594	297×420	210×297
c	10			5	
a	25				

注：表中 b 为幅面短边尺寸，l 为幅面长边尺寸，c 为图框线与幅面线间宽度，a 为图框线与装订边间宽度。

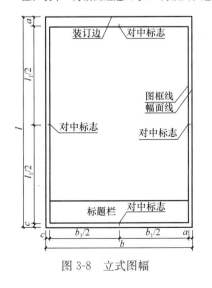

图3-8 立式图幅

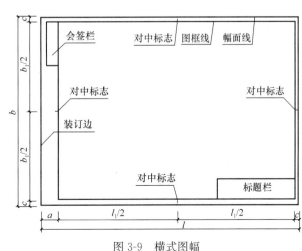

图3-9 横式图幅

② 图样比例

图样比例是指图形与实物相对应的线性尺寸之比。比例的符号为":",比例以阿拉伯数字表示。绘图所用比例应根据图样的用途与被绘对象的复杂程度按表 3-2 中选用,并优选采用表中常用比例。

绘图所用的比例   表 3-2

常用比例	1∶1、1∶2、1∶5、1∶10、1∶20、1∶30、1∶50、1∶100、1∶150、1∶200、1∶500、1∶1000、1∶2000
可用比例	1∶3、1∶4、1∶6、1∶15、1∶25、1∶40、1∶60、1∶80、1∶250、1∶300、1∶400、1∶600、1∶5000、1∶10000、1∶20000、1∶50000、1∶100000、1∶200000

2. 建筑给水排水工程施工图的图示方法及内容

(1) 管子的单、双线图

房屋建筑安装工程中的给水排水工程、通风与空调工程、消防工程等三类工程的施工图的表达形式有共同点,即设备安装位置用三视图表达,元件、器件、部件用图例和符号表示,而工程量占主导的水管道和风管道则用简化画法表达示意和走向,这种简化画法同样可以用在三视图中,使施工图易绘、易读、易懂,又不至于误读。

1) 双线表示法

用两根线条表示管子管件形状而不表达壁厚的方法称作管子双线表示法。用这种方法绘制的图称为双线图。

2) 单线表示法

把管子的壁厚和空心的管腔全部看成一条线的投影,用粗实线来表示,这种方法称为单线表示法,用这种方法绘制的图称为单线图。给水排水施工图多采用单线图。

3) 单、双线法的示例

① 直线段及投影

如图 3-10 所示,(a) 为一垂直管段及其水平投影的双线表示法;(b) 为一垂直管段及其水平投影的单线表示法,水平投影的圆中心亦可以不加黑点;水平管段在其他投影面的表示方法与此相同;(c)、(d) 为某些国家的画法。

② 弯管的表示

如图 3-11 所示,弯曲的方向或上下位置不同,表示的方法也不同,尤其注意双线图的弯头处虚实线的应用有区别,单线图的起点处也有区别。

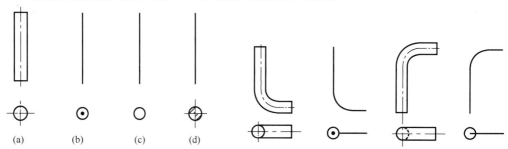

图 3-10 单、双线法示例(一)　　图 3-11 单、双线法示例(二)

③ 三通、四通的表示

如图3-12所示，图（a）表示三通，图（b）表示四通，若口径发生变化，则要与大小头的表示法一致。

④ 大小头的表示

如图3-13所示，上面的为同心大小头，下面的为偏心大小头。

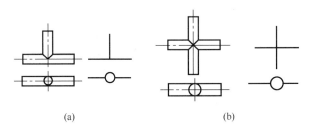

图3-12 单、双线法示例（三）

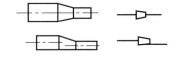

图3-13 单、双线法示例（四）

⑤ 阀门的表示

表3-3所列为法兰阀门安装位置与阀柄的关系。

阀门及法兰的单双线表示法　　　　表3-3

	阀柄向前	阀柄向后	阀柄向右	阀柄向左
单线图				
双线图				

⑥ 管子与部件连接的表示

图3-14所示为管道工程的单线图，要注意弯管的弯曲方向和与阀门连接的位置。

（2）管子的交叉和重叠

1）管子交叉的表示

① 两根管子的交叉

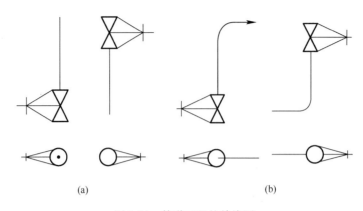

图 3-14 管道工程的单线图

无论在正视图、侧视图还是在俯视图中，高的或靠前的（正投影时远离投影面的为高或靠前的管子）应显示完整，而低的或靠后的管子在单线图中要断开表示，在双线图中用虚线表示，如图 3-15（a）、（b）所示。如图中单、双线同时存在，通常小管子用单线表示，大管子用双线表示，其交叉的表示为小管子在上（前）为实线，小管子在下（后）为虚线，如图 3-15（c）、（d）所示。

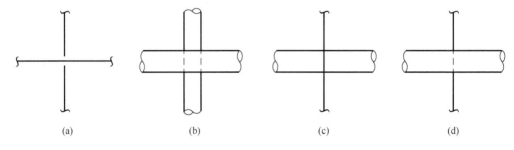

图 3-15 两根管子的交叉图

② 多根管子的交叉

多根管子的交叉在单、双线图上表示的原则是与两根管子交叉一致的，仅是交叉的关系复杂一点，在高度方向注以管线相对标高，水平方向注以与参照物的距离则比较清晰明了。

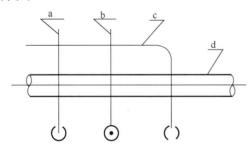

图 3-16 四根管子的交叉图

图 3-16 所示为四根管子组成的立面图，由于 a 管表示最完整，无任何遮挡，所以在最前面，d 管挡住了 b 管和 c 管，则位于次前面，而 b 管又为 c 管所遮挡，则 b 管位于最后，c 管位于 b 管、d 管之间。

2）管子重叠的表示

① 重叠现象的产生

用单线图表达的施工图，多根中心线位置相同且平行的管子，又布置在与三视图任何一投影面相平行的平面内，则多根管子的投影会呈现成一根直线，这种现象称为管子的重叠。

② 两根管子的重叠

依管端"S"形断开符号来判定管子的前后或高低。如图3-17（a）所示，因断开符号在a管管端，所以能看到b管，而直管与弯管的重叠，如直管单端断开表示直管低于弯管，如图3-17（b）所示，如直管双端断开则表示直管高于弯管，如图3-17（c）所示。

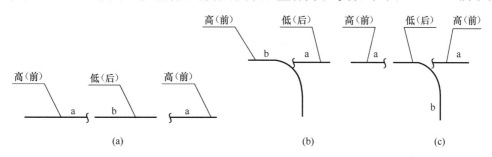

图3-17 两根管子的重叠图

③ 多根管子的重叠

可以用正视图和俯视图表示并编号，如图3-18（a）所示，比较清楚。

也可以用管端"S"形断开符号的多少来表示管子的高低或前后。断开符号数相同的管子是连通的，符号数越少为越高或越前，越多为越低或越后，处于最低或最后位置的管子管端无断开符号，如图3-18（b）所示。

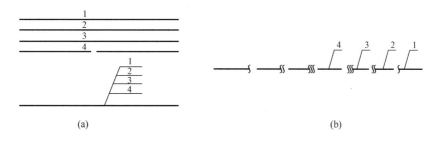

图3-18 多根管子的重叠图

（3）管道规格的表示

1）管道规格

给水排水管一般为圆形，管道规格采用管径表示，管径以毫米（mm）为单位。

2）管径的表达方法

① 水煤气输送管（镀锌或非镀锌管）、铸铁管等管材，管径宜以公称直径 DN 表示。

② 无缝钢管、焊接钢管（直缝或螺旋缝）等管材，管径宜以外径 $D×$壁厚表示。

③ 铜管、薄壁不锈钢管等管材，管径宜以公称外径 D_w 表示。

④ 建筑给水排水塑料管材，管径宜以内径 dn 表示。

⑤ 钢筋混凝土（或混凝土）管，管径宜以内径 d 表示。

⑥ 复合管、结构壁塑料管等管材，管径应按产品标准的方法表示。

⑦ 当设计中均采用公称直径 DN 表示管径时，应有公称直径 DN 与相应产品规格对照表。

3）管径的标注方法

① 单根管道时，管径按图 3-19（a）的方式标注。
② 多根管道时，管径按图 3-19（b）的方式标注。

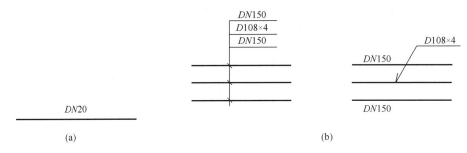

图 3-19　管径标注方法

（4）安装标高的表示

1）标高标注

① 标高标注有绝对标高和相对标高。室内工程应标注相对标高；室外工程宜标注绝对标高，当无绝对标高资料时，可标注相对标高，但应与总图专业一致。

② 标高的数字以米（m）为单位，可注写到小数点第二位，零点标高注写成 ±0.00，正数标高不注"＋"，负数标高应注"－"。

③ 建筑物内的管道也可按本层建筑地面的标高加管道安装高度的方式标注管道标高，标注方法为 $H＋×.××$，H 表示本层建筑地面标高。

2）标高标注位置

压力管道应标注管中心标高；重力流管道和沟渠宜标注管（沟）内底标高。

3）标高标注位置

① 重力流管道和沟渠的标高控制处。

② 建筑物内重力流管道和沟渠的起点、变径（尺寸）点、变坡点、穿外墙及剪力墙处。

③ 小区内重力流管道的检查井上、下游管道、接入支管标高；压力流管道的管中心标高；重力流管道的管内底标高；交叉管道底或管顶标高；自然地面标高；设计地面标高等。

④ 压力流管道中的标高控制点。

⑤ 管道穿外墙、剪力墙和构筑物的壁及底板等处。

⑥ 不同水位线处

⑦ 建（构）筑物中土建部分的相关标高。

4）标高标注方法

① 平面图中，管道标高按图 3-20（a）的方式标注。

② 平面图中，管沟渠标高按图 3-20（b）的方式标注。

③ 剖面图中，管道及水位标高按图 3-20（c）的方式标注。

④ 轴测图中，管道标高按图 3-20（d）的方式标注。

（5）流向和坡度的表示

1）流向用箭头表示如图 3-21（a）所示。

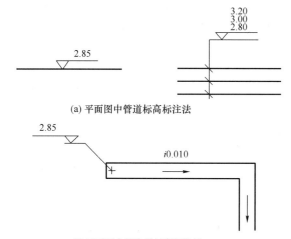

(a) 平面图中管道标高标注法

(b) 平面图中管沟渠标高标注法

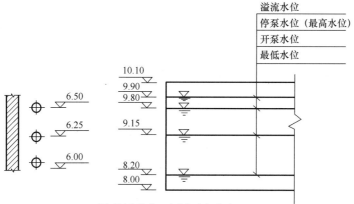

(c) 剖面图中管道及水位标高标注法

(d) 平面轴测图中管道标高标注法

图 3-20 标高标注方式

2) 坡度有多种表示方法，如图 3-21（b）所示。

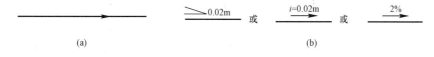

图 3-21 流向和坡度表示方法

（6）常用的图例

现将常用的图例符号进行介绍，但因为标准更迭快，技术更新快，国外引进工程多，绘图的惯例存在的差异多,所以读图时还应注意图纸上标注的特定符号和图例。

1) 管道的类别图例见表 3-4,用汉语拼音表示。

管道的类别图例　　　　　　表 3-4

序号	名称	图例	备注
1	生活给水管	——J——	—
2	热水给水管	——RJ——	—
3	热水回水管	——RH——	—
4	中水给水管	——ZJ——	—
5	循环冷却给水管	——XJ——	—
6	循环冷却回水管	——XH——	—
7	热媒给水管	——RM——	—
8	热媒回水管	——RMH——	—
9	蒸汽管	——Z——	—
10	凝结水管	——N——	—
11	废水管	——F——	可与中水原水管合用
12	压力废水管	——YF——	—
13	通气管	——T——	—
14	污水管	——W——	—
15	压力污水管	——YW——	—
16	雨水管	——Y——	—
17	压力雨水管	——YY——	—
18	虹吸雨水管	——HY——	—
19	膨胀管	——PZ——	—
20	保温管	～～～～	也可用文字说明保温范围
21	伴热管	＝＝＝＝	也可用文字说明保温范围
22	多孔管	⊥⊥⊥	—
23	地沟管	≡≡≡≡	—

续表

序号	名称	图例	备注
24	防护套管	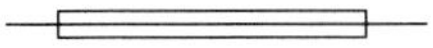	—
25	管道立管	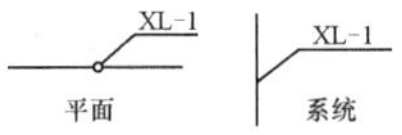 XL-1 平面　　XL-1 系统	X为管道类别 L为立管 1为编号
26	空调凝结水管	 ——KN——	—
27	排水明沟	 坡向 →	—
28	排水暗沟	 坡向 →	—

注：1. 分区管道用加注角标方式表示。
　　2. 原有管线可用比同类型的新设管线细一级的线型表示，并加斜线，拆除管线则加叉线。

2）管道的附件图例见表3-5。

管道的附件图例　　　　表 3-5

序号	名称	图例	备注
1	管道伸缩器	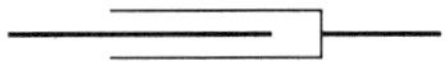	—
2	方形伸缩器	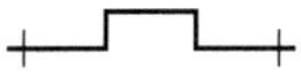	—
3	刚性防水套管	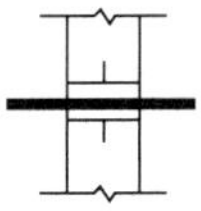	—
4	柔性防水套管	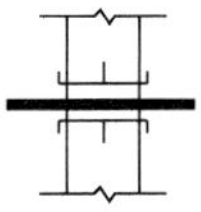	—
5	波纹管		—
6	可曲挠橡胶接头	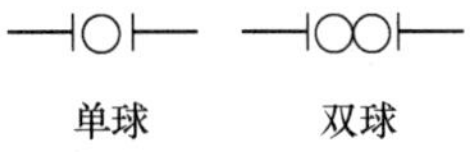 单球　　双球	—
7	管道固定支架		—
8	立管检查口		—
9	清扫口	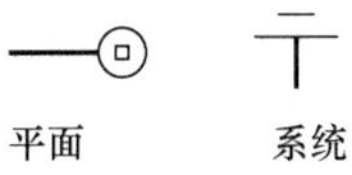 平面　　系统	—

续表

序号	名称	图例	备注
10	通气帽	成品　蘑菇形	—
11	雨水斗	YD- 平面　YD- 系统	—
12	排水漏斗	平面　系统	—
13	圆形地漏	平面　系统	通用。如无水封，地漏应加存水弯
14	方形地漏	平面　系统	—
15	自动冲洗水箱		—
16	挡墩		—
17	减压孔板		—
18	Y形除污器		—
19	毛发聚集器	平面　系统	—
20	倒流防止器		—
21	吸气阀		—

续表

序号	名称	图例	备注
22	真空破坏器		—
23	防虫网罩		—
24	金属软管		—

3）管道连接图例见表3-6。

管道的连接图例　　　　　　　　　表3-6

序号	名称	图例	备注
1	法兰连接	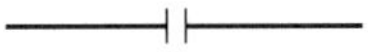	—
2	承插连接		—
3	活接头	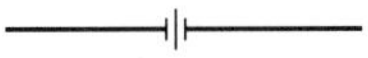	—
4	管堵		—
5	法兰堵盖		—
6	盲板		—
7	弯折管	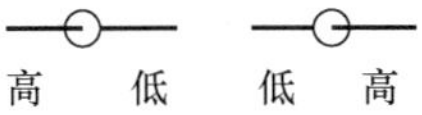 高 低　　低 高	—
8	管道丁字上接	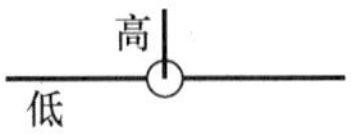 高／低	—
9	管道丁字下接	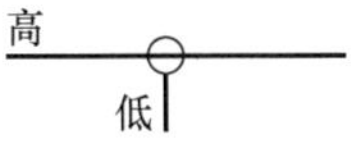 高／低	—
10	管道交叉	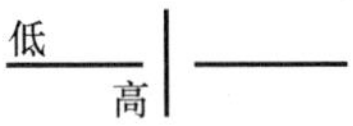 低／高	在下面和后面的管道应断开

4）管件的图例见表3-7。

管件图例　　　　　　　　　表3-7

序号	名称	图例
1	偏心异径管	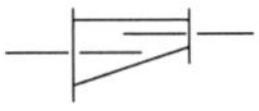

续表

序号	名称	图例
2	同心异径管	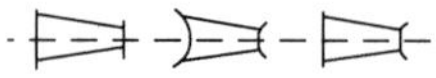
3	乙字管	
4	喇叭口	
5	转动接头	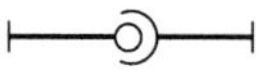
6	S形存水弯	
7	P形存水弯	
8	90°弯头	
9	正三通	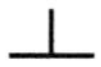
10	TY三通	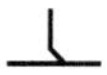
11	斜三通	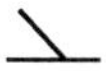
12	正四通	
13	斜四通	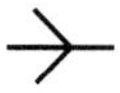
14	浴盆排水管	

5）阀门的图例见表3-8。

阀门图例　　　　　　　　　　　表3-8

序号	名称	图例	备注
1	闸阀		—
2	角阀	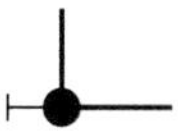	—
3	三通阀	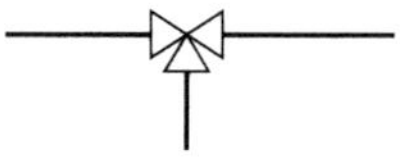	—
4	四通阀	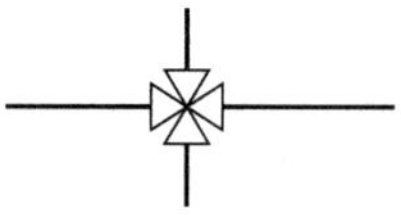	—
5	截止阀		—

三、施工图识读与绘制的基本知识

续表

序号	名称	图例	备注
6	蝶阀	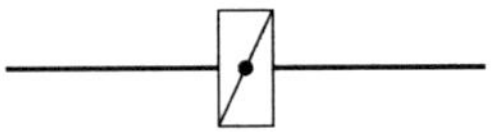	—
7	电动闸阀		—
8	液动闸阀	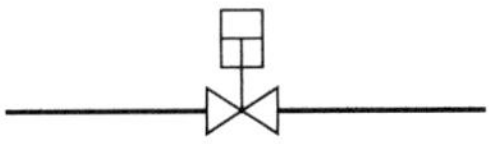	—
9	气动闸阀	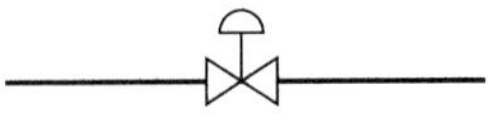	—
10	电动蝶阀	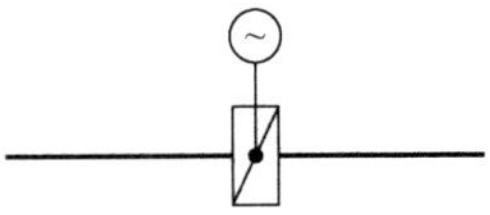	—
11	液动蝶阀	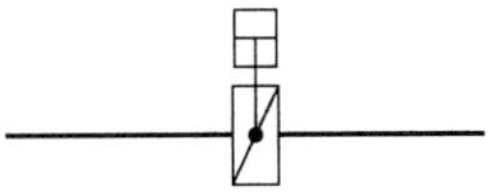	—
12	气动蝶阀	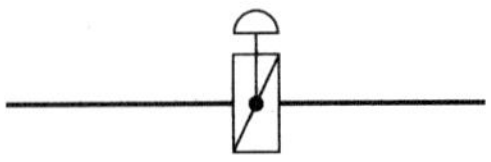	—
13	减压阀	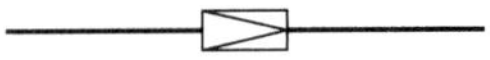	左侧为高压端
14	旋塞阀	 平面　系统	—
15	底阀	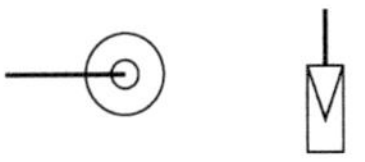 平面　系统	—
16	球阀		—
17	隔膜阀	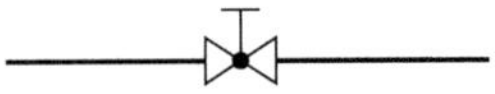	—
18	气开隔膜阀	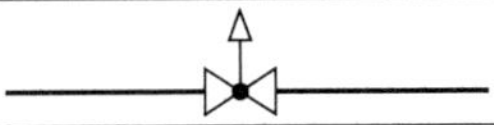	—
19	气闭隔膜阀	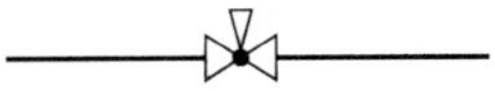	—
20	电动隔膜阀	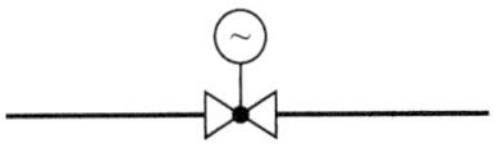	—
21	温度调节阀	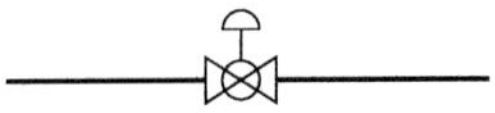	—
22	压力调节阀	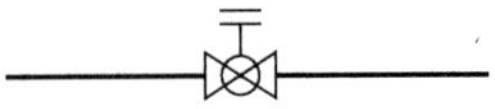	—
23	电磁阀	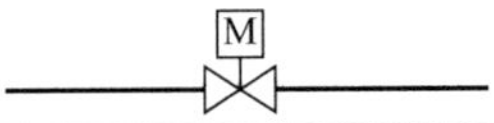	—

续表

序号	名称	图例	备注
24	止回阀	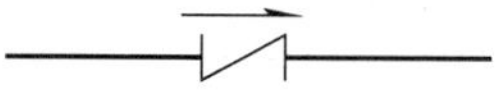	—
25	消声止回阀		—
26	持压阀	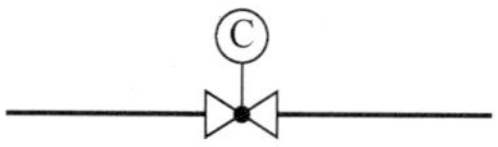	—
27	泄压阀	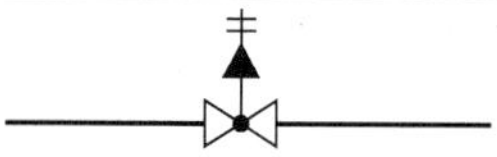	—
28	弹簧安全阀	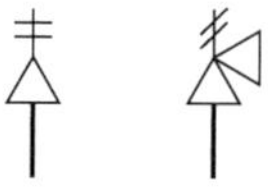	左侧为通用
29	平衡锤安全阀	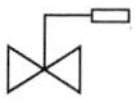	—
30	自动排气阀	 平面　系统	
31	浮球阀	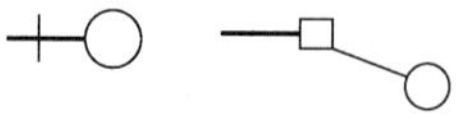 平面　系统	—
32	水力液位控制阀	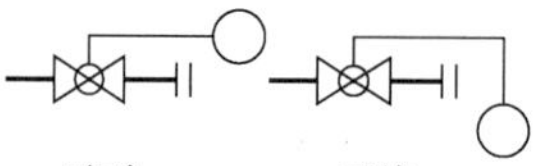 平面　系统	
33	延时自闭冲洗阀		
34	感应式冲洗阀	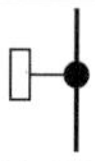	
35	吸水喇叭口	 平面　系统	
36	疏水器		—

6) 给水配件的图例见表 3-9。

给水配件图例　　　　　　　　　　　表 3-9

序号	名称	图例	
1	水嘴	平面	系统
2	皮带水嘴	平面	系统

续表

序号	名称	图例
3	洒水（栓）水嘴	
4	化验水嘴	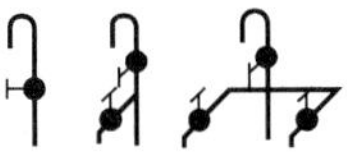
5	肘式水嘴	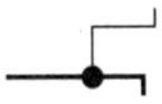
6	脚踏开关水嘴	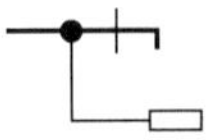
7	混合水嘴	
8	旋转水嘴	
9	浴盆带喷头混合水嘴	
10	蹲便器脚踏开关	

7）消防设施图例见表3-10

消防设施图例　　　　　　　表3-10

序号	名称	图例	备注
1	消火栓给水管	——— XH ———	—
2	自动喷水灭火给水管	——— ZP ———	—
3	雨淋灭火给水管	——— YL ———	—
4	水幕灭火给水管	——— SM ———	—
5	水炮灭火给水管	——— SP ———	—
6	室外消火栓		—
7	室内消火栓（单口）	 平面　系统	白色为开启面
8	室内消火栓（双口）	 平面　系统	—

续表

序号	名称	图例	备注
9	水泵接合器		—
10	自动喷洒头（开式）	平面　系统	—
11	自动喷洒头（闭式）	平面　系统	下喷
12	自动喷洒头（闭式）	平面　系统	上喷
13	自动喷洒头（闭式）	平面　系统	上下喷
14	侧墙式自动喷洒头	平面　系统	—
15	水喷雾喷头	平面　系统	—
16	直立型水幕喷头	平面　系统	—
17	下垂型水幕喷头	平面　系统	—
18	干式报警阀	平面　系统	—
19	湿式报警阀	平面　系统	—
20	预作用报警阀	平面　系统	—
21	雨淋阀	平面　系统	—
22	信号闸阀		—

三、施工图识读与绘制的基本知识

续表

序号	名称	图例	备注
23	信号蝶阀	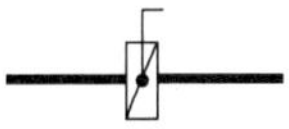	—
24	消防炮	 平面　系统	—
25	水流指示器		—
26	水力警铃		—
27	末端试水装置	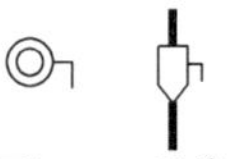 平面　系统	—

注：1. 分区管道用加注角标方式表示；
2. 建筑灭火器的设计图例可按现行国家标准《建筑灭火器配置设计规范》GB 50140—2005 的规定确定。

8) 卫生设备的图例见表 3-11。

卫生设备图例　　　　　　　　表 3-11

序号	名称	图例	备注
1	立式洗脸盆	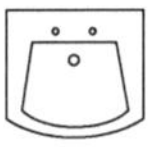	—
2	台式洗脸盆	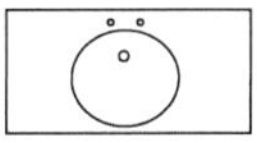	—
3	挂式洗脸盆	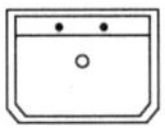	—
4	浴盆	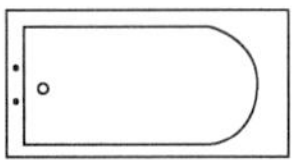	—
5	化验盆、洗涤盆	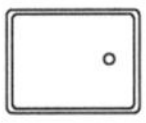	—
6	厨房洗涤盆	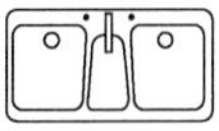	不锈钢制品
7	带沥水板洗涤盆	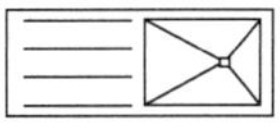	—

续表

序号	名称	图例	备注
8	盥洗槽	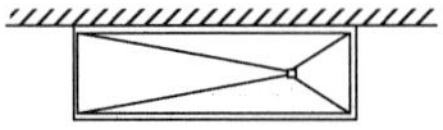	—
9	污水池	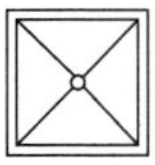	—
10	妇女净身盆	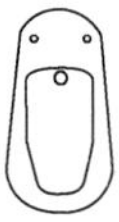	—
11	立式小便器	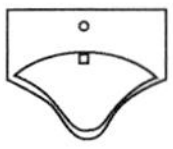	—
12	壁挂式小便器		—
13	蹲式大便器		—
14	坐式大便器	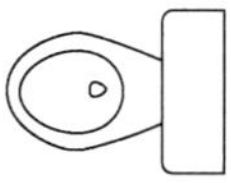	—
15	小便槽	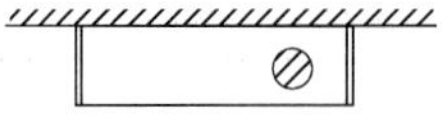	—
16	淋浴喷头		—

9) 给水排水设备的图例见表3-12。

给水排水设备图例　　　　　表3-12

序号	名称	图例	备注
1	卧式水泵	 平面 　　系统 或	—
2	立式水泵	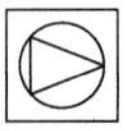 平面 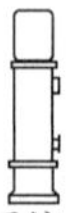　　系统	—
3	潜水泵	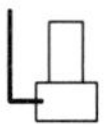	—

续表

序号	名称	图例	备注
4	定量泵	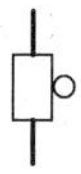	—
5	管道泵	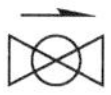	—
6	卧式容积热交换器	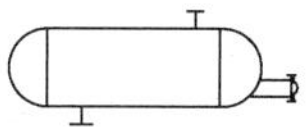	—
7	立式容积热交换器	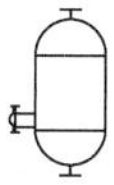	—
8	快速管式热交换器	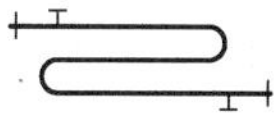	—
9	板式热交换器	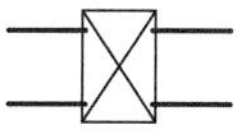	—
10	开水器	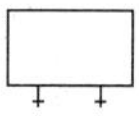	—
11	喷射器	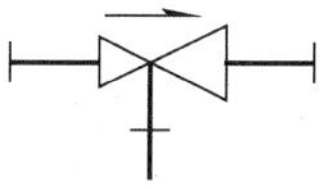	小三角为进水端
12	除垢器		—
13	水锤消除器	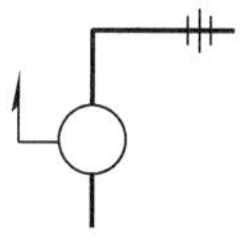	—
14	搅拌器	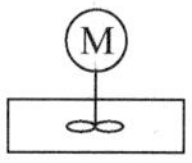	—
15	紫外线消毒器		—

10）小型给水排水构筑物、给水排水专业用仪表等图例宜符合《建筑给水排水制图标准》GB/T 50106—2010 表 3.0.9、表 3.0.11 及其他相应条款的要求。

（7）管道系统的轴测图

1）房屋建筑安装中的管道工程除机房等用三视图表达外，大部分的给水排水工程用轴测图（系统图）表示，轴测图可采用斜二测画法，用来表示管道及设备的空间位置关系。如图 3-22 所示为三层的集体宿舍卫生间的给水管网图，立体感强，尺寸明确，阅读时要注意各种标高的标注，有些相同的布置被省略了（如右侧二层），而垂直管段的长度可以用比例尺测量，也可以按标准图集或施工规范要求测算。图 3-23 为排水管网的轴测图，阅读时可沿污水流向从排水设备一直到排出。排水是重力流，施工时要注意水平管路的坡度值和坡向。通常只要有轴测图、卫生间大样详图和相应的标准图集就能满足施工需要。

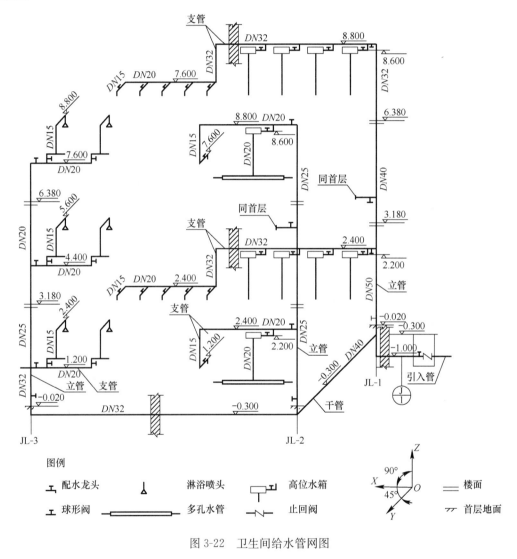

图 3-22 卫生间给水管网图

2) 由于轴测图立体感强，犹如做一个工程的模型，其主要设备材料的规格数量、安装的标高、间距、坡向等参数均有明确的标注，所以说轴测图易读易懂，信息量大，因而被广泛应用。

（8）管道系统的平面图

室内给水排水系统一般通过平面图和系统图来表达，给水平面图主要表示供水管线在室内的走向、管子规格、用水器具及设备、阀门、附件等；排水平面图主要表示室内排水管的走向、管径、污水排出装置的位置。通过平面图可以达到以下目的：

1) 了解建筑物的基本构造、轴线分布及有关尺寸；
2) 了解设备编号、名称、平面定位尺寸、接管方向及标高；
3) 掌握各条管线的编号、平面位置、介质名称、管路及附件的规格、型号、种类、数量；
4) 管道支架的形式作用，数量及构造。

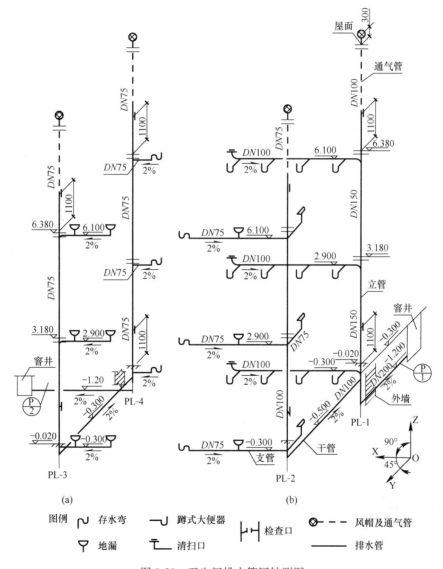

图 3-23　卫生间排水管网轴测图
(a) 盥洗台、淋浴间污水管网；(b) 大便器、地漏、小便槽排水管网

（9）管道系统的详图

安装详图又称大样图，在平面图、立面图及剖面图都有详图索引，具体阅读时可查阅相关图样。详图多以国家标准图集或各设计单位自编的图集作为选用的依据，仅对个别非

标准工程项目才进行安装详图设计。管道系统详图可表明管道、附件及设备制作和安装的具体形式、方法和详细构造及加工尺寸。给水排水施工图中的详图主要包括管道节点、水表、过墙套管、卫生器具等的安装详图和卫生间大样详图,其中的节点图可以清楚地表示某一部分管道的详细结构尺寸。

3. 建筑电气工程施工图的图示方法及内容

(1) 施工图的种类

电气工程施工图是依据工程规模和性质来提供类别和数量的,通常分为以下几种类型。

1) 总说明

总说明包括图纸目录、设计施工总说明、设备材料明细表、补充的图例。设计施工总说明包括设计的原则、施工总体要求和注意事项。设备材料明细表一般要列出系统主要设备及主要材料的名称、规格、型号、数量、具体要求,但数量仅作参考。

2) 系统图

系统图表达供电方式和电能分配的关系,也可表达一个大型用电设备各用电点的配电关系。电气系统图是用单线图表示电能或电信号按回路分配出去的图样,主要表示各个回路的名称、用途容量,主要电气设备,主要开关元件,导线电缆的规格型号。电气照明系统图用来表明照明工程的供电系统、配电线路的规格,采用的管径、敷设方式及部位,线路的分布情况,计算负荷和计算电流,配电箱的型号及其主要设备的规格等(图 3-24)。

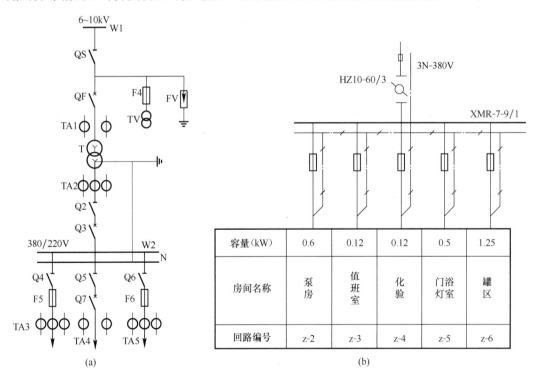

图 3-24 高压低压配电系统图
(a) 高压配电系统图;(b) 380/220V 照明配电系统图

3) 电路图

电路图即控制原理图,是表示某一供电或用电设备的电气元件工作原理的施工图,表达动作控制、测量变换和显示等的作用原理,主要表示电气设备及元件的启动、保护、信号、联锁、自动控制及测量等。电气原理图由主电路、特殊控制电路、辅助电路、控制电路、保护及联锁环节等部分组成,并不反映电器元件的实际位置、形状、大小和安装方式。图 3-25 所示是施工机械中常见的正反转(升降)的小容量电动机控制电路图,能实现电机的点动、长动及正反转控制。正反转控制的原理为:能保证 KM1、KM2 不会同时吸合,使 KM1 吸合时 L1U、L2V、L3W 间导通,电动机 M 正转;KM2 吸合时 L1W、L2V、L3U 间导通。电动机 M 反转。电路图(控制原理图)常用于工业工程中。

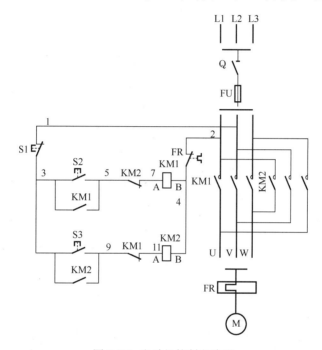

图 3-25　电动机控制电路图

4) 安装接线图

安装接线图是表示电气设备、元件间接线关系的图纸,表达电线端头与电气设备或元件的端子相对应的连接关系,常用于制造或工业工程中。

5) 设备布置图

设备布置图是表现各种电气设备和元器件之间的平面与空间的位置、安装方式及其相互关系的图纸,通常由平面图、立体图、剖面图及各种构件详图等组成。其常用于变配电所电气设备和母线安装位置的表达,一般都按三视图绘制,采用正投影原理,阅图方法与阅读零件图、装配图的方法一致。

6) 电气平面图

电气平面图是用国家标准规定的图形符号和文字符号,按照电气设备的安装位置及电气线路的敷设方式、部位路径绘制的一种电气平面布置和布线的简图,是进行电气施工安装的主要依据。其主要表达电气工程中设备、器具和线路在建筑平面上与建筑物间的关系，电气平面图分为三种：电气总平面图、电气动力平面图、电气照明平面图。电气总平面图是在建筑总平面图上表示电源及电力负荷分布的图样，主要表示各建筑物的名称、用途、电力负荷的装机容量、电气线路的走向及变配电装置的位置、容量和电源进户的方向等。电气动力平面图表示室内电源及负荷分布，表示室内动力设备布置、动力线路走向及敷设方式等，一般画在该层建筑物的地面或楼面上。电气照明平面图表示室内灯具布置、照明线路走向及敷设方式，一般画在该层建筑物的顶部平面上。设备一般采用示意位置表示，示意位置是未标明具体尺寸的位置，施工时要按用电设备和器具的实际位置或施工规范要求以及建筑物的实际尺寸来决定实际位置。平面图所示管线等尺寸一般按实际以一定比例绘制。

① 动力平面图

图 3-26 为某锅炉房的电气动力平面图。

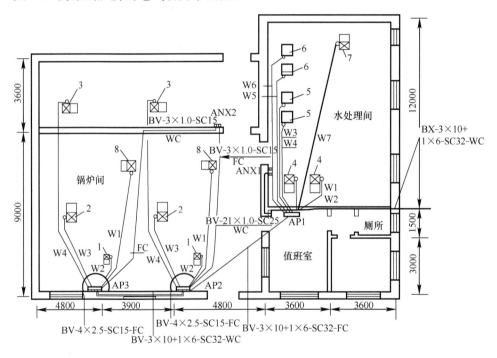

图 3-26　电气动力平面图

图中指明电源进线、动力配电箱的位置和每台配电箱所供电的设备编号，并标明每条线路的导线和导管的规格，阅图时要与相应配套的系统图对照，则不易发生失误。

② 照明平面图

图 3-27 为一实验室的电气照明平面图，图中指明电源进线、照明配电箱和辅助接地装置的位置，并标明灯具、开关和插座的位置及规格、数量，线路的走向也是明确的，同样要结合照明系统图一起阅读。

(2) 线路敷设的表达方法

1) 布线系统中电线敷设的要求用类似数学公式的文字表达为：$a \times b - c(d \times e + f \times g)i - jh$。

这通用的表达法，在有些施工图上，会省略其中的一项或两项，所以阅图时要认真阅读图上说明。

2）字符的含义

a——参照代号；

b——型号；

c——电缆根数；

d——相导体根数；

e——相导体截面（mm²）；

f——N、PE 导线根数；

g——N、PE 导体截面（mm²）；

i——敷设方式和管径（mm）；

j——敷设部位，见表 3-13；

h——安装高度。

3）当 N 和 PE 分开标注时，N 在先，PE 在后。

4）线路敷设敷设部位见表 3-13。

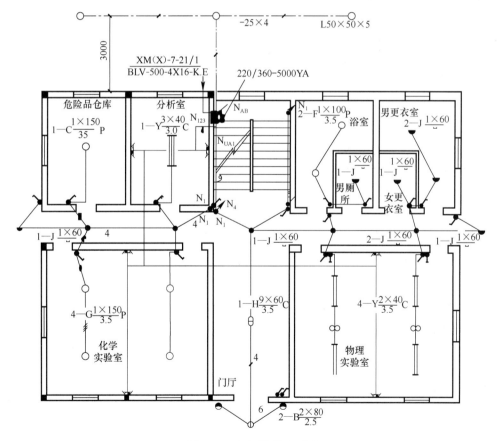

图 3-27 电气照明平面图

线路敷设部位文字符号　　　　　　　　　　　　　表 3-13

序号	名称	符号（原/新）	序号	名称	符号（原/新）
1	暗敷设在顶棚内	AP/CC	8	沿天棚面或顶棚面敷设	CE
2	暗敷设在地面内	AD/FC	9	沿屋架或跨屋架敷设	BE
3	暗敷设在柱内	AZ/CLC	10	沿柱或跨柱敷设	CLE
4	暗敷设在梁内	AL/BC	11	沿钢线槽敷设	SR
5	暗敷设在墙内	AW/WC	12	沿墙面敷设	Q/WE
6	暗敷设在不能进入的顶棚内	AD/ACC	13	在能进入人的吊顶内敷设	ACE
7	暗敷设在电缆沟内	TC	14	吊顶内敷设，要穿金属管	SCE

注：单一标注的符号是新符号。

5）线路敷设方式主要表示导线有无保护导管、什么导管、明敷还是暗敷等情况，见表 3-14。

线路敷设方式文字符号　　　　　　　　　　　　　表 3-14

序号	名称	符号（原/新）	序号	名称	符号（原/新）
1	穿焊接钢管敷设	GG/SC	7	电缆桥架敷设	CT
2	穿塑料硬管敷设	SG/PC	8	金属线槽敷设	MR
3	穿阻燃塑料硬管敷设	FPC	9	电缆梯架敷设	TJ
4	穿塑料线槽敷设	PR	10	穿金属软管敷设	CP
5	穿电线管敷设	DG/MT	11	紧定式镀锌薄壁电线管	JDG
6	扣压式镀锌薄壁电线管	KBG	12	钢索敷设	S/M

注：单一标注的符号是新符号。

(3) 灯具安装的表达方法

1）灯具安装的要求同样用类似数学公式的文字表达：$a-b\dfrac{c\times d\times l}{e}f$，这也是通用的表达法，阅图时同样要对照图上的说明。

2）字符的含义

a——某场所同类照明器的数量；

b——型号或代号；

c——每盏照明灯具的光源数量；

d——光源安装容量；

e——照明器底部至地面或楼面的安装高度（m）；如吸顶安装；e 用 "—" 表示，且省去 f；

f——安装方式；

L——光源的种类。

3）灯具的安装方式和光源的种类（表 2-29、表 2-30）

(4) 常用的图例

现对建筑电气工程施工图上常用的图例进行介绍，但因为标准更迭快、技术更新快，国外引进工程多，绘图的惯例存在差异多，所以读图时还应注意图纸上标注的特定符号和图例。

1）常用线路图例见表 3-15。

常用线路图例　　　　　　　　　　　　　　　　表 3-15

名称	图例符号	名称	图例符号
电线、电缆一般符号	———	线槽内配线	═══
示出三根导线	—///—	电缆桥架	≡≡≡
示出三根导线	—3—	向上配线	— /
应急照明线路	—EL—	向下配线	— \
挂在钢索上的线路	━┄┄┄━	垂直通过配线	/
接地一般符号	⏚	端子板	▭▭▭▭▭

2）变配电所开关设备图例见表 3-16。

变配电所开关、设备图例符号　　　　　　　　　表 3-16

名称	图例符号	名称	图例符号
单极开关	／	跌落式熔断器	／ ／
多极开关	／ 或 ///	双线圈变压器电压互感器	⊗ 或 ⌇
断路器	✗	电流互感器	⊕ 或 ⊟
负荷开关	／	电抗器	⊃
隔离开关	／	热继电器热元件	▭
接触器	／	避雷器	▯
熔断器	▯	屏、台、箱、柜	▭

3）动力、照明工程的箱盘图例见表 3-17。

配电箱盘图例符号　　　　　　　　　　　表 3-17

名称	原有符号	有效符号	名称	原有符号	有效符号
动力配电箱（动力照明配电箱）	▬	▭	电源自动切换箱（屏）	▱	▭
信号板、信号箱（屏）	⊗	▭	断路器或断路器箱	▮	▭
照明配电箱（屏）	▬	▭	刀开关箱	▯	▭
多种电源配电箱（屏）	◪	▭	带熔断路器的刀开关箱	▮	▭
事故照明配电箱（屏）	⊠	▭	熔断器箱	▬	▭
直流配电盘（屏）	▭	▭	不间断电源	UPS	▭
交流配电盘（屏）	∼	▭	电容器柜（屏）	↔	▭

注：表 3-19 编制根据《建筑电气制图标准》GB/T 50786—2012 和《建筑电气制图标准》图示 12DX011 规定，电气箱（柜、屏）图号是以 ▭ 符号代替，其用途是在 ▭ 附近标注参照代号，如为了进一步区分，可添加文字符号，参照代号及文字符号表示如下：

代号	代号所对应的文字符号	代号	代号所对应的文字符号
AJ	20kV 开关箱	AM	电能计量箱（柜、屏）
AH	35kV 开关柜	AR	保护箱（柜、屏）
AK	10kV 开关箱	ACC	并联电容箱（柜、屏）
A	6kV 开关箱	AE	励磁箱（柜、屏）
AN	低压配电柜	AD	直流配电箱（柜、屏）
AL	照明配电箱（柜、屏）	AS	信号箱（柜、屏）
AT	电源自动切换箱（柜、屏）	AW	电度表箱（柜、屏）
AP	动力配电箱（柜、屏）	QA	断路器箱
AC	控制、操作箱（柜、屏）	XD	接线盒、接线箱
ALE	应急照明配电箱（柜、屏）	XD	插座箱
APE	应急动力配电箱（柜、屏）	—	—

4）常用灯具图例见表 3-18。

常用灯具图例符号　　　　　　　　　　　表 3-18

名称	图例符号
灯具一般符号	⊗
深照型灯	⊘
广照型灯（配照型灯）	⊝
防水防尘灯	⊛
安全灯	⊖

续表

名称	图例符号
隔爆灯	○
顶棚灯	◓
球形灯	●
花灯	⊖
弯灯	 ⌒○
壁灯	◓
投光打一般符号	⊗
聚光灯	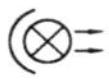 ⊗→
泛光灯	⊗⇉
荧光灯具一般符号	 ⊢─┤
三管荧光灯	≡
五管荧光灯	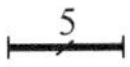 ⊢5─┤
防爆荧光灯	 ⊢──┤ EX
在专用电路上的应急照明灯	✕
自带电源的应急照明装置（应急灯）	⊠
气体放电灯的辅助设备	▬
疏散灯	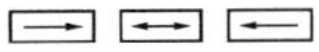 → ← →
安全出口标志灯	E
导轨灯导轨	 ⊢──□

注：根据《建筑电气制图标准》GB/T 50786—2012 和《建筑电气制图标准》图示 12DX011 规定，当灯具需要区分不同类型时，在符号旁边可添加文字符号，参照代号及文字符号表示如下：

代号	代号所对应的文字符号	代号	代号所对应的文字符号
ST	备用照明	SA	安全照明
R	筒灯	EN	密闭灯
L	花灯	P	吊灯
LL	局部照明灯	BM	浴霸
G	圆球灯	W	壁灯
EX	防爆灯	C	吸顶灯
E	应急灯	—	—

5）照明开关图例见表 3-19。

照明开关图例符号　　　　表 3-19

名称		图例符号	名称	图例符号
开关、一般符号		○╱	调光器	○╱
带指示灯的开关		○⊗	钥匙开关	[人]
单极开关	明装	○╱	"请勿打扰"门铃开关	▼
	暗装	○╱c	风扇调速开关	○̄
	密闭（防水）	 ○╱EN	风机盘管控制开关	○̄
	防爆	 ○╱EX	按钮	◎
双极开关	明装	○╱╱	带有指示灯的按钮	●
	暗装	○╱╱c	防止无意操作按钮	◉
	密闭（防水）	 ○╱╱EN	单极拉线开关	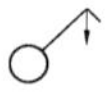 ○↑
	防爆	 ○╱╱EX	双极拉线开关（单极三级）	○╱
三极开关	明装	○╱╱╱	多拉开关（如用于不同照度）	 ∨
	暗装	○╱╱╱c	单极限时开关	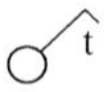 ○╱t
	密闭（防水）	 ○╱╱╱EN	限时设备定时器	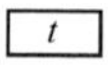 [t]
	防爆	 ○╱╱╱EX	定时开关	 [⊙╱]
双控开关（单极三线）		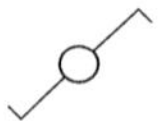 ○╱╲	中间开关	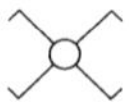 ✕

注：根据《建筑电气制图标准》GB/T 50786—2012 和《建筑电气制图标准》图示 12DX011 规定，当开关需要说明类型和敷设方式时，可在符号旁标注下列字母，参照代号及文字符号表示如下：

代号	代号所对应的文字符号	代号	代号所对应的文字符号
EX	防爆	EN	密闭
C	暗装	—	—

6) 照明插座图例见表 3-20。

常用照明插座图例符号　　　　　　表 3-20

名称		图例符号	名称		图例符号
单相插座	明装	1P	带接地插孔的三相插座	明装	3P
	暗装	1C		暗装	3C
	密闭（防水）	1EN		密闭（防水）	3EN
	防爆	1EX		防爆	3EX
带接地插孔的单相插座	明装	1P	带中性线和接地插孔的三相插座	明装	3P
	暗装	1C		暗装	3C
	密闭（防水）	1EN		密闭（防水）	3EN
	防爆	1EX		防爆	3EX
多个插座（示出三个）		3	具有联锁开关的插座		
具有保护板的插座			具有隔离变压器的插座（如电动剃须刀插座）		
具有单极开关的插座			带熔断器单相插座		

4. 建筑通风与空调工程施工图的图示方法及内容

通风空调施工图由基本图和详图及文字说明、主要设备材料清单等组成。基本图包括系统原理图、平面图、立面图、剖面图及系统轴测图等。详图包括部件加工及安装的节点图、大样图及标准图。

通风空调施工图的识读，应当遵循从整体到局部，从大到小，从粗到细的原则，同时要将图样与文字对照看，各种图样对照看，达到逐步深入与细化的目的。

提示：

1) 空调设备的布置以机械制图法则用三视图进行绘制，但仅为外形轮廓的尺寸。

2) 风管系统及空调水系统的管路图的绘制与给水排水工程图的绘制方法一致，有单线图、双线图等简易画法，也可用轴测图表达，但图例、符号是有不同的，风管尺寸的标注也有区别。

(1) 设计和施工说明

1) 设计依据、工程概况及建设规模、设计范围与分工（EPC）、消防类别、耐火等级、抗震设防烈度、设计总则等。

2) 设计参数（室内外设计计算参数）：

① 室外计算参数：冬夏季参数按照工程当地气象台站资料；

② 室内设计参数：各功能用房的温度（℃）、相对湿度（％）、人员密度、新风量标准、噪声标准等；

③ 机械通风方式及换气次数。

3) 空调系统与通风设计：按建筑类型计算空调系统负荷、空调冷热源设置、空调风和空调水系统、通风系统等。

4) 空调系统自动控制与计量；管材安装与防腐保温要求。

5) 暖通工程专项设计内容：

① 防排烟系统设计包括：机械防烟、排烟、补风系统和固定窗（自然通风排烟设施）等设置要求；不同功能消防风管的耐火极限要求；消防系统控制；空调及防排烟系统的消防技术措施（防火措施）等内容；

② 暖通抗震支架设计；

③ 人防工程通风设计。

6) 暖通绿色建筑节能设计要求、环保及卫生防疫暖通专篇，大样图、通用图等。

7) 施工总说明，包括通风与空调工程总要求说明（与图纸同样有效，是施工安装的依据性文件）；

① 风管系统安装：风管材料与耐火极限要求，风管制作、安装连接及保温要求，风管及防火阀的安装说明，消声器、风口等部件安装要求；

② 水系统安装：管材及连接方式，管道、阀门及部件安装，水管、设备的防腐保温和标识，管道的冲洗，水压、试验要求等；

③ 设备安装：安装要求，噪声及减震处理技术要求等；

④ 系统调试要求；

⑤ 执行标准图集名称及图例。

(2) 暖通系统原理图

暖通系统原理图是综合性的示意图，当空调系统或机房设备、管道比较复杂时，需绘制暖通流程图（包括冷热源机房流程图、冷却水流程图、空调和通风系统流程图等），流程图可不按比例，但管路分支应与平面图相符，管道与设备的接口方向与实际情况相符。系统图中应绘出设备、阀门、控制仪表、配件、标注介质流向、管径及立管、设备编号等内容。

(3) 通风空调详图

通风空调详图表明风管、部件及设备制作和安装的具体形式、方法和详细构造及加工尺寸。对于一般性的通风空调工程，通常都使用国家标准图册，只是对于一些有特殊要求的工程，则由设计部门根据工程特殊情况设计施工详图。

(4) 节点图

节点图能够清楚地表示某一部分管道的详细结构及尺寸，是对平面图及其他施工图不能表达清楚的某点图形的放大。节点用代号来表示它所在的位置。

(5) 风管的平面图、剖面图

1) 风管平面图上应标注设备、管道定位（中心、外轮廓）线与建筑物定位（轴线、墙边、柱边、柱中）线间的关系，风管送风口、回（排）风口，风量调节阀，测孔等部件和设备的平面位置与建筑物墙面的距离及各部位尺寸。例如给水排水工程的双线图，如图 3-28 所示。

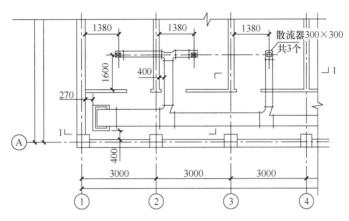

图 3-28　给水排水工程双线图

2) 风管剖面图，应在平面图上选择反映系统全貌的部位垂直剖切后绘制，风管或管道与设备交叉复杂部位，绘制出风管、水管、设备等尺寸、标高、气、水流方向，以及与建筑梁、板、柱、墙及地面、吊顶的尺寸。如图 3-29 所示。

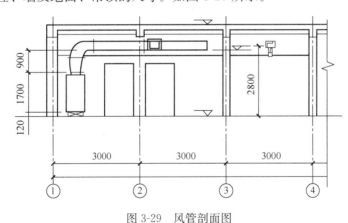

图 3-29　风管剖面图

(6) 风管的轴测图

小型空调系统当平面图不能表达清楚时，绘制系统图、系统轴测图又叫透视图。由于轴测图立体感强，所以对较小的系统用轴测图表达更为清晰，如图 3-30 所示为实验室排毒柜单线通风系统图。

图 3-31 为空调系统立体双线轴测图，从图上可知矩形风管的规格、安装标高、组成部件（散流器、新风口）和设备（迭式金属空气调节器）的规格或型号，风管的长度可用比例尺测量确定。但该图仅表达了风管系统本身的关系，缺少风管和设备与建筑物或生产

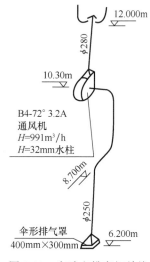

图 3-30 实验室排毒柜单线通风系统图

装置间的布置关系,也没有固定风管用的支架或吊架的位置,所以还需要其他图纸的补充才能满足风管制作和安装施工的需要。

(7) 风管尺寸标注

1) 规格尺寸

① 圆形风管以外径 ϕ 标注,单位为 mm,一般不注明壁厚,壁厚在图纸上或材料表中用文字说明。

② 矩形风管的尺寸以 $A \times B$ 表示,A 应为该视图投影面的边长尺寸;B 应为另一边的边长尺寸,A 与 B 的单位均为毫米(mm)。同样不标注壁厚尺寸。

2) 标高

① 相对标高以首层地面为 ± 0.000 计算,如标准层较多时,可以本层楼面为相对标高的零点。标高符号应以直角等腰三角形表示。

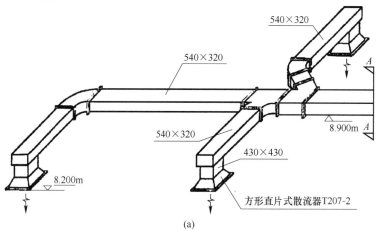

(a)

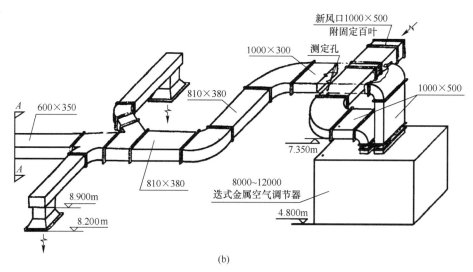

(b)

图 3-31 空调系统立体双线轴测图

② 矩形风管所注标高应表示管底标高；圆形风管所注标高应表示管中心标高。若不采用此法标注时，图纸上要加以说明。

（8）常用的图例、代号

通风空调专业施工图中，管道输送的介质一般为空气、水和蒸汽。为了区别各种不同性质的管道，国家标准规定了用管道名称的汉语拼音字头作符号来表示。

1）系统代号见表3-21。

系统代号　　　　　　　　　　　　　　　　　　　表3-21

序号	字母代号	系统名称	序号	字母代号	系统名称
1	N	（室内）供暖系统	9	H	回风系统
2	L	制冷系统	10	P	排风系统
3	R	热力系统	11	XP	新风换气系统
4	K	空调系统	12	JY	加压送风系统
5	J	净化系统	13	PY	排烟系统
6	C	除尘系统	14	P（PY）	排风兼排烟系统
7	S	送风系统	15	RS	人防送风系统
8	X	新风系统	16	RP	人防排风系统

2）水、汽管道代号见表3-22。

水、汽管道代号　　　　　　　　　　　　　　　　　表3-22

序号	代号	管道名称	备注
1	RG	供暖热水供水管	可附加1、2、3等表示一个代号、不同参数的多种管道
2	RH	供暖热水回水管	可通过实线、虚线表示供、回关系省略字母G、H
3	LG	空调冷水供水管	
4	LH	空调冷水回水管	
5	KRG	空调热水供水管	
6	KRH	空调热水回水管	空调类供水回路可用粗实线表示、回水回路可用粗虚线表示
7	LRG	空调冷、热水供水管	
8	LRH	空调冷、热水回水管	
9	LQG	冷却水供水管	
10	LQH	冷却水回水管	
11	N	空调冷凝水管	—
12	PZ	膨胀水管	—
13	BS	补水管	—
14	X	循环管	—
15	LM	冷媒管	—
16	BG	冰水供水管	—

续表

序号	代号	管道名称	备注
17	BH	冰水回水管	—
18	ZG	过热蒸汽管	—
19	ZB	饱和蒸汽管	可附加1、2、3等表示一个代号、不同参数的多种管道
20	Z2	二次蒸汽管	—
21	N	凝结水管	—
22	J	给水管	—
23	SR	软化水管	—
24	CY	除氧水管	—
25	GG	锅炉进水管	—
26	YS	溢水（油）管	—
27	R_1G	一次热水供水管	—
28	R_1H	一次热水回水管	—
29	F	放空管	—

3）水、汽管道阀门和附件图例见表3-23。

水、汽管道阀门和附件图例　　　　　　　表3-23

序号	名称	图例	备注
1	截止阀		—
2	闸阀		—
3	球阀		—
4	柱塞阀		—
5	快开阀		—
6	蝶阀		
7	旋塞阀		—
8	止回阀		
9	浮球阀		—
10	三通阀		—
11	平衡阀		—
12	定流量阀		—
13	定压差阀		—

续表

序号	名称	图例	备注
14	自动排气阀		—
15	膨胀阀		—
16	排入大气或室外		—
17	安全阀		—
18	活接头或法兰连接		—
19	固定支架		—
20	导向支架		—
21	活动支架		—
22	金属软管		—
23	可屈挠橡胶软接头		—
24	Y形过滤器		—
25	疏水器		—
26	减压阀		左高右低
27	直通型（或反冲型）除污器		—
28	除垢仪		—
29	补偿器		—
30	矩形补偿器		—
31	套管补偿器		—
32	波纹管补偿器		—
33	介质流向	→或⇨	在管道断开处时，流向符号宜标注在管道中心线上，其余可同管径标注位置
34	坡度及坡向	$i=0.003$ 或 $i=0.003$	坡度数值不宜与管道起、止点标高同时标注。标注位置同管径标注位置

4) 风管代号见表3-24。

风管代号 表 3-24

序号	代号	管道名称	备注
1	SF	送风管	—
2	HF	回风管	一、二次回风可附加1、2区别
3	PF	排风管	—
4	XF	新风管	—
5	PY	消防排烟风管	—
6	ZY	加压送风管	—
7	P（Y）	排风排烟兼用风管	—
8	XB	消防补风管	—
9	S（B）	送风兼消防补风风管	—

5) 风管、阀门及附件图例见表3-25。

风管、阀门及附件图例 表 3-25

序号	名称	图例	备注
1	矩形风管		宽×高（mm）
2	圆形风管		φ 直径（mm）
3	天圆地方		左接矩形风管，右接圆形风管
4	软风管		—
5	圆弧形弯头		—
6	带导流片的矩形弯头		—
7	消声器		—
8	消声弯头		—
9	消声静压箱		—
10	风管软接头		—
11	对开多叶调节风阀		—

续表

序号	名称	图例	备注
12	蝶阀		—
13	插板阀		—
14	止回风阀		—
15	余压阀	DPV DPV	—
16	三通调节阀		—
17	防烟、防火阀	*** ***	***表示防烟、防火阀名称代号
18	矩形风口		—
19	圆形风口		—
20	防雨罩		—

6) 风口和附件代号见表3-26。

风口和附件代号　　　　　　　　表3-26

序号	代号	图例	备注
1	AV	单层格栅风口，叶片垂直	—
2	AH	单层格栅风口，叶片水平	—
3	BV	双层格栅风口，前组叶片垂直	—
4	BH	双层格栅风口，前组叶片水平	—
5	C*	矩形散流器，*为出风面数量	—
6	DH	圆环形散流器	—
7	E*	条缝形风口，*为条缝数	—
8	F*	细叶形斜出风散流器，*为出风面数量	—
9	FH	门铰形细叶回风口	—
10	H	百叶回风口	—
11	HH	门铰形百叶回风口	—
12	J	喷口	—
13	SD	旋流风口	—
14	K	蛋格形风口	—

续表

序号	代号	图例	备注
15	KH	门铰形蛋格式回风口	—
16	L	花板回风口	—
17	CB	自垂百叶	—
18	W	防雨百叶	—
19	B	带风口风箱	—
20	D	带风阀	—
21	F	带过滤网	—

7)通风与空调设备图例见表3-27。

通风与空调设备图例　　　　　表3-27

序号	名称	图例	备注
1	轴流风机		—
2	轴(混)流式管道风机		—
3	离心式管道风机		—
4	吊顶式排气扇		—
5	水泵		—
6	变风量末端		—
7	空调机组加热、冷却盘管		从左到右分别为加热、冷却及双功能盘管
8	空气过滤器		从左至右分别为粗效、中效及高效
9	挡水板		—
10	加湿器		—
11	电加热器		—
12	板式换热器		—

续表

序号	名称	图例	备注
13	立式明装风机盘管	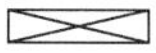	—
14	卧式暗装风机盘管	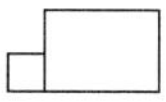	—
15	窗式空调器	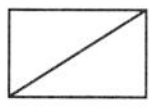	—
16	分体空调器	 室内机 室外机	—
17	射流诱导风机	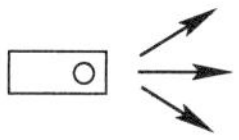	—

8）调控装置及测量仪表图例见表3-28。

调控装置及测量仪表图例　　　　　表 3-28

序号	名称	图例
1	温度传感器	T
2	湿度传感器	H
3	压力传感器	P
4	压差传感器	ΔP
5	流量传感器	F
6	流量开关	FS
7	控制器	C
8	温度计	
9	压力表	
10	流量计	 F.M
11	能量计	 E.M

续表

序号	名称	图例
12	电动（调节）执行机构	○
13	气动执行机构	⌅

（三）施工图的绘制与识读

本节对建筑设备安装施工图的绘制与识读作出简要的介绍，以供学习者参考应用。

1. 建筑设备施工图绘制的步骤与方法

（1）本章第二节将建筑设备的建筑给水排水工程施工图、建筑电气工程施工图、建筑通风与空调工程施工图等的构成提供了一个样本，用较多篇幅介绍了各专业的设备和部件的图例，原因是建筑安装施工图不可能像机械设备制造装配图一样用机械制图法则完整地表达和描绘，其既无必要又不经济。所以建筑设备安装施工图用图例、符号、线条、文字说明等来描绘工程的设备、线路、管道等的布置情况和安装位置，这种约定俗成的做法为大家所遵循和认可，且形成了标准和规范。各专业的绘图原则详见本章第二节之概述。

（2）建筑设备施工图是相应工程设计的最终产品，就是说建筑设备安装工程设计的前阶段工作均已完成，包括建筑物的功能定位、系统的结构确定（指供水、排水、供电、供冷、供热等系统的方案）、各专业的计算书已核准、设备选型已定局、设备布置位置和线路管道敷设部位已与建筑设计协调一致等。由于建筑设备及线路管道绝大部分依附于建筑物上（有明敷和暗敷两种形式），所以建筑物的施工图已定案，不会发生全局性的变动。以上所述是正确高效绘制建筑设备施工图的必备条件。

（3）绘制步骤

1）各专业间的搭接关系，通常给水、排水工程先绘，通风与空调工程要提供用水和排水的需要量，同时消防工程要提供用水方案和需要量，建筑电气工程最后开始绘制，其原因是电气专业要为其他专业提供其他专业设备运转的电能。

2）各专业通用的绘制步骤

① 设备平面布置图。

② 线路或管道的原理图或系统图。

系统图绘制的方法各专业大体一致，以给水管道系统图为例，通常为先确定轴测坐标体系，绘图从引入管开始，经干管、立管、支管至用水点，然后标注尺寸、标高、立管标号，最后作必要文字说明。

③ 线路或管道的敷设图（有平面的、立面的）。

④ 局部的详图。

⑤ 标准图选用。

⑥ 编制设备、材料表。

⑦ 编写施工设计说明。

（4）绘制方法

有手工绘制、计算机绘制、三维 BIM 技术绘制。但作为一个专业岗位人员必须掌握手工绘制施工图的基本技能，以备特殊情况下的需要。

2. 建筑设备施工图识读的步骤与方法

（1）给水、排水工程施工图的识读

1）识读方向

① 给水工程

从水源开始，经总管、干管、支管至用水点，通常是先阅立管后横管，按给水系统分系统完成读图。

② 排水工程

从排水点开始，经支管、干管、至总管到集水沉淀井（池），通常也是先阅立管后横管，按排水系统分系统完成阅读。

2）注意事项

① 阅图前要熟悉图例和符号的含义，要对照设备材料表判断图例的图形是否符合预期的设想。

② 注意施工图上的说明，是否标有仅用于本工程图纸的图例和符号。

③ 用三视图表达给水设备安装施工图，要在平面图、立面图、剖面图等标注的尺寸进行相互校核是否一致。

④ 要对需在建筑施工图上表达的预留孔进行复核。

⑤ 对运转设备的基础尺寸要按设备提供的说明书进行复核。

（2）建筑电气工程施工图的识读

1）识读方向

从电源开始经配电设备、馈电线路、控制开关至用电点，按供电方向及控制顺序进行阅读。对施工图而言阅图的顺序是先施工说明，后经系统图、平面图、电路图直至接线图。

2）注意事项

① 阅图前要熟悉图例和符号的含义，要对照设备材料表判断图例的图形是否符合预期的设想。

② 注意施工图上的说明，是否标有仅用于本工程图纸的图例和符号。如是改扩建工程要注意施工说明中对施工安全和工程受电时的特殊规定。

③ 要注意各类施工图上描述同一内容或同一对象的一致性，尤其是型号、规格和数量的一致性。

④ 建筑电气工程实体绝大多数敷设于建筑物表面或者埋设在建筑物的楼地面、梁、柱、墙等的内部，还有敷设在专设的电缆沟和电缆竖井内，因而阅读建筑电气施工图的同时，要阅读相关的建筑施工图和结构施工图，以避免安装失误或影响建筑结构安全。

⑤ 装有大型电气设备的建筑物，如变压器室、高低压开关室要核对设备运入口的尺寸是否适当。

(3) 通风与空调工程施工图的识读

一般暖通工程看图程序为：图纸目录及标题栏→设计及施工说明→平面布置图→系统图→剖面图及大样图→设备材料表，进行相互对照阅读才能全面读懂图纸和设计要求。

1) 识读方向

① 通风与空调工程的水系统识读与建筑给水工程相似，但要关注与设备接口的准确性。

② 中央空调的风管系统从风机始经总风管、干管、支管至散流器（出风口），回风系统则逆向而行，按系统完成读图，要注意设备各类风口与建筑物表面的相对连接位置，布置时结合装饰图和吊顶位置要求，做到居中对称布置，达到较好的整体装饰效果。

2) 注意事项

① 熟悉图例和符号的含义，注意施工图上的说明是否有仅适合本工程用的图例和符号。

② 注意风管的规格尺寸与其部件的规格尺寸的一致性，是否有断面形状的变异，以便加工时制作异形接头。

③ 依照施工规范或标准图集，确定施工图未表达的各类固定用的型钢支架。

④ 对风机房等用三面视图表达的设备安装位置的尺寸，进行视图间的校核。

⑤ 注意风管及部件和设备、水管及部件和设备的保冷或者保温要求。

⑥ 特别是在地下室、公共区等部位风管与其他管线交叉密集，应设置共同支架，确定支架布置形式，应进行管线二次深化设计（或 BIM 设计）补充图纸。

四、熟悉工程施工工艺和方法

本章介绍建筑设备安装工程的施工工艺和方法，重点是建筑给排水工程、建筑通风与空调工程、建筑电气工程，对火灾报警及联动控制系统工程和建筑智能化工程仅作简要的介绍，以供学习者在施工中参考应用。

（一）建筑给水排水工程

本节对常见的给水排水工程的施工工艺，包括给水排水管道安装、给水排水供热设备及卫生器具安装、消火栓系统和自动喷淋系统安装、管道设备的防腐与保温工程等施工程序及施工技术要点进行介绍，其中消火栓系统和自动喷淋系统工程安装仅介绍其与给水排水管道安装工程不同要求的部分。

1. 给水排水管道安装工程施工工艺

（1）给水管道工程施工程序

1）室内给水管道工程施工程序

施工准备→材料验收→配合土建预留、预埋→管道测绘放线→管道支架制作→管道加工预制→管道支架安装→管道安装→压力试验→防腐绝热→清洗、消毒→通水试验。

2）室外给水管道工程施工程序

施工准备→材料验收→管道测绘放线→管道沟槽开挖→管道加工预制→管道安装→压力试验→防腐绝热→清洗、消毒→管沟回填→通水试验。

（2）排水管道安装工程施工程序

1）室内排水管道施工程序

施工准备→材料验收→配合土建预留、预埋→管道测绘放线→管道支架制作→管道加工预制→管道支架安装→管道安装→灌水试验→通球、通水试验。

2）室外给水管道施工程序

施工准备→材料验收→管道测绘放线→管道沟槽开挖→管道加工预制→管道安装→压力试验→防腐绝热→清洗、消毒→管沟回填→通水试验。

（3）给水排水管道常用的连接方法

建筑管道必须采用与管材相适应的管件。生活给水系统所涉及的材料必须达到饮用水卫生标准。给水系统管材应采用合格的给水铸铁管、镀锌钢管、给水塑料管、复合管、铜管、不锈钢管。

1）螺纹连接：管径小于或等于100mm的镀锌钢管宜用螺纹连接，多用于明装管道。钢塑复合管一般也用螺纹连接。镀锌钢管应采用螺纹连接，套丝扣时破坏的镀锌层表面及外露螺纹部分应做防腐处理。

2）法兰连接：直径较大的管道采用法兰连接。法兰连接一般用在主干道连接阀门、止回阀、水表、水泵等处,以及需要经常拆卸、检修的管段上。镀锌管如用焊接或法兰连接,焊接处应进行二次镀锌或防腐。

3) 焊接连接:焊接适用于非镀锌钢管,一般用于消防、喷淋及空调水系统的无缝钢管、螺旋管的连接,在高层建筑中应用较多。铜管连接可采用专用接头或焊接,当管径小于22mm时宜采用承插或套管焊接,承口应迎介质流向安装,当管径大于或等于22mm时宜采用对口焊接。不锈钢管可采用承插焊接。

4) 沟槽连接(卡箍连接):沟槽式连接件连接一般用于消防水、空调冷热水、给水、雨水等系统直径大于或等于100mm的镀锌钢管。沟槽连接具有操作简单、施工安全、系统稳定性好、维修方便、省工省时等特点。

5) 卡套式连接:铝塑复合管一般采用螺纹卡套压接。将配件螺母套在管道端头,再把配件内芯套入端头内,用扳手把紧配件与螺母即可。铜管的连接也可采用螺纹卡套压接。

6) 卡压连接:具有保护水质卫生、抗腐蚀性强、使用寿命长等特点的不锈钢卡压式管件连接技术取代了螺纹、焊接、胶接等传统给水管道连接技术。施工时将带有特种密封圈的承口管件与管道连接,用专用工具压紧管口而起到密封和紧固作用,施工中具有安装便捷、连接可靠及经济合理等优点。

7) 热熔连接:PPR管的连接方法,采用热熔器进行热熔连接。

8) 承插连接:用于给水及排水铸铁管及管件的连接。其有柔性连接和刚性连接两类,柔性连接采用橡胶圈密封,刚性连接采用石棉水泥或膨胀性填料密封,重要场合可用铅密封。

(4) 给水排水管道施工技术要点

1) 施工准备及材料管理

① 施工准备包括技术准备、材料准备、机具准备、场地准备、施工组织及人员准备。

② 给水排水管道工程所使用的主要材料、成品半成品、配件、器具和设备必须具有中文质量证明文件,规格、型号及性能检测报告应符合国家技术标准或设计要求。

③ 阀门安装前,应按规范要求进行强度和严密性试验,试验应在每批(同牌号、同型号、同规格)数量中抽查10%,且不少于一个。安装在主干管上起切断作用的闭路阀门,应逐个做强度试验和严密性试验。阀门的强度试验压力为公称压力的1.5倍,严密性试验压力为公称压力的1.1倍。

2) 管道测绘放线

① 测量前应与建设单位(或监理单位)进行测量基准的交接,使用的测量仪器应经检定或校准合格并在有效期内,且符合测量精度要求。

② 管道施工前应进行仔细审图,有条件的可利用BIM技术建立空间模型,提前发现问题,避免管道之间出现碰撞现象。

③ 管道施工前,应根据施工图纸进行现场实地测量放线,以确定管道及其支吊架的标高和位置,防止因累计误差而出现超标。如:管井内垂直管道配管前应进行实地测量,避免累计误差造成各层标高超差。

3) 配合土建工程预留、预埋

① 在预留、预埋工作之前,校核土建图纸与安装图纸的一致性,检查现场实际的预

埋件、预留孔位置、样式及尺寸，配合土建施工及时做好各种孔洞预留或预埋管、预埋件的埋设。

② 地下室或地下构筑物外墙有管道穿过的，应采取防水措施。对有严格防水要求的建筑物，必须采用柔性防水套管。

③ 管道穿过楼板时应设置金属或塑料套管。安装在楼板内的套管，其顶部高出装饰地面20mm，安装在卫生间及厨房内的套管，其顶部应高出装饰地面50mm，底部应与楼板底面相平，套管与管道之间缝隙宜用阻燃密实材料和防水油膏填实，且端面应光滑。

④ 管道穿过墙壁时应设置金属或塑料套管。套管两端应与饰面相平，套管与管道之间缝隙宜用阻燃密实材料填实，且端面应光滑。

4）管道支架制作安装

① 管道支架、吊架、托架应按照设计文件及现行标准的规定制作安装，严格控制管道支架焊接质量，严禁采用电焊或气焊开孔。支吊架的构造形式应按设计文件要求选用，如：固定支架、导向支架、滑动支架、弹簧吊架、抗震支架等。

② 管道支架设置时，应进行现场测绘与放线，优先采用共用综合支架，安装位置正确，埋设平整牢固。应确保管道及各专业管线在支架上布局合理，管线的中心线、标高等符合设计文件的要求。

③ 管道支架安装时，应与管道接触紧密，间距合理，固定牢固，滑动方向或热膨胀方向应符合规范要求。

④ 室内给水金属立管管道支架设置：楼层高度小于或等于5m每层必须设置不少于1个，楼层高度大于5m每层设置不少于2个，安装位置匀称，管道支架高度距地面为1.5~1.8m，同一区域内管架设置高度应一致。

⑤ 给水排水、供暖及热水所对应材质的管道支架安装间距应分别符合规范《建筑给水排水及采暖工程施工质量验收规范》GB 50242—2002 表3.3.8、表3.3.9、表3.3.10及表5.2.9的规定。

⑥ 塑料管道采用金属管道支架时，应在管道与支架间加衬非金属垫或套管。

⑦ 沟槽式连接的钢管在水平管接头（刚性接头、挠性接头，支管接头）两侧应设置管道支架，与接头的净间距不宜小于150mm，且不宜大于300mm。

⑧ 金属排水管道上的吊钩或卡箍应固定在承重结构上。固定件间距：横管不大于2m；立管不大于3m。楼层高度小于或等于4m，立管可安装1个固定件。立管底部的弯管处应设支墩或采取固定措施。

5）管道加工预制

管道预制应根据设计图纸画出管道分路、管径、变径、预留管口，阀门位置等施工草图，通过现场测绘放线确定准确尺寸，并在施工草图上做好记录，预制前应对管段进行分组编号，按照先安装先预制的原则进行预制加工，非安装现场预制的管道应综合考虑方便运输等因素进行管道分段，管道预制加工时应同时进行管道质量检验和底漆涂刷工作。

6）管道安装

① 管道安装一般应按先主管后支管、先上部后下部、先里后外的原则进行安装。对于不同材质的管道应先安装钢质管道，后安装塑料管道。

② 当管道穿过地下室侧墙时应在室内管道安装结束后再进行安装，安装过程应做好

成品保护。

③ 机房、泵房管道安装前检查。详细检查设备本体进出口管径、标高、连接方法等情况，经验证无误后方可配管。

④ 埋地管道、吊顶内的管道等在安装结束隐蔽之前，应进行隐蔽工程验收，并做好记录。

⑤ 管道安装时不应穿过抗震缝。当给水管道必须穿越抗震缝时宜靠近建筑物的下部穿越，且应在抗震缝两边各装一个柔性管接头或在通过抗震缝处安装门形弯头或设置伸缩节。

⑥ 冷热水管道上下平行安装时热水管道应在冷水管道上方，垂直安装时热水管道在冷水管道左侧。

⑦ 热水供应管道应尽量利用自然弯补偿热伸缩，直线段过长则应设置补偿器，补偿器形式、规格、位置应符合设计要求，并按有关规定进行预拉伸。

⑧ 供暖管道安装坡度应符合设计及规范的规定，其坡向应利于管道的排气和泄水。例如：汽、水同向流动的热水供暖管道和汽、水同向流动的蒸汽管道及凝结水管道，坡度应为3‰，不得小于2‰；汽、水逆向流动的热水供暖管道和汽、水逆向流动的蒸汽管道，坡度不应小于5‰；散热器支管的坡度应为1%。

⑨ 供暖管道系统方形补偿器在水平管道上安装时，采用水平方式时其坡度应与管道坡度一致；采用垂直方式时其应设排气及泄水装置。

⑩ 中水高位水箱与生活高位水箱应分设置于不同房间，如只能设在同一房间，两者间净距离应大于2m。

⑪ 中水给水管道不得装设取水水嘴，中水供水管道严禁与生活饮用水管道连接，并应涂有浅绿色标志。

⑫ 中水管道不宜暗装于墙体和楼板内，如必须暗装于墙槽内，必须在管道上有明显且不易脱落的标志。

⑬ 中水管道与生活饮用水管道、排水管道平行敷设时，水平净距离不得小于0.5mm；交叉敷设时，中水管道应在生活饮用水管道的下面，排水管道的上面，其净距离不应小于0.15m。

⑭ 室外供热管道的供水管和蒸汽管，如设计无规定，应敷设在载热介质前进方向的右侧或上方。

⑮ 室外架空敷设的供热管道安装高度，当设计无规定时，人行地区不小于2.5m，通行车辆地区不小于4.5m，跨越铁路距轨顶不小于6m。

⑯ 排水通气管不得与风道或烟道连接。通气管应高出屋面300mm，且必须大于最大积雪厚度；在通气管出口4m以内有门、窗时，通气管应高出门、窗顶600mm或引向无门、窗一侧；在经常有人停留的平屋顶上，通气管应高出屋面2m，并应根据防雷要求设置防雷装置；如屋顶有隔热层应从隔热层板面算起。

⑰ 排水塑料管必须按设计要求及位置装设伸缩节。如设计无要求时，伸缩节间距不得大于4m。高层建筑中明设排水管道应按设计要求设置阻火圈或防火套管。

⑱ 排水管道的坡度必须符合设计或规范的规定，严禁无坡或倒坡。生活污水铸铁管道、生活污水塑料管道、悬吊式雨水管道、埋地雨水管道最小坡度应满足表4-1的规定。

生活污水、雨水管道最小坡度表　　　　　　表 4-1

管道名称 \ 管径（mm）／最小坡度（‰）	50	75	100（110）	125	150（160）	200
生活污水铸铁管道	25	15	12	10	7	5
生活污水塑料管道	12	8	6	5	4	4
悬吊式雨水管道	5					
埋地雨水管道	20	15	8	6	5	4

⑲ 明敷管道穿越防火区域时应当采取防止火灾贯穿的措施。立管管径≥110mm 时，在楼板贯穿部位应设置阻火圈或长度≥500mm 的防火套管，管道安装后，在穿越楼板处用 C20 细石混凝土分二次浇捣密实；浇筑结束后，结合找平层或面层施工，在管道周围应筑成厚度≥20mm，宽度≥30mm 的阻水圈。管径≥110mm 的横支管与暗设立管相连时，墙体贯穿部位应设置阻火圈或长度≥300mm 的防火套管，且防火套管的明露部分长度不宜<200mm。横干管穿越防火分区隔墙时，管道穿越墙体的两侧应设置防火圈或长度≥500mm 的防火套管。

⑳ 安装未经消毒处理的医院含菌污水管道，不得与其他排水管道直接连接。

㉑ 饮食业工艺设备引出的排水管及饮用水水箱的溢流管，不得与污水管道直接连接，并应留出不小于 150mm 的隔断空间。

㉒ 雨水管道不得与生活污水管道相连接。

㉓ 雨水斗的连接管应固定在屋面承重结构上。雨水斗边缘与屋面相连处应严密不漏。连接管管径当设计无要求时，不得小于 100mm。

㉔ 室外混凝土埋地排水管道一般沿道路平行于建筑物铺设，与建筑物的距离不小于 3～5m；排水管道的埋设深度，要考虑防止重物压坏和冰冻，一般在管顶以上至少应有 0.5～0.7m 的覆土厚度；排水管道在方向、管径、坡度及高程变化处，以及直线管段上，每隔 30～50m 应设置污水检查井，以便定期检修和疏通。

㉕ 排水混凝土管和管件的承口（双承口的管件除外），应与管道内的水流方向相反。管道穿入检查井井壁处，应严密不漏水。

㉖ 承插或套箍接口，应采用水泥砂浆或沥青胶泥填塞。环形间隙应均匀，填料凹入承口边缘不得大于 5mm。在有腐蚀性的土壤或水中，应使用耐腐蚀的水泥。

7）阀门安装

① 阀门安装时应保持关闭状态，并注意阀门的特性及介质流向。

② 水平管道上的阀门，阀杆宜垂直、水平或向左右偏 45°安装，不宜向下安装；垂直管道上阀门阀杆，必须顺着操作巡回线方向安装。

③ 阀门与管道连接时，不得强行拧紧法兰上的连接螺栓；对螺纹连接的阀门，其螺纹应完整无缺，拧紧时宜用扳手卡住阀门一端的六角体。

④ 安装螺纹阀门时，一般应在阀门的出口处加设一个活接头。

⑤ 对具有操作机构和传动装置的阀门，应先对进行阀门清洗后安装阀门，再安装操作机构和传动装置，安装完后还应将它们调整灵活，指示准确。

⑥ 截止阀阀体内腔左右两侧不对称，安装时必须注意流体的流动方向，应使管道中

流体由下向上流经阀盘。原因是这样安装流动的流体阻力小，阀门开启省力，关闭后填料不与介质接触，方便管道系统检修。

⑦ 闸阀吊装时，绳索应拴在法兰上，切勿拴在手轮或阀件上，以防折断阀杆。明杆阀门不能装在地下，以防阀杆锈蚀。

⑧ 止回阀有严格的方向性，安装时除注意阀体所标介质流动方向外，还须注意：升降式止回阀应水平安装，以保证阀盘升降灵活与工作可靠；摇板式止回阀安装，应注意介质的流动方向，只要保证摇板的旋转枢轴呈水平，可装在水平或垂直的管道上。

⑨ 安全阀：安全阀的作用是防止管路或装置中的介质压力超过规定数值，以起到安全保护作用。安装安全阀必须遵守下列规定：

A. 杠杆式安全阀要有防止重锤自行移动的装置和限制杠杆越出的导架；

B. 弹簧式安全阀要有提升手把和防止随便拧动调整螺丝的装置；

C. 静重式安全阀要有防止重片飞脱的装置；

D. 冲量式安全阀的冲量接入导管上的阀门，要保持全开并加铅封；

E. 检查其垂直度，当发现倾斜时，应校正；

F. 安全阀在管道投入试运行时，应及时进行调校；

G. 安全阀的最终调整宜在系统上进行，开启压力和回座压力应符合设计文件的规定；

H. 安全阀调整后，在工作压力下不得有泄漏。

8）管道系统试验

给水排水管道系统试压前，按流程检查各系统的安装情况，并做好试验记录，系统压力试验时应有监理和建设单位代表在场，并做好相应试验记录，试验成功后当场办理签证。给水排水管道工程应进行的试验包括：承压管道系统压力试验，非承压管道灌水试验，排水干管通球，通水试验等。

① 压力试验

A. 管道压力试验宜采用液压试验，试验前编制专项施工方案，经批准后组织实施。高层建筑管道应先按分区、分段进行试验，合格后再按系统进行整体试验。

B. 室内给水系统、室外给水管网系统管道安装完毕，应进行水压试验。水压试验压力必须符合设计要求，当设计未注明时，给水管道系统试验压力为工作压力的 1.5 倍，但不得小于 0.6MPa。

C. 热水供应系统、供暖系统安装完毕，管道保温之前应进行水压试验。试验压力应符合设计要求，当设计未注明时，热水供应系统和蒸汽供暖系统、热水供暖系统水压试验压力，应以系统顶点的工作压力加 0.1MPa，同时在系统顶点的试验压力不小于 0.3MPa；高温热水供暖系统水压试验压力，应以系统最高点工作压力加 0.4MPa；塑料管及铝塑复合管热水供暖系统水压试验压力，应以系统最高点工作压力加 0.2MPa，同时在系统最高点的试验压力不小于 0.4MPa。

D. 室内给水系统、热水供应系统、供暖系统管道水压试验压力检验方法：钢管及复合管道在系统试验压力下 10min 内压力降不大于 0.02MPa，然后降至工作压力检查，压力应不降，不渗不漏；室内塑料管道系统在试验压力下稳压 1h 压力降不超过 0.05MPa，然后在工作压力 1.15 倍状态下稳压 2h，压力降不超过 0.03MPa，连接处不得渗漏。室外给水钢管、铸铁管在系统试验压力下 10min 内压力降不大于 0.05MPa，然后降至工作压力检查，压力应保持不变，不渗不漏；室外塑料管道系统在试验压力下稳压 1h 压力降不超过 0.05MPa，然后降至工作压力进行检查，压力应保持不变，不渗不漏。

② 灌水试验

A. 室内隐蔽或埋地的排水管道在隐蔽前必须做灌水试验。灌水高度应不低于底层卫生器具的上边缘或底层地面高度。检验方法为满水 15min 水面下降后，再灌满观察 5min，液面不降，管道及接口无渗漏为合格。

B. 室内雨水管应根据管材和建筑物高度选择整段方式或分段方式进行灌水试验。整段试验的灌水高度应达到立管上部的雨水斗，当立管高度大于 250m 时，应对下部 250m 高度管段进行灌水试验，其余部分进行通水试验。灌水达到稳定水面后观察 1h，管道无渗漏为合格。

C. 室外排水管道埋设前按排水检查井分段试验。试验水头应以试验段上游管顶加 1m，时间不少于 30min，逐段观察，管接口无渗漏为合格。

③ 通球试验

排水主立管及水平干管管道均应做通球试验，通球球径不小于排水管道管径的 2/3，通球率必须达到 100%。

④ 通水试验

A. 给水系统交付使用前，开启阀门及水嘴等配水点进行放水试验，要求各配水点水量稳定正常，满足使用要求。

B. 室外排水管道埋设前必须做通水试验，以排水通畅、无堵塞，管接口无渗漏为合格。

9）管道系统冲洗与消毒

① 室外给水管道在竣工后，必须对管道进行冲洗，饮用水管道还要在冲洗后进行消毒，满足饮用水卫生要求。

② 室外供热管道试压合格后，应进行冲洗，通过现场观察，以水色不浑浊为合格。

③ 管道冲洗进水口及排水口应选择适当位置，并以能保证将管道系统内的杂物冲洗干净为宜。泄放排水管的截面积不应小于被冲洗管道截面 60%，管子应接至排水井或排水沟内。

④ 冲洗时，以系统内可能达到的最大压力和流量进行，流速不小于 1.5m/s，直到出口处的水色和透明度与入口处目测一致为合格。

⑤ 生产给水管道在交付使用前必须冲洗和消毒，并经有关部门取样检验，符合现行《生活饮用水卫生标准》GB 5749 要求。

10）供暖系统试运行

① 供暖管道系统试验合格后，应对系统进行冲洗并清扫过滤器及除污器，直至排出水不含泥沙、铁屑等杂质，且以水色不浑浊为合格。

② 供暖管道系统冲洗完毕后应充水、加热，进行试运行和调试，以观察、测量室温满足设计要求为合格。

2. 供热、给排水设备及卫生器具安装工程施工工艺

（1）设备安装施工程序

1) 动设备施工程序

施工准备→设备开箱验收→基础验收→设备安装就位→设备找平找正→二次灌浆→单机调试。

2) 静设备施工程序

施工准备→设备开箱验收→基础验收→设备安装就位→设备找平找正→二次灌浆→设备系统压力试验（满水试验）。

(2) 卫生器具施工程序

施工准备→卫生设备及附件验收→卫生器具安装→卫生器具给水配件安装→卫生器具排水管道安装→灌水、通水试验→试运行。

(3) 设备安装施工技术要点

1) 施工准备与材料设备管理

① 施工准备包括技术准备、材料准备、机具准备、场地准备、施工组织及人员准备。

② 供热、给水排水设备及卫生器具安装工程所使用的主要材料、成品半成品、配件、器具和设备必须具有中文质量证明文件，规格、型号及性能检测报告应符合国家技术标准或设计要求。进场时应做检查验收，并经监理工程师核查确认。

③ 散热器进场时，应对其单位散热量、金属热强度等性能进行复验。

④ 给排水设备及卫生器具安装工程选用的设备、器具和产品应为节水和节能型。

2) 供热锅炉及辅助设备安装

① 锅炉及辅助设备基础的混凝土强度必须达到设计要求，基础的坐标、标高、几何尺寸和螺栓孔位置应符合规范《建筑给水排水及采暖工程施工质量验收规范》GB 50242—2002 表 13.2.1 的规定。

② 非承压锅炉应严格按照设计或产品说明书的要求施工，锅筒顶部必须敞口或装设大气连通管，连通管上不得安装阀门。

③ 天然气锅炉的天然气释放管或大气排放管不得直接通向大气，应通向贮存或处理装置。

④ 锅炉的炉筒和水冷壁的下集箱及后棚管的后集箱的最低处排污阀及排污管道不得采用螺纹连接。

⑤ 锅炉的汽、水系统安装完毕后，必须进行水压试验。水压试验的压力应符合规范《建筑给水排水及采暖工程施工质量验收规范》GB 50242—2002 表 13.2.6 的规定。

⑥ 机械炉排安装完毕后应做冷态运转试验，连续运转时间不应少于 8h。

⑦ 风机试运转，应符合下列规定：

A. 滑动轴承温度最高不得超过 60℃，滚动轴承温度最高不得超过 80℃。

B. 轴承径向单振幅，当风机转速小于 1000r/min 时，不应超过 0.10mm；I 当风机转速为 1000～1450r/min 时，不应超过 0.08mm。

⑧ 分汽缸（分水器、集水器）安装前应进行水压试验，试验压力为工作压力的 1.5 倍，但不得小于 0.6MPa。以试验压力下 10min 内无压降、无渗漏为合格。

⑨ 敞口箱、罐安装前应做满水试验；密闭箱、罐应以工作压力的 1.5 倍作水压试验，但不得小于 0.4MPa。满水试验以满水后静置 24h 不渗不漏为合格；水压试验以在试验压力下 10min 内无压降，不渗不漏为合格。

⑩ 地下直埋油罐在埋地前应做气密性试验，试验压力降不应小于 0.03MPa。试验压力下观察 30min，以不渗、不漏，无压降为合格。

⑪ 连接锅炉及辅助设备的工艺管道安装完毕后，必须进行系统的水压试验，试验压力为系统中最大工作压力的 1.5 倍。在试验压力 10min 内压力降不超过 0.05MPa，然后降至工作压力进行检查，以不渗不漏为合格。

⑫ 锅炉在烘炉、煮炉合格后，应进行 48h 的带负荷连续试运行，同时应进行安全阀的定压检验和调整。当锅炉上装有两个安全阀时，其中的一个按规范《建筑给水排水及采暖工程施工质量验收规范》GB 50242—2002 表 13.4.1 中较高值定压，另一个按较低值定压。当锅炉上只装有一个安全阀时，应按较低值定压。

3) 增压设备（水泵）安装

水泵是一种用于输送和提升液体的水力机械。有离心泵、轴流泵、混流泵、活塞泵、真空泵等，其主要工作参数包括流量、扬程、转速、功率、效率、汽蚀余量等。

① 水泵安装

A. 水泵就位前的基础混凝土强度、坐标、标高、尺寸和螺栓孔位置必须符合设计规定。

B. 立式水泵的减震装置不应采用弹簧减振器。

C. 水泵安装完毕后应进行试运转，试运转时间一般不少于 2h，且轴承温升必须符合水泵说明书的规定。

② 水泵配管应在二次灌浆混凝土强度达到 75% 以后进行，并注意以下情况：

A. 管道与泵体不得强行组合连接，管道重量不能附加在泵体上。

B. 水泵吸水管变径应采用偏心大小头，顶平安装以防止产生气囊；为防止吸水管中积存空气而影响水泵运行，吸水管的安装应具有沿水流方向连续上升的坡度接至水泵入口，坡度应不小于 5‰。

C. 吸水管靠近水泵进水口处，应有一段不小于 3 倍管道直径的直管段，避免直接安装弯头，否则水泵进水口处流速分布不均匀，会使流量减少；吸水管应设有支撑且管段要短，弯头要少，以减少管路的压力损失。

D. 水泵底阀距池底距离，一般不应小于底阀或吸水喇叭口的外径，且不应小于 500mm；水泵出水管安装止回阀和阀门，止回阀安装于靠近水泵一侧。

③ 二次加压与调蓄设施不得影响城镇给水管网正常供水。

④ 生活给水系统水泵机组应设备用泵，备用泵供水能力不应小于最大一台运行水泵的供水能力。

⑤ 对可能发生水锤的给水泵房管路应采取消除水锤危害的措施。

⑥ 设置储水或增压设施的水箱间、给水泵房应满足设备安装、运行、维护和检修要求，应具备可靠的防淹和排水设施。

⑦ 给水加压、循环冷却等设备不得设置在卧室、客房及病房的上层、下层或毗邻上述用房，不得影响居住环境。

4) 水箱安装

① 生活饮用水池（箱）、水塔的设置应防止污废水、雨水等非饮用水渗入和污染，应采取保证储水不变质、不冻结的措施，且应符合下列规定：

A. 建筑物内的生活饮用水池（箱）、水塔应采用独立结构形式，不得利用建筑物本体结构作为水池（箱）的壁板、底板及顶盖。其与消防用水水池（箱）并列设置时，应有各自独立的池（箱）壁。

B. 埋地式生活饮用水贮水池周围10m内，不得有化粪池、污水处理构筑物、渗水井、垃圾堆放点等污染源。生活饮用水水池（箱）周围2m内不得有污水管和污染物。

C. 排水管道不得布置在生活饮用水池（箱）的上方。

D. 生活给水池（箱）应设置水位控制和溢流报警装置。

E. 生活饮用水池（箱）、水塔人孔应密闭并设锁具，通气管、溢流管应有防止生物进入水池（箱）的措施。

F. 生活饮用水池（箱）、水塔应设置消毒设施。

② 现场制作的水箱，必须进行盛水试验或煤油渗透试验。

A. 盛水试验：将水箱完全充满水，经2～3h后用0.5～1.5kg的锤沿焊缝两侧约150mm的部位轻敲，不得有漏水现象；若发现漏水部位需铲去重新焊接，再进行试验。

B. 煤油渗透试验：在水箱外表面的焊缝上涂满白垩粉或白粉，晾干后在水箱内表面焊缝上涂煤油，在试验时间内涂2～3次，使焊缝表面能得到充分浸润，以白垩粉或白粉上未发现油迹为合格。试验要求时间为：对垂直焊缝或煤油由下往上渗透的水平焊缝为35min；对煤油由上往下渗透的水平焊缝为25min。

③ 水箱满水试验和水压试验

A. 满水试验：敞口水箱安装前应做满水试验，即水箱满水后静置观察24h，以不渗不漏为合格。

B. 水压试验：密闭水箱在安装后应进行水压试验，试验压力如设计无要求，一般为管路系统工作压力的1.5倍。水箱在试验压力下保持10min，以压力不下降，不渗不漏则为合格。

（4）卫生器具施工技术要点

1）卫生器具施工条件

① 卫生器具必须有完整的安装使用说明书。在运输、保管和施工过程中，应采取有效措施防止损坏或腐蚀。

② 蹲式大便器应在其台阶砌筑前安装，坐式大便器和妇女卫生盆应在其台阶砌筑好后安装。

③ 所有与卫生洁具连接的管道压力、闭水试验已完毕，并做隐蔽前验收。

④ 卫生器具除蹲式大便器和浴盆外，均应待土建抹灰、喷白、镶贴瓷砖等工作完毕，再行安装。

⑤ 按施工方案要求的安装条件已经具备，施工的房间应能上锁。

2）卫生器具安装规定

① 安装卫生器具时，宜采用预埋螺栓或用膨胀螺栓安装固定，坐便器固定螺栓不小于M6，便器冲水箱固定螺栓不小于M10，并用橡胶垫和平光垫压紧。凡是固定卫生器具的螺栓、螺母、垫圈均应使用镀锌件。膨胀螺栓只限于混凝土板、墙，轻质墙不得使用。

② 卫生器具及卫生器具给水配件安装高度应符合设计，如设计无要求，应符合规范《建筑给水排水及采暖工程施工质量验收规范》GB 50242—2002 表7.1.3 表7.1.4 的规

定。涉及无障碍卫生器具还应符合规范《建筑与市政工程无障碍通用规范》GB 55019—2021"3 无障碍服务设施"中对应条款的规定。

③ 卫生器具的支、托架必须防腐良好，安装平整牢固；卫生器具的陶瓷件与支架接触处应平稳妥帖，必要时应加软垫。如陶瓷件直接用预埋螺栓或膨胀螺栓固定在墙上，螺栓应加软垫圈；拧紧螺栓不得用力过猛，以免陶瓷破裂；可以通过观察和手扳动进行检查。

④ 排水栓和地漏的安装应平正、牢固，低于排水表面，周边无渗漏。地漏水封高度不得小于 50mm，可以通过试水观察检查。

⑤ 卫生器具交工前应做满水和通水试验。满水后各连接件不渗不漏；通水试验给水排水畅通。

⑥ 有装饰面的浴盆，应观察检查是否留有通向浴盆排水口的检修门；小便槽冲洗管，应采用镀锌钢管或硬质塑料管。冲洗孔应斜向下方安装，冲洗水流同墙面成 45 度角。

3. 消火栓系统和自动喷水灭火系统安装工程施工工艺

(1) 消火栓系统和自动喷水灭火系统施工程序

1) 消火栓系统施工程序

施工准备→材料验收→配合土建预留、预埋→管道测绘放线→管道支架制作→管道加工预制→管道支架安装→管道安装→箱体稳固→附件安装→管道试压、冲洗→系统调试。

2) 自动喷水灭火系统施工程序

施工准备→材料验收→配合土建预留、预埋→管道测绘放线→管道支架制作→管道加工预制→管道支架安装→干管安装→报警阀安装→立管安装→喷洒分层干、支管安装→喷洒头支管安装→管道试压→管道冲洗→减压装置安装→报警阀配件及其他组件安装→喷洒头安装→系统通水调试。

3) 消防水泵及稳压泵施工程序

施工准备→设备开箱验收→基础验收→设备安装就位→设备找平找正→二次灌浆→吸水管道安装→出水管路安装→单机调试。

(2) 消火栓系统和自动喷水灭火系统组成

1) 室内消火栓系统组成

室内消火栓由消火栓箱、消防水枪、消防水带、消火栓阀及连接管道等组成，有些还带消防软管卷盘。

2) 室外消火栓系统组成

室外消火栓系统主要由室外消防给水管网、消防水池、消防水泵、水泵接合器和室外消火栓等组成。

3) 自动喷水灭火系统组成

自动喷淋灭火系统安装以湿式自动喷淋灭火系统为例进行介绍。

① 湿式自动喷淋灭火系统组成

湿式系统由闭式洒水喷头、水流指示器、湿式报警阀组，以及管道和供水设施等组成，而且管道内始终充满水并保持一定的压力，如图4-1所示。

② 湿式自动喷淋灭火系统工作原理

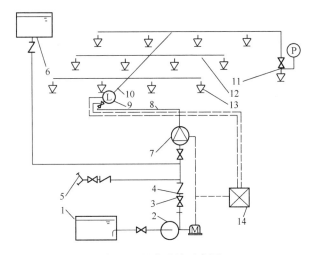

图 4-1　湿式系统示意图

1—水池；2—水泵；3—闸阀；4—止回阀；5—水泵接合器；6—消防水箱；
7—湿式报警阀组；8—配水干管；9—水流指示器；10—配水管；11—末端试
水装置；12—配水支管；13—闭式洒水喷头；14—报警控制器；P—压力表；
M—驱动电机；L—水流指示器

当发生火灾时，火焰产生的热与烟使喷头感温或感烟元件启动，喷头喷水灭火。同时，系统中的水流指示器向消控室报警，并显示失火地点。报警阀的压力开关也向消控室报警，并启动消防水泵。水力警铃同时发出声音报警。

③ 湿式自动喷淋灭火系统主要组件

湿式自动喷淋灭火系统主要组件的用途见表 4-2。

湿式系统主要组件表　　　　表 4-2

序号	名称	用途	序号	名称	用途
1	消防水池	储存消防用水量	7	湿式报警阀	系统控制阀，输出报警水流
2	消防水泵	供应消防用水量	8	配水管	输送水流
3	闸阀	总控制阀门	9	水流指示器	输出电信号，报告火灾区域
4	止回阀	防止水倒流	10	末端试水装置	试验系统功能
5	水泵接合器	消防车供水口	11	闭式洒水喷头	感知火灾，出水灭火
6	消防水箱	储存初期消防用水量	12	报警控制器	感知火灾，自动报警

④ 湿式报警阀组

湿式报警阀组主要由湿式报警阀、水力警铃、延迟器、压力开关、压力表、泄放试验阀、报警试验阀、平衡阀、过滤器等组成，构造如图 4-2 所示。

⑤ 水流指示器

水流指示器是自动喷水灭火系统的一个组成部件，通常安装于管网配水干管或配水管的始端，用于显示火警发生区域。

⑥ 末端试水装置由试水阀、压力表以及试水接头组成，如图 4-3 所示。试水接头出水口的流量系数，应等同于同楼层或防火分区内的最小流量系数喷头。末端试水装置的出

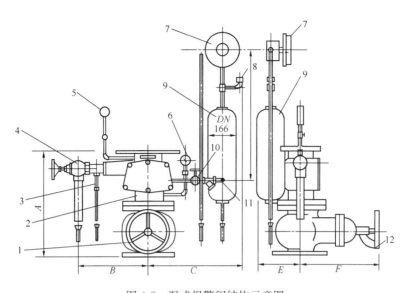

图 4-2 湿式报警阀结构示意图

1—控制阀；2—报警阀；3—试警铃阀；4—放水阀；5、6—压力表；7—水力警铃；
8—压力开关；9—延时器；10—警铃管阀门；11—滤网；12—软锁

水，应采取孔口出流的方式排入排水管道。每个报警阀组控制的最不利点喷头处，应设末端试水装置，其他防火分区、楼层的最不利点喷头处，均应设直径为 25mm 的试水阀。用于动作试验。

（3）消火栓系统和自动喷水灭火系统施工技术要点

1）施工准备与材料设备管理

① 施工准备包括技术准备、材料准备、机具准备、场地准备、施工组织及人员准备。

② 消火栓系统和自动喷水灭火系统施工前应对采用的主要设备、系统组件、管材管件及其他设备、材料进行现场检查，并应符合下列要求：

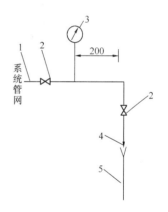

图 4-3 末端试水装置示意图
1—与系统连接管道；2—控制阀；3—压力表；4—标准放水口；5—排水管道

A. 主要设备、系统组件、管件及其他设备、材料，应符合设计要求和国家现行有关标准的规定，并应具有出厂合格证或质量认证书。

B. 喷头、报警阀组、压力开关、水流指示器、电动（磁）阀、流量开关、消火栓、消防水带、消防水枪、消防软管卷盘或轻便水龙、消防水泵、水泵接合器、沟槽连接件等系统主要组件，应经国家消防产品质量监督检验中心检测合格。

C. 稳压泵、气压水罐、消防水箱、自动排气阀、信号阀、多功能水泵控制阀、安全阀、倒流防止器、止回阀、泄压阀、减压阀、蝶阀、闸阀、流量计、水位计、压力表等，应经相应国家产品质量监督检验中心检测合格。

D. 组合式消防水池、屋顶消防水箱、地下水取水和地表水取水设施，以及其附件等，应符合国家现行相关产品标准的规定。

③ 喷头的现场检验必须符合下列要求：

A. 喷头的商标、型号、公称动作温度、响应时间指数（RTI）、制造厂及生产日期等标志应齐全。

B. 喷头的型号、规格等应符合设计要求。

C. 喷头外观应无加工缺陷和机械损伤。

D. 喷头螺纹密封面应无伤痕、毛刺、缺丝或断丝现象。

E. 闭式喷头应进行密封性能试验，以无渗漏、无损伤为合格。

F. 试验数量应从每批中抽查1%，并不得少于5只，试验压力应为3.0MPa，保压时间不得少于3min。当两只及两只以上不合格时，不得使用该批喷头。当仅有一只不合格时，应再抽查2%，并不得少于10只，并重新进行密封性能试验；当仍有不合格时，亦不得使用该批喷头。

2）室内消火栓系统安装

① 消火栓箱的安装规定

A. 消火栓启闭阀门设置位置应便于操作使用，阀门中心距箱侧面为140mm，距箱后内表面为100mm，允许偏差±5mm。

B. 消火栓箱有明装、半明装和暗装三种形式，暗装不应破坏隔墙的耐火性能；箱体安装应平正、牢固，垂直度允许偏差为±3mm；消火箱门的开启应不小于120°。

C. 安装消火栓水龙带，水龙带与水枪和快速接头绑扎好后，应根据箱内构造将水龙带挂放置。

D. 双向开门消火栓箱应有耐火等级应符合计要求，当设计没有要求时应至少满足1h耐火极限的要求；消火栓箱门上采用红色字体注明"消火栓"字样。

② 室内消火栓及消防软管卷盘或轻便水龙的安装规定：

A. 消火栓选用型号、规格应符合设计规定，同一建筑物内应采用统一规格的栓口、消防水枪和水带及配件。

B. 消火栓减压装置应符合设计要求；试验消火栓栓口处应设置压力表。

C. 消火栓栓口应朝外，出水方向宜向下或与墙面成90°角，并不应安装在门轴侧。栓口中心距地应为1.1m，特殊地点的高度可特殊对待，允许偏差±20mm。

D. 应设置明显的永久性固定标志，因美观要求需要隐蔽安装时，应有明显标志，并应便于开启使用。

③ 消防水枪及消防水带

室内消防水枪一般采用直流式水枪，喷嘴直径一般有13mm、16mm、19mm。消防水带是连接水枪与消火栓阀的输水管线，长度一般为20m、25m。消防水带、消防水枪在箱内摆放整齐、合理。消防水带与消防水枪、快速接头的连接，一般用14号铅丝绑扎两道，每道不少于两圈，使用卡箍时，在里侧加一道铅丝。

④ 消火栓试射试验：

A. 消火栓系统试射前消防设备包括水泵、接合器、节流装置等应安装完成，其中水泵已做单机调试工作。

B. 消火栓系统达到工作压力，选系统屋顶或水箱间试验消火栓及首层二处消火栓做试射试验，通过水泵结合器及消防水泵加压，屋面试验消火栓的流量和充实水柱应符合要求。一般建筑不小于7m，甲、乙类厂房、六层以上民用建筑、四层以上厂房不小于10m，高层工业建筑与高架库房不小于13m。首层二处消火栓试射以检验充实水柱同时到达本消火栓应到达的最远点的能力。

3) 室外消火栓管道安装

① 室外消火栓的消防给水管道直径应根据流量、流速和压力要求经计算确定,但不应小于 $DN100mm$。

② 建筑室外消火栓的数量应根据室外消火栓设计流量和保护半径经计算确定,保护半径不应大于150m。

③ 消防水泵接合器和消火栓的位置标志应明显,栓口的位置应方便操作,应安装在便于消防车接近的人行道或非机动车行驶地段,距室外消火栓或消防水池的距离宜为15～40m。消防水泵接合器和室外消火栓当采用墙壁式时,如设计未要求,进、出水栓口的中心安装高度距地面应为1.1m,栓口安装高度允许偏差为±20mm,其上方应设有防坠落物打击的措施。

4) 自动喷淋灭火系统安装

① 湿式自动喷水灭火系统管网安装

自动喷水灭火系统管网安装与室内消火栓系统基本相同,热镀锌钢管安装应采用螺纹、沟槽、法兰连接,同时还要满足以下要求:

A. 管道的安装位置应符合设计要求。当设计无要求时,管道的中心线与梁、柱、楼板等的最小距离应符合表4-3的规定。

管道中心线与梁柱、楼板的最小距离（mm）　　　表4-3

公称直径	25	32	40	50	70	80	100	125	150	200
距离	40	40	50	60	70	80	100	125	150	200

B. 管道支、吊架的安装应符合以下要求:

a. 管道应固定牢固,管道支、吊架的间距不应大于表4-4的规定。

镀锌钢、涂覆钢管道支架或吊架之间的距离　　　表4-4

公称直径（mm）	25	32	40	50	70	80	100	125	150	200	250	300
距离（m）	3.5	4.0	4.5	5.0	6.0	6.0	6.5	7.0	8.0	9.5	11.0	12.0

b. 管道支吊架防晃支架的型式、材质和加工尺寸及焊接质量等应符合设计及规范要求。

c. 支吊架位置不应妨碍喷头的喷水效果,其与喷头之间距离不小于0.3m,与末端喷头之间的距离不大于0.75m。

d. 配水支管上每一直管段、相邻两喷头之间的管段设置的吊架均不宜少于1个;当喷头之间的距离小于1.8m时,可隔段设置吊架,但吊架的间距不大于3.6m。

e. 当管道的公称直径等于或大于50mm时,每段配水干管或配水管设置的防晃支架不应少于1个,且防晃支架的间距不宜大于15m;当管道改变方向时,应增设防晃支架。

C. 水平管段的安装坡度为2‰～5‰,坡向排水管;当喷头数量不大于5只时,可在管道低凹处加设堵头;当喷头数量大于5只时,宜装设带阀门的排水管。

D. 管道变径宜采用异径接头,弯头处不得采用补芯,三通上可用1个,四通上不得多于 2 个，直径 50mm 以上的不宜用活接头。

E. 管道法兰连接可采用焊接法兰或螺纹法兰。焊接法兰焊接处应做防腐处理，并宜重新镀锌后再连接。

F. 管道在安装中断时应及时封口。

G. 配水干管、配水管应做红色或红色环圈标志。$DN<150mm$，色环宽 30mm，间距 1.5m～2m；$DN \geqslant 150mm$，色环宽 50mm，间距 2m～2.5m。

H. 消防水泵的出水管上应装止回阀、控制阀和压力表，或安装多功能水泵控制阀和压力表；系统的总出水管上还应安装压力表和泄压阀；安装压力表时应加设缓冲装置，压力表和缓冲装置之间应安装旋塞；压力表量程应为工作压力的 2～2.5 倍。

② 湿式自动喷水灭火系统试压和冲洗

A. 系统试压水压强度试验压力 Ps，当设计工作压力 $P \leqslant 1.0MPa$，$Ps=1.5P$，但不应低于 1.4MPa；当设计工作压力 $P>1.0MPa$ 时，$Ps=P+0.4MPa$。

B. 水压强度试验的测试点应在系统管网的最低点。对管网注水时，应将管网内的空气排净，并缓慢升压，达到 Ps 值时，稳压 30min，目测管网无泄漏和无变形，且压力降不大于 0.05MPa。

C. 水压严密性试验应在水压强度试验和管网冲洗合格后进行。试验压力为设计工作压力，稳压 24h，应无泄漏。

D. 系统冲洗宜用生活清水进行。冲洗前应对系统的仪表采取保护措施，止回阀和报警阀等应拆除，冲洗结束后应及时复位。

E. 系统冲洗前应对管道支、吊架进行检查，必要时采取加固措施。

F. 管网冲洗的排水管道应与排水系统可靠连接，其排放应畅通安全。排水管道截面不得小于被冲洗管道截面的 60%。

G. 管网冲洗的水流流速、流量不应小于系统设计的水流流速、流量；管网冲洗宜分区、分段进行；水平管网冲洗时其排水管位置应低于配水支管。

H. 冲洗的水流方向应与灭火时管网的水流方向一致。

③ 喷头安装

A. 喷头应在现场进行检验，检验应符合下列要求：型号、规格、公称动作温度应符合设计要求；外观检查应无缺陷、损伤现象。

B. 喷头安装应在系统试压、冲洗合格后进行。

C. 与喷头的连接管件只能用大小头，不得用补芯。

D. 不得对喷头进行拆装、改动和附加任何装饰性涂层。

E. 喷头安装应使用专用扳手，严禁利用喷头的框架施拧；绝对禁止在扳手上加套管安装，否则可能使喷头变形，破坏喷头的密封性，从而产生泄漏。喷头的框架、溅水盘产生变形或释放原件损伤时，应采用规格、型号相同的喷头更换。

F. 当喷头的 $DN<10mm$ 时，应在配水干管或配水管上安装过滤器。

G. 安装在易受机械损伤处的喷头，应加设喷头防护罩。

H. 喷头安装时，溅水盘与吊顶、门窗、洞口或墙面距离应符合设计要求。

I. 当喷头布置时，两喷头间距<2m 时，应在中间位置设置 200mm×150mm 金属挡水板。

J. 当喷头溅水盘高于附近梁底或高于宽度小于1.2m的通风管道、排管、桥架腹面时，喷头溅水盘高于梁底、通风管道、排管、桥架腹面的最大垂直距离应符合《自动喷水灭火系统施工及验收规范》GB 50261—2017 表5.2.8-1~表5.2.8-9的规定（见 GB 50261—2017 图5.2.8）。

K. 当梁、通风管道、排管、桥架宽度大于1.2m时，增设的喷头应安装在其腹部以下部位。

L. 当喷头安装在不到顶的隔断附近时，喷头与隔断的水平距离和最小垂直距离应符合 GB 50261—2017 表5.2.10的规定（见 GB 50261—2017 图5.2.10）。

M. 喷头安装在走廊直通部位，应保持中心一致；在大堂、中厅等大面积部位，除了按规范要求的间距布置外，还要考虑到与风口、筒灯、烟感等布置的合理性及美观性。吊顶上的喷头须在顶棚安装前安装，并做好隐蔽记录。喷头的法兰罩不应嵌入装饰平顶，也不能与装饰平顶有明显的间隙。

④ 报警阀组安装

A. 报警阀应逐个进行渗漏试验。试验压力为额定工作压力的2倍，保压时间为5min，阀瓣处应无渗漏。

B. 报警阀组的安装应在供水管网压力试验、冲洗合格后进行。报警阀组的顺序为先装水源控制阀、报警阀，然后再进行报警阀辅助管道的连接，阀组的连接应与水流方向一致。阀组应安装在便于操作的明显位置，距室内地面高度1.2m；两侧离墙不应小于0.5m，正面离墙不应小于1.2m，安装报警阀组的室内地面应有排水设施。

C. 报警阀组压力表应安装在报警阀上便于观测的位置；排水管和试验阀应安装在便于操作的位置；水源控制阀安装应便于操作，且应有明显的开闭标志和可靠的锁定装置。

D. 报警阀安装，应在报警阀组系统一侧，安装系统调试、供水压力和供水流量检测用的仪表、管道及控制阀（简称检测试验装置）。管道过水能力应与系统过水能力一致；当供水压力和供水流量检测装置安装在水泵房时，干式报警阀组、雨淋报警阀组应在报警阀组系统一侧安装控制阀门。

E. 报警阀前、后的管道中能顺利充满水；压力波动时，水力警铃不应发生误报警；过滤器应安装在延迟器之前，而且是便于排污的操作位置。

F. 水力警铃应安装在公共通道或值班室附近的外墙上，且应安装检修、测试的阀门。连接管道应采用镀锌钢管，当镀锌钢管公称直径为20mm时，其长度不应大于20m；水力警铃的启动压力不应小于0.05MPa。水力警铃的铃锤应转动灵活，无阻滞现象。

⑤ 减压阀安装

A. 减压阀安装应在管网试压、冲洗合格后进行。

B. 减压阀安装前应检查其规格型号是否与设计相符，阀外控制管路及导向阀各连接件是否有松动，外观是否有机械损伤，并应清除阀内异物。

C. 减压阀水流方向应与供水管网水流方向一致。

D. 应在其进水侧安装过滤器，并宜在其前后安装控制阀，以便于维修和更换。

E. 可调式减压阀宜水平安装，阀盖向上；比例式减压阀宜垂直安装。

F. 当减压阀自身不带压力表时，应在其前后相邻部位安装压力表。

⑥ 其他组件安装

A. 水流指示器的安装应在管道试压和冲洗合格后进行；应垂直安装在水平管道的上侧，水流指示器前后应保持有5倍安装管径长度的直管段，安装时应注意水流方向与指示器的箭头一致。其动作方向应和水流方向一致，安装后的水流指示器浆片、膜片应动作灵活，不应与管壁发生碰擦。

B. 信号阀应安装在水流指示器之前的管道上，与水流指示器的距离不宜小于300mm。

C. 排气阀的安装应在系统管网试压和冲洗合格后进行，并应安装在配水干管的顶部、配水管的末端，且应确保无渗漏。

D. 控制阀应有启闭标志，隐蔽处的控制阀应在明显处设有指示其位置的标志。

E. 节流装置应安装在 $DN \geqslant 50mm$ 水平管段上。减压孔板安装在管道水流转弯处下游一侧直管上，且与转弯处距离不应小于管子公称直径的2倍。

F. 压力开关应垂直装在通往水力警铃的管道上，且不应在安装中拆装改动。

G. 末端试水装置和试水阀应安装在系统管网的末端或分区管网末端，安装位置应便于检查、试验，并具有相应排水能力的排水设施。

⑦ 湿式报警阀的调试

湿式报警阀调试时，在试水装置处放水，当湿式报警阀进口水压力大于0.14MPa、放水流量大于1L/s时，报警阀应及时启动；带延迟器的水力警铃应在15s～19s内发出报警铃声，不带延迟器的水力警铃应在15s内发出报警铃声；压力开关应及时动作，并反馈信号。

⑧ 气压给水设备安装

气压给水设备是利用密闭压力罐内的压缩空气，将罐中的水送到管网中各配水点，其作用相当于水塔或高位水箱，用以调节、贮存水量和保持系统所需的压力。气压给水设备有差压式、定压式和隔膜式三种基本类型。其基本部分组成：

A. 密闭罐：内部充满水和空气；

B. 水泵：将水送到罐内；

C. 空气压缩机：加压及补充空气漏损；

D. 控制器材：用于启动水泵或空气压缩机。

⑨ 湿式系统的联动试验

启动1只喷头或以0.94L/s～1.5L/s的流量从末端试水装置处放水时，水流指示器、报警阀、压力开关、水力警铃和消防水泵等应及时动作，并发出相应的信号。调试过程中，系统排出的水应通过排水设施全部排走。

4. 管道设备的防腐与保温工程施工工艺

(1) 管道设备防腐与保温工程施工程序

1) 管道设备防腐工程施工程序

施工准备→表面处理→油漆防腐→检查验收。

2) 管道设备保温工程施工程序

施工准备→表面处理→防锈→保温层施工→防潮层施工→保护层施工。

(2) 防腐与保温概念

1) 防腐

① 防腐蚀工程定义

防腐蚀工程是防腐涂料和防腐衬里的统称。其目的是避免设备和管道的腐蚀损失，减少使用昂贵的合金钢，是杜绝生产中的跑冒滴漏、保证设备连续运转及安全生产的重要手段。

② 防腐蚀结构形式

A. 管道设备的防腐蚀结构：单层结构，如无机锌涂料或粉末涂层；复层结构，包括底漆、中间漆加面漆。

B. 埋地管道的防腐等级：分为普通级、加强级、特加强级三个等级，主要区分在防腐层的厚度和使用的材料耐腐蚀的程度，以及是否采用特殊手段如装设防电化腐蚀特性电极等。

2）保温

① 保温工程定义

保温工程在房屋建筑设备安装中又称绝热工程，是为了减少不同温度物体间热量的传递，减缓被保护的管道或设备内介质温度的变化。

② 绝热工程类型

绝热工程类型：保冷和保温。

③ 绝热材料

A. 绝热材料定义

绝热材料本身的热传导性较差，利用空气是热的不良导体这一特点，绝热材料通常是含有大量细微孔隙的轻质材料，但孔隙达到一定程度反而会使导热系数增大，通常把室温下导热系数低于 $0.2w/(m·k)$ 的材料称为绝热材料。

B. 绝热材料选用

a. 保冷的绝热材料，有关标准规定，在平均温度小于等于300k（27℃）时，导热系数值不得大于 $0.064w/(m·k)$。

b. 保温的绝热材料，有关标准规定，在平均温度小于等于623k（350℃）时，导热系数值不得大于 $0.12w/(m·k)$。

C. 绝热材料分类

a. 按材料基础原料划分可分为有机类和无机类。

b. 按材料结构划分可分为纤维类、颗粒类和发泡类。

c. 按材料产品形态划分可分为板、块、管壳、毡、带、绳及散料等。

d. 按材料密度划分可分为特轻类（$p=80kg/m^3 \sim 60kg/m^3$）和轻质类（$p=80kg/m^3 \sim 350kg/m^3$）。

e. 按材料可压缩性划分可分为硬质、半硬质和软质。即承受2.0kPa压力下的相对变形不超过6%时为硬质，相对变形在6%～30%时为半硬质，相对变形超过30%时为软质。

(3) 管道设备的防腐与保温施工技术要点

1）施工准备与材料设备管理

① 施工准备包括技术准备、材料准备、机具准备、场地准备、施工组织及人员准备。

② 用于设备及管道防腐工程施工的材料，应具有产品质量证明文件，其质量应符合

国家现行有关标准的规定。

③ 需要现场配制使用的材料,应经试验确定。经试验确定的配比不得任意改变。

④ 绝热材料及其制品,必须具有产品质量检验报告和出厂合格证,其材质、规格和性能等技术指标应符合相关技术标准及设计文件的规定。

⑤ 防潮层、保护层的材质、规格和性能等应符合相关技术标准设计要求或国家现行有关产品标准的规定。

⑥ 绝热材料及其制品到达现场后应对产品的外形、几何尺寸进行抽样检查,当对产品的内在质量有疑义时,应抽样送具有国家认证的检测机构机检验。

⑦ 对超过保管期限的绝热层、防潮层、保护层材料及其制品应重新进行抽检,合格后方可使用。

2) 表面处理

管道设备防腐施工表面处理,如钢材的除锈、设备表面除锈或清除油污;除锈可按要求采用动力工具和手工除锈、喷射或抛射除锈、火焰处理除锈、化学处理除锈等方法。

① 动力工具和手工除锈以字母"ST"表示,分成两个等级:

A. St_2 彻底的手工和动力工具除锈,钢材表面没有可见油脂和污垢,没有附着不牢的氧化皮、铁锈或油漆涂层等附着物。

B. St_3 非常彻底的手工和动力工具除锈,钢材表面应无可见油脂和污垢,并且无附着不牢的铁锈、氧化皮或油漆涂层等;并且比 St_2 除锈更彻底,底材显露部分的表面有金属光泽。

② 喷射或抛射除锈,用 Sa 表示,可以分为四个等级:

A. Sa_1 级轻度喷砂除锈,表面应没有可见的污物、油脂和附着不牢的氧化皮、油漆涂层、铁锈和杂质等。

B. Sa_2 级彻底的喷砂除锈,表面应无可见的油脂、污物、氧化皮、铁锈、油漆涂层和杂质基本清除,残留物应附着牢固。

C. $Sa_{2.5}$ 级非常彻底的喷砂除锈,表面没有可见的油脂、氧化皮、污物、油漆涂层和杂质,残留物痕迹仅显示条纹状的轻微色斑或点状。

D. Sa_3 级喷砂除锈至钢材表面洁净,表面没有可见的油脂、污物、氧化皮、铁锈、油漆涂层和杂质,表面具有均匀的金属色泽。

3) 防腐施工技术要点

① 防腐工程使用的材料应有质量检验报告的产品技术文件,具备合格证明文件,使用时在规定的有效期内。

② 防腐施工的安排应在焊接施工完成(包括焊缝热处理、无损检测合格),系统试验合格并办理相关手续后进行。

③ 经处理后的金属表面,要在4h内进行防腐层施工。如环境湿度较大,应在涂装表面温度高于该湿度的露点温度3℃时方可进行施工。

④ 复层结构的各层漆料应适配,如无把握要先用样板进行试验,防腐油漆配料时应搅拌均匀,多层涂漆要在前一道漆膜实干后,方可涂下一道漆。注意保护设备上或管道法兰上的螺栓的螺纹部分,防止误涂油漆后影响维修方便。

⑤ 埋地管道在工厂预制防护层的,在管端应留一段约150mm的空白段,以便现场连

接施工，其由现场补做防腐。

⑥ 防腐施工结束后应做好成品保护工作，不使后续施工行为损坏防腐层。

4）绝热工程施工技术要点

① 设备、管道保冷层的质量控制

A. 保冷层厚度大于 80mm 时，应分两层或多层逐层施工，同层要错缝、异层要压缝，保冷层的拼缝不应大于 2mm。

B. 采用现场发泡保冷的应先做试验，待掌握了配比和搅拌时间等技术参数后，方可正式施工。

C. 设备支承件的保冷层应加厚，保冷层伸缩缝外面，应再进行保冷。

D. 管卡、管托处的保冷，支承块可用致密的刚性聚氨酯泡沫塑料块或硬质木块，硬质木块应浸渍沥青防腐。

E. 直埋管道的保温应符合设计要求，接口在现场发泡时，接头处厚度应与管道保温层厚度一致，接头处保护层必须与管道保护层成一体，符合防潮防水要求。

② 设备、管道保温层的质量控制

A. 保温层厚度大于 100mm 时，应分两层或多层逐层施工，同层要错缝、异层要压缝，保温层的拼缝不应大于 5mm。

B. 保温层施工不得覆盖设备铭牌。

C. 水平管道的纵向接缝位置，不得布置在管道截面垂直中心线下部 45°范围内。

D. 每节管壳的绑扎不应少于 2 道。

E. 保温层的接缝要用同样材料的胶泥勾缝。

F. 管道上的阀门、法兰等需经常维护的部位，保温层要做成可拆卸式结构。

③ 防潮层的质量控制

A. 保冷层表面应干净，保持干燥，并平整均匀，无突角和凹坑现象。

B. 沥青玻璃布防潮分三层，第一层为石油沥青胶层，厚度 3mm，第二层为中碱粗格平纹玻璃布，厚度 0.1mm～0.2mm，第三层为石油沥青胶层，厚度 3mm。

C. 沥青胶的配制符合设计要求，玻璃布随沥青边涂边贴，其环向、纵向搭接不小于 50mm，搭接处粘贴紧密。

D. 立式设备或垂直管道的玻璃布环向接缝应为上搭下，卧式设备或水平管道纵向接缝位置在两侧搭接，缝朝下。

④ 保护壳的质量控制

A. 保护壳宜用镀锌铁皮、铝皮、不锈钢薄板、彩钢薄板等金属材料制成。

B. 设备直径大于 1m 时，宜采用波形板，1m 以下的采用平板。

C. 水平管道金属保护层的环向接缝应沿管道坡向，搭向低处，其纵向焊缝宜布置在水平中心线下方的 15°～45°，并应缝口朝下。

（二）建筑通风与空调工程

本节主要对建筑通风与空调工程中风管系统施工工艺，包括制作和安装两部分作出介绍，同时将净化空调系统施工工艺单列一条进行介绍，供学习者参考应用。

1. 通风与空调工程风管系统施工工艺

（1）金属风管制作

1）金属风管预制程序

① 金属风管的预制过程多以工厂化加工的形式，加工场地根据工程特点，可设在工程现场或固定的加工厂，也可工厂加工成半成品，运输到现场组对成成品，这样便于运输。

② 根据风管连接形式，金属风管制作工艺主要有咬口、焊接两种形式，加工工艺流程基本相同，主要程序如图 4-4 所示。

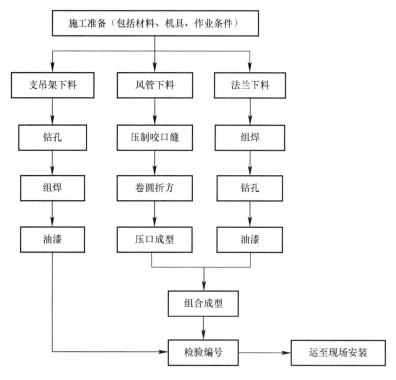

图 4-4　金属风管制作工艺流程图

2）金属风管预制

风管下料主要由划线—下料—剪切—倒角等工序组成。全自动风管生产线只需在数控系统中输入风管的相关数据，由自动套料软件直接下料，数控等离子切割机进行自动切割，系统具有生产记忆功能，并可对生产订单进行跟踪检查。

板材的画线与剪切要求：手工画线、剪切或机械化制作前，应对使用的材料（板材、卷材）进行线位校核；应根据施工图及风管大样图的形状和规格，分别进行画线；板材轧制咬口前，应采用切角机或剪刀进行切角；采用自动或半自动风管生产线加工时，应按照相应的加工设备技术文件执行。采用角钢法兰铆接连接的风管管端应预留 6～9mm 的翻边量，采用薄钢板法兰连接或 C 形、S 形插条连接的风管管端应留出机械加工成型量。

剪板机剪切时，手严禁伸入机械压板空隙中。上刀架不准放置工具等物品，调整板料时,脚不能放在踏板上。使用固定式振动剪两手要扶稳钢板,手离刀口不得小于5cm,用力均匀适当。

3) 金属风管的连接

① 连接形式:连接包括板材间的咬口连接、焊接;法兰与风管的铆接;法兰加固圈与风管的连接。镀锌板及含有各类复合保护层的钢板,应采用咬口连接或铆接,不得采用焊接连接。

钢板厚度小于或等于1.5mm采用咬接,大于1.5mm采用焊接;不锈钢钢板厚度小于或等于1.0mm采用咬接,大于1.0mm采用焊接(氩弧焊或电焊);铝板厚度小于或等于1.5mm采用咬接,大于1.5mm采用焊接(氩弧焊或气焊)。

② 咬接形式

咬口连接类型宜采用单咬口、立咬口、联合角咬口、单角咬口、按扣式咬口(图4-5)形式,图中B为咬口宽度,单位毫米(mm);根据使用范围可参照常用咬口及其适用范围表4-5选择咬口形式。

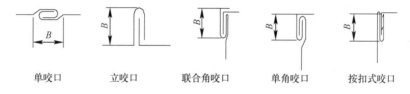

图4-5 咬口连接类型

常用咬口及其适用范围　　　　　　　　　　表4-5

形式或名称	适用范围
单咬口	用于板材的拼接和圆形风管的闭合咬口(低、中、高压系统)
立咬口	用于圆、矩形风管横向连接或纵向接缝,弯管横向连接
联合角咬口	用于矩形风管、弯管、三通管及四通管的咬接(低、中、高压系统)
单角咬口	用于矩形直管的咬缝,矩形风管或配件四角连接(低、中、高压系统)
按扣式咬口	用于矩形风管或配件四角连接,不得用于净化风管(低、中、高压系统)

咬口宽度和留量根据板材厚度而定,应符合咬口宽度表4-6的要求。

咬口宽度(mm)　　　　　　　　　　表4-6

板材厚度	平咬口宽B	角咬口宽B
$\delta \leqslant 0.7$	6~8	6~7
$0.7 < \delta \leqslant 0.85$	8~10	7~8
$0.85 < \delta \leqslant 1.2$	10~12	9~10

风管板材拼接的咬口缝应错开,不应形成十字形交叉缝。

③ 焊接

A. 通风空调工程中使用的焊接方法有电焊、氩弧焊、气焊和锡焊;焊缝形式应根据风管的构造和焊接方法而定,可用对接、搭接、角接等形式。

B. 焊接风管的焊材应与母材相匹配,焊缝应平整,不应有裂缝、凸瘤、穿透、夹渣、气孔及其他缺陷,焊接后应对焊缝进行除渣、防腐、板材校平。

C. 除尘系统的风管,宜采用内侧满焊、外侧间断焊形式。

D. 风管与小部件(短支管等)连接处、三通、四通分支处要严密,缝隙处应利用锡焊或密封胶堵严以免漏风。使用锡焊、熔锡时锡液不许着水,防止飞溅伤人,盐酸要妥善保管。

④ 铆接

A. 铆接主要用于角钢法兰与风管之间的固定连接。

B. 风管与法兰铆接前先进行质量复核,合格后将法兰套在风管上,管端留出 6~9mm 左右翻边量,管折方线与法兰平面应垂直,然后使用液压铆钉钳或手动夹眼钳用铆钉将风管与法兰铆固,并留出四周翻边。

C. 铆钉连接时,必须使铆钉中心线垂直于板面,铆钉头应把板材压紧,使板缝密合并且铆钉排列整齐、均匀。铆接应牢固,不应有脱铆和漏铆现象。

D. 不锈钢风管与法兰铆接应采用与风管材质相同或不产生电化学腐蚀的材料。

⑤ 法兰加工、连接

矩形风管法兰加工:矩形法兰由四根角钢组焊而成,划线下料时应注意使焊成后的法兰内径不能小于风管的外径,用型钢切割机或液压型钢切断机按线切断;加工后的角钢放在焊接平台上进行焊接,焊接时采用各规格模具卡紧;下料调直后用冲床或钻床加工铆钉孔及螺栓孔。中低压风管孔距不得大于 150mm,高压风管孔距不得大于 100mm,矩形风管法兰的四角处应设螺孔。

矩形法兰用料规格及螺栓按表 4-7 规定选用。

矩形法兰角钢及螺栓　　　　　　　　表 4-7

矩形风管大边长 b (mm)	角钢法兰用料规格(mm)	螺栓规格
$b \leqslant 630$	L25×3	M6
$630 < b \leqslant 1500$	L30×3	M8
$1500 < b \leqslant 2500$	L40×4	M8
$2500 < b \leqslant 4000$	L50×5	M10

圆形法兰加工:先将整根角钢或扁钢放在冷煨法兰卷圆机上按所需法兰直径调整机械的可调零件,卷成螺旋形状后取下;将卷好后的型钢画线割开,逐个放在平台上找平找正;调整好的法兰进行焊接、冲孔。

圆形法兰用料及螺栓规格按表 4-8 规定选用。

圆形法兰的型钢及螺栓　　　　　　　　表 4-8

圆形风管直径 D (mm)	法兰用料规格		螺栓规格
	扁钢(mm)	角钢(mm)	
$D \leqslant 140$	—20×4	—	M6 或 M8
$140 < D \leqslant 280$	—25×4	—	M6 或 M8
$280 < D \leqslant 630$	—	L25×3	M8 或 M10
$630 < D \leqslant 1250$	—	L30×4	M8 或 M10
$1250 < D \leqslant 2000$	—	L40×4	M8 或 M10

法兰制作的允许偏差见表4-9。

法兰制作的允许偏差　　　　　　　　　表4-9

法兰规格	允许偏差（mm）
圆形法兰直径 或矩形法兰边长	+2 0
矩形法兰两对角线之差	3
法兰平整度	2
法兰焊缝对接处的平整度	1

同一批量加工的相同规格法兰的螺孔排列应一致，并且具有互换性；法兰平整度检测是将法兰放置于平台上用塞尺测量；翻边应平整，紧贴法兰，其宽度应一致，且不小于6mm，且不应遮住螺孔，四角应铲平，不应出现豁口与孔洞，以免漏风。

风管与法兰焊接时，风管端面不得高于法兰接口平面，风管端面距法兰接口平面不应小于5mm；风管与法兰的焊缝应熔合良好、饱满，无虚焊和孔洞；风管与法兰采用点焊固定连接时，焊点应融合良好，间距不应大于100mm，法兰与风管应紧贴，不应有穿透的缝隙或孔洞。

角钢法兰矩形风管螺栓及铆钉间距要求为：低、中压系统不大于150mm，高压系统不大于100mm，法兰的焊缝应熔合良好、饱满，无夹渣和孔洞；法兰四角处应设螺栓孔。

⑥ 风管加固

矩形风管边长大于630mm、保温风管边长大于800mm，其管段长度大于1250mm，或低压风管单边平面积大于$1.2m^2$，中、高压风管单边平面积大于$1.0m^2$，均应采取加固措施。边长小于或等于800mm的风管，宜采用楞筋、楞线的方法加固。

圆形风管直径大于等于800mm，其管段长度大于1250mm，或总表面积大于$4m^2$，均应采取加固措施。

风管可采用管内或管外加固件，管壁压制加固筋等形式进行加固。主要的加固的形式如图4-6、图4-7所示。

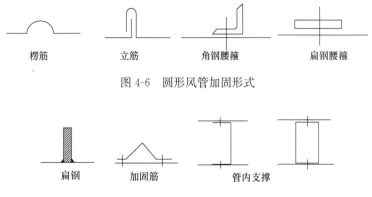

图4-6　圆形风管加固形式

图4-7　矩形风管加固形式

楞筋或楞线的加固排列应规则，间隔应均匀对称，间距不得大于300mm，板面不应有明显变形；角钢加固圈的加固，应排列整齐、均匀对称，其高度应小于或等于风管的法兰宽度。角钢、加固筋与风管的铆接应牢固、间隔应均匀。

中压和高压系统风管的管段，其长度大于 1250mm 时，应采用加固框的形式加固。高压系统金属风管的单咬口缝还应有防止咬口缝胀裂的加固措施。

4）矩形风管无法兰连接

随着机械化程度的提高，无法兰连接矩形风管施工工艺，已采用全机械化或半机械化生产模式。

① 风管的连接方式见表 4-10。

风管连接方式　　　　　　　　表 4-10

无法兰连接形式	附件板厚（mm）	转角要求	使用范围
S 形插条	见图 4-8（a）	≥0.7	立面插条两端压到两平面各 20mm 左右	微、低压风管（和 C 形插条合用于长边）
C 形插条	见图 4-8（b）	≥0.7	立面插条两端压到两平面各 20mm 左右	微、低、中压风管（和 C 形插条合用于短边）
薄钢板法兰	见图 4-8（c）	≥0.8	四角加 90°贴角，并固定	微、低、中压风管

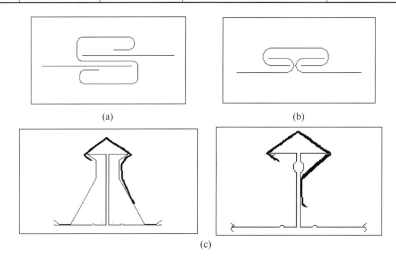

图 4-8　风管接口的连接

矩形薄钢板法兰风管应采用机械加工，接口及附件的尺寸应准确，形状应规则，接口应严密；风管薄钢板法兰的折边应平直，弯曲度不应大于 5‰。弹性插条或弹簧夹应与薄钢板法兰折边宽度相匹配，如图 4-8 所示。弹簧夹的厚度应大于或等于 1mm，且不应低于风管本体厚度。角件与风管薄钢板法兰四角接口的固定应稳固紧贴，端面应平整，相连处的连续通缝不应大于 2mm；角件的厚度不应小于风管本体厚度且不应小于 1mm。薄钢板法兰弹簧夹连接风管，边长不宜大于 1500mm。当对法兰采取相应的加固措施时，风管边长不得大于 2000mm。防排烟系统采用薄钢板法兰风管时，薄钢板法兰高度及连接应与角钢法兰规格相同，应采用螺栓连接严密，插条两端压倒长度不应小于 20mm，如图 4-8 所示。

薄钢板连体法兰矩形风管成型：先进行法兰咬口；再进行联合角咬口；折边，用专用手动折边机进行折边；先咬口合成，再在四角上加 90°包角，并打上硅胶进行密封。成型过程如图 4-9 所示。

② 加固

接口加固措施一般采用角码和钩码，矩形风管四角采用四个角码加固，在转弯受拉的部位采用钩码加固。

矩形风管的加固方式，板材均采用楞筋加固，风管采用螺杆或钢管内支撑加固，各支撑点之间或支撑点与风管法兰间距应均匀，且不应大于950mm。

（2）非金属与复合材料风管

非金属风管主要有：有机玻璃钢风管、无机玻璃钢风管、硬聚氯乙烯风管三类。

复合材料风管主要有：酚醛/聚氨酯铝箔复合风管、玻璃纤维复合风管、机制玻镁复合风管、彩钢板复合材料风管四类。

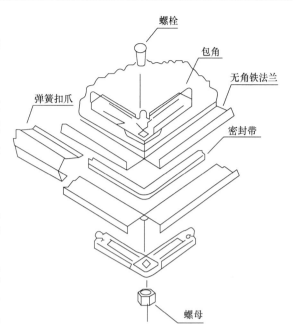

图4-9 薄钢板连体法兰矩形风管成型过程

工程中使用的非金属与复合风管均由专业厂家提供半成品或成品，只预留少量风管接口在现场拼接。其流程如图4-10所示。

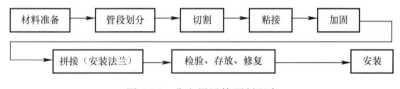

图4-10 非金属风管预制程序

彩钢板复合材料风管制作工艺中大量采用插条连接、法兰连接，其连接工艺参照金属风管制作工艺。故制作工艺在本节中不作单独介绍。

（3）风管部件制作

风管部件包括风阀、消声器、风口、罩类部件、风帽、柔性钢管等。目前大部分为成品，仅罩类部件、风帽、柔性钢管为现场制作。

1）罩类部件：根据不同的罩类型式放样后下料，并尽量采用机械加工形式；制作尺寸应准确，连接处应牢固，形状应规则，表面平整光滑，其外壳不应有尖锐的边角；罩口尺寸偏差每米应不大于2mm，连接处牢固，无尖锐的边缘。

2）风帽：风帽的下料、成形可参见金属风管制作部分，风帽的形状应规整、旋转风帽重心应平衡。

3）柔性短管：柔性短管应松紧适度连接处严密，长度符合设计要求和施工规范的规定，接缝处的缝制或粘接应牢固可靠，无开裂、扭曲现象，其长度一般宜为150mm～250mm，不宜作为找正、找平调节段的异径连接管。下料后缝制可采用机械或手工方式。如需防潮，帆布柔性管可刷帆布漆，不得涂刷油漆，防止失去弹性和伸缩性。柔性矩管与法兰组装宜采用镀锌压板铆接连接，铆钉间距为60mm～80mm。

(4) 风管支、吊架的制作

1) 支架的悬臂、吊架的横担采用角钢或槽钢制作；斜撑采用角钢制作；吊杆采用圆钢制作；抱箍采用扁铁制作。

2) 支、吊架在制作前，首先要对型钢进行矫正。矫正的顺序是先矫正扭曲、后矫正弯曲。

3) 支吊架的下料宜采用机械加工，采用气割后，应对切割口进行打磨处理；不得采用电气焊形式开孔；抱箍的圆弧应与风管圆弧一致；支架的焊缝必须饱满，保证具有足够的承载能力。

4) 风管支、吊架制作完毕后，应进行除锈，刷防锈漆。

5) 用于不锈钢、铝板风管与碳钢支架接触处，应采用隔绝处理防止产生电化学腐蚀。

(5) 风管安装

1) 风管安装必须符合下列规定：

① 风管内严禁其他管线穿越。

② 输送含有易燃、易爆气体或安装在易燃、易爆环境的风管系统应有设置可靠的防静电接地装置。通过生活区或其他辅助生产房间时必须严密，并不得设置接口；

③ 室外风管等金属固定件严禁与接闪杆或接闪网连接。

④ 输送空气温度高于80℃的风管，应按设计规定采取安全可靠的防护措施。

⑤ 在风管穿过需要封闭的防火、防爆的墙体或楼板时，应设预埋管或防护套管，其钢板厚度不应小于1.6mm。风管与防护套管之间，应用不燃且对人体无危害的柔性材料封堵。

⑥ 通风机传动装置的外露部位以及直通大气的进、出口，必须装设防护罩（网）或采取其他安全设施。

⑦ 静电空气过滤器金属外壳接地必须与PE可靠接地。

⑧ 电加热器的安装必须符合下列规定：

A. 电加热器与钢构架间的绝热层必须采用不燃材料；外露接线柱的应加设安全防护罩；

B. 电加热器可导电部分必须与PE可靠连接。

C. 连接电加热器的风管的法兰垫片，应采用耐热不燃材料。

D. 将成品或预制好的风管运至安装地点，结合实际情况进行检查、复核，再按编号进行排列，风管系统的各部分尺寸和角度确认准确无误后，即开始风管组对工作。

2) 金属风管安装主要控制要求

① 风管就位连接

A. 一次吊装风管的长度要根据建筑物的条件，风管的重量，吊装方法和吊装机具配备情况确定，组对好的风管可把两端的法兰作为基准点，以中间法兰为测点，拉线测量风管的连接是否平直，偏差大时要进行调整；吊装前，要对风管支、吊架，吊装机具，选用吊装机具的支、吊点，是否正确、牢固进行检查；把风管固定在支、吊架上之后，才能解开绳索，拆移吊装机具。

B. 风管安装前，应做好清洁和保护工作；安装位置、标高、走向应符合设计要求；现场风管接口的配置，不得缩小其有效截面，风管接口的连接应严密、牢固；法兰的垫片材质应符合系统功能要求，厚度不应小于 3mm；垫片不应凸入管内，不宜突出法兰外；连接法兰的螺栓应均匀拧紧，螺母要装在同一侧。

C. 风管的连接应平直、不扭曲，明装风管水平安装时。水平度的允许偏差为 3‰，总偏差不应大于 20mm。明装风管垂直安装，垂直度的允许偏差为 2‰，总偏差不应大于 20mm。暗装风管的位置应正确、无明显偏差。

D. 除尘系统的风管，宜垂直或倾斜敷设，风管与水平夹角宜大于或等于 45°，当条件限制时可采用小坡度管和水平管；对含有凝结水或其他液体的风管，坡度应符合设计要求，并应在最低处设排液装置。

E. 风管与砖、混凝土风道的连接口，应顺气流方向插入，并采取密封措施；风管穿屋面应设防雨装置且不得渗漏。

F. 无法兰连接

a. 风管连接处，应完整无缺，表面应平整，无明显扭曲。

b. 承插式风管连接的四周缝隙应一致，无明显的弯曲或褶皱；内涂的密封胶应完整，外封的密封胶带应粘贴牢固，完整无损坏。

c. 抱箍式连接：主要用于钢板圆风管和螺旋风管连接，先把每一管段的两端轧制出鼓筋，并使其一端缩为小口。安装时，按气流方向把小口插入大口，外面用钢制抱箍将两个管端的鼓筋抱紧连接，最后用螺栓穿在耳环中固定拧紧。

d. 插接式连接：主要用于矩形或圆形风管连接。先制作连接管，然后插入两侧风管，再用自攻螺栓或拉铆钉将其紧密固定。

e. 插条式连接：主要用于矩形风管连接。将不同形式的插条插入风管两端，然后压实。连接后的板面应平整、无明显弯曲。矩形薄钢板法兰形式风管的连接，可采用弹性插条、弹簧夹或紧固螺栓的间隔不应大于 150mm，且分布均匀，无松动现象。

f. 软管式连接：主要用于风管与部件（如散流器、静压箱侧送风口等）的相连。安装时，软管两端套在连接的管外，然后用特制软卡把软管箍紧。

② 部件安装

A. 安装前检查消声器，复面材料应完整无损，吸声材料无外露；消声器安装的方向保证正确，且不得损坏和受潮；消声器单独设支架。

B. 各类风管部件及操作机构的安装应保证其正常的使用功能，并便于操作。

C. 止回阀、自动排气活门的安装方向应正确；斜插板风阀的安装，阀板应顺气流方向插入；水平安装时阀板应为向上开启。

D. 各类风口、散流器安装时，保证风口与风管连接平整牢固，位置正确，连接得严密，不漏风；风口的边框与建筑装饰面贴实；安装完毕的风口外表面保证其平整不变形，调节灵活。

E. 柔性软接头的安装应松紧适度，无明显扭曲；为防止风管振动，在每个系统风管的转弯处、与空调设备和风口的连接处设固定支架。

F. 柔性矩管的长度不宜超过 2m，支架间距不应大于 1500mm 且不应有死弯或塌凹。

G. 罩类安装位置正确，排列整齐，牢固可靠；风帽安装且牢固，风管与屋面交接处严禁漏水，用观察和泼水检查。

③ 支、吊架安装

A. 水平悬吊的主、干管风管长度超过 20m 的系统，应设置不少于 1 个防止风管摆动的固定支架。边长（直径）大于 1250mm 的弯头，三通等部位应设置单独支吊架。

B. 支、吊架的标高必须正确，如圆形风管管径由大变小，为保证风管中心线水平，支架型钢上表面标高，应作相应提高。对于有坡度的风管，托架的标高也应按风管的坡度要求安装。

C. 风管支、吊架间距如无设计要求时，对于不保温风管应符合表 4-11 要求。对于保温风管，支、吊架间距无设计要求时按表 4-27 间距要求值乘以 0.85。螺旋风管的支、吊架间距可适当增大。

金属风管支、吊架的最大间距（mm）　　　　表 4-11

圆形风管直径或 矩形风管长边尺寸	水平风管间距	圆形风管	
		纵向咬口风管	螺旋咬口风管
≤400	4000	4000	5000
>400	3000	3000	3750

注：1. 水平弯管在 500mm 范围内应设置一个支架。
　　2. 支管距干管 1200mm 范围内应设置一个支架。
　　3. 薄钢板法兰、C 插条法兰、S 插条法兰风管的支、吊架间距不应大于 3000mm。

D. 垂直安装金属风管的支架间距不应大于 4000mm，单根垂直风管应长度大于或等于 1000mm 时，设置 2 个固定支架。边长大于或等于 630mm 的矩形风管必须固定在支架上。

E. 支、吊架的预埋件或膨胀螺栓埋入部分不得油漆，并应除去油污。

F. 支、吊架不宜设置在风口、阀门、检查门及自控机构处，离风口或分支管的距离不宜小于 200mm。

G. 保温风管不能直接与支、吊托架接触，应垫上坚固的隔热材料，其厚度与保温层相同，防止产生"冷桥"。

H. 矩形风管立面与吊杆的间隙不宜大于 50mm；吊杆距风管末段不应大于 600mm。

I. 支吊架的吊杆应平直、螺孔应采用机械加工，螺纹应完整、光滑，风管安装后，支、吊架受力应均匀，且无明显变形。吊杆需拼接加长时可采用螺纹连接或搭接双侧连接焊，注意搭接长度不应小于吊杆直径的 6 倍。

3）非金属与复合材料风管安装要求

① 通用要求

A. 非金属与复合材料风管的材料品种、规格、性能与厚度等应符合相关产品技术标准和设计要求，覆面材料必须采用不燃材料，内层绝热材料应为不燃或难燃且对人体无害的材料。复合板材内外覆面层粘贴应牢固，表面平整无破损，内部绝热材料不得外露。

B. 非金属与复合材料风管安装前，应检查风管及附件和部件应无破损、开裂、变形、划痕等外观质量缺陷。风管接口的连接方式应合理，不得缩小其有效截面，风管的通用安装要求参照金属风管。

C. 风管接口使用胶粘剂或密封胶带前，应将风管粘接处清洁干净，拼接粘接后，要待胶粘剂干燥固化后再移动、叠放或安装。

D. 非金属与复合材料风管系统支、吊架的形式、规格、间距应按设计和规范要求选用。支管的重量不得由干管承受,风管直径大于2000mm或边长大于2500mm的风管支、吊架的安装应按设计要求执行。

② 非金属风管

A. 非金属风管采用PVC或铝合金插条法兰连接,应对四角连接处或漏风缝隙处进行密封处理;玻璃纤维板风管采用板材自有的子母口榫接,缝隙处插接密封;风管垂直安装时,支架间距不应大于3m。

B. 有机、无机玻璃钢承插式风管的连接处四周缝隙应一致,内外涂的密封胶应完整;有机玻璃钢风管采用套管连接时,套管厚度不得小于风管板材厚度;风管边长或直径大于1250mm的整体型风管吊装时不应超过2.5m,边长或直径大于1250mm的组合型风管吊装时不应超过3.75m。

C. 硬聚氯乙烯、聚丙烯(PP)风管板材间及与法兰连接应采用焊接,焊接前按规定进行坡口加工,清理焊接部位的油污、灰尘等杂质;焊接的热风温度、焊条、焊枪喷嘴直径及焊缝形式应满足焊接要求,焊缝不得出现焦黄、断裂等缺陷,焊缝应饱满,焊条排列应整齐。

③ 复合风管

A. 采用插接连接时,接口应匹配,不应松动,端口缝隙不应大于5mm。复合材料风管用于空调风管,采用PVC及铝合金等金属插件连接时,应采取防冷桥的措施。

B. 酚醛、聚氨酯铝箔复合板风管

a)采用插接式法兰连接时,法兰与风管板材的连接应可靠,绝热层不应外露,不得采用降低板材强度和绝热性能的连接方法,法兰的不平整度应小于或等于2mm,金属连接件的厚度不应小于1.2mm,塑料连接件的厚度不应小于1.5mm,插接连接条的长度应与连接法兰齐平,允许偏差应为-2mm~+0mm,法兰四角的插条端头与护角应有密封胶封堵。

b)采用直接粘接连接时,连接件四角处应涂抹密封胶,粘贴严密,当接缝采用压敏铝箔胶带密封时应粘接在铝箔面上,接缝两边的宽度均应大于20mm。风管边长不大于500mm时,支风管与主风管接连应在主、支风管接口处切45°坡口后直接粘接,当风管边长为500mm~1600mm时,宜采用45°角形槽口直接粘接;当边长大于1600mm时,宜采用工字形PVC加固条在接缝处拼接。

C. 玻璃纤维复合板风管预接的长度不宜超过2.8m,风管的内角接缝处应采用密封胶勾缝,垂直安装宜采用角钢加工成"井"字形支架进行固定。安装时风管的铝箔复合面与丙烯酸等树脂内涂层不得损坏,榫连接风管的连接应在榫口处涂胶粘剂,连接后在外接缝处应采用扒钉加固,间距不宜大于50mm,并采用宽度大于或等于50mm的热敏胶带粘贴密封;采用槽形插接等连接构件时,风管端切口应采用铝箔胶带或刷密封胶封堵;采用槽型钢制法兰或插条式构件连接时,风管外壁钢抱箍与内壁金属内套,应采用镀锌螺栓固定,螺孔间距不应大于120mm,螺母应安装在风管外侧,螺栓穿过的管壁处应进行密封。

D. 机制玻镁复合风管应采用粘接连接,当直管长度大于30m时,风管与金属横担间应有防腐蚀措施。

E. 彩钢板复合材料风管的主风管直接开口与支风管连接时,可采用90°连接件或其他专用连接件;当与风口连接时也可采用F形法兰软管连接或硬连接,采用软管连接时,金属条应压紧软管接口,并用自攻螺钉或铆钉将其固定在风管开口四周;与调节阀等有法兰的设备连接时,可采用PVC法兰(或铝合金法兰)连接。

F. 机制玻镁风管、无机玻璃钢风管、硬聚氯乙烯风管或聚丙烯(PP)等风管水平安装时,直管段连续长度大于20m时,应按设计要求设置伸缩节或软接头,接头长度以150mm左右为宜,且应在伸缩节两端的风管上设置独立防晃支吊架;支管长度大于6m时,末端应增设防晃支架。

G. 安装好过程中发现风管及接缝有破损之处应立即进行修补。

4)风管强度及严密性测试

① 风管强度试验应使微压和低压风管保持1.5倍的工作压力,中压风管保持1.2倍的工作压力,且不低于750Pa;高压风管在1.2倍的工作压力下,保持5min及以上,以接缝处无开裂,整体结构无永久性变形及损伤为合格。

② 风管的严密性测试包括观感质量检验与漏风量检测。观感质量检验可应用于微压风管,也可作为其他压力风管工艺质量的检验,结构严密与无明显穿透的缝隙和孔洞为合格。漏风量检测应在规定工作压力下,漏风量不大于规范规定值为合格,检测以总管和干管为主,分段检测汇总分析。微压风管在外观和制造工艺检验合格的基础上,不应进行漏风量的测试。

2. 净化空调系统施工工艺

净化空调系统的风管制作和风管系统安装的施工工艺除符合普通风管系统工艺要求外,尚应符合如下要求。

(1)风管及部件制作

1)常规施工工艺可参照金属风管预制要求。

2)其他特殊要求

① 风管加工前应用清洗液去除板材表面油污及灰尘,清洗液应采用对板材表面无损害、干燥后不易产生粉尘,对人体无危害的中性清洁剂;

② 风管应减少纵向接缝且不得有横向接缝,当风管边长$b \leqslant 900mm$时,底板面不应有纵向接缝;不得有横向接缝;$900 < b \leqslant 1800$允许有一条,$1800 < b \leqslant 2600$允许有二条纵向接缝。

③ 风管板材连接缝的密封胶应设在风管的正压侧;密封材料宜采用异丁基橡胶、氯丁橡胶、变性硅胶等为基材的环保材料;

④ 彩色涂层钢板风管的内壁应光滑;加工时应避免损坏涂层,被损坏的部位应涂环氧树脂保护。

⑤ 洁净空调系统风管制作的刚度和严密性,均按高压和中压系统的风管要求进行,N1~N5级净化空调风管按高压系统风管制作要求,N6~N9级净化空调风管按中亚系统风管制作要求。

⑥ 风管内不得设置内加固措施或加固筋,风管内部的加固点或法兰铆接点周围应采取密封胶进行密封。

3)风管连接

① 风管的咬口缝、铆接缝以及法兰翻边四角缝隙处,应按设计及洁净度等级要求,

采用涂密封胶或其他密封措施堵严。

② 风管所用紧固件螺栓、螺帽、垫圈、铆钉等应采用与管材性能相匹配、不会产生电化学腐蚀的材料，或采用镀锌或其他防腐措施，并不得采用抽芯铆钉；风管的咬口缝、折边和铆接等处有损坏时，应做防腐处理。

③ 风管的法兰铆钉间距，当系统洁净度的等级为1～5级时，应小于80mm；为6～9级时，应小于120mm。

④ 风管无法兰连接不得使用S形插条、直角型平插条及立联合角插条等连接方式；空气洁净等级为1～5级的风管不得采用按扣式咬口连接。

4）静压箱本体，箱内固定高效过滤器的框架及固定件应做镀锌、镀镍等防腐处理。

5）风管检查门应平整、启闭灵活、关闭严密，其与风管或空气处理室的连接处应采取密封措施，无明显渗漏。

6）制作完成的风管，应及时采用中性清洗剂进行清理，并用丝光布擦拭干净风管内部，并采用塑料膜密封风管端口。应进行第二次清洗，经检查达到洁净要求后应及时封口。

(2) 净化空调系统风管安装主要控制要求

常规控制参照金属风管安装主要控制要求外，尚应符合下列要求：

1）风管穿越洁净室（区）吊顶，隔墙等围护结构时，应采用可靠的密封措施。

2）风管连接严密不漏；法兰垫料应为不产尘，不易老化，不含有害物质和具有一定强度和弹性的材料，厚度为5～8mm，不得采用乳胶海绵；法兰垫片减少拼接，直缝对接连接，不得在垫料表面涂刷涂料，垫料不应凸出管内壁。

3）柔性短管所用的材料，不产尘、不透气，内壁光滑；柔性短管与风管、设备的连接严密不漏。

4）系统风管，静压箱安装后内壁必须清洁，擦拭干净，做到无浮尘、油污、锈蚀及杂物等；施工停工或完毕时，端口应封好。

5）风口安装前应清扫干净，其边框与建筑或墙面间的接缝处应加设密封垫料或密封胶，不应漏风；带高效过滤器的送风口，应采用可分别调节高度的吊杆。

3. 防排烟系统施工工艺

(1) 风管及部件主要控制要求

1）风管安装

① 风管的规格、安装位置、标高、走向应符合设计要求，防火隔热性能好，耐火极限满足消防验收要求。吊顶内的排烟管道应采用不燃材料隔热，并应与可燃物保持不小于150mm的距离。

② 风管接口的垫片厚度不应小于3mm，接缝拼接严密，且风管的法兰面可减小接口的有效截面。薄钢板法兰风管应采用螺栓连接。

③ 风管吊、支架的安装应按现行国家标准《通风与空调工程施工质量验收规范》GB 50243—2016的有关规定执行。

④ 风管与风机连接若有转弯处宜加装导流叶片，保证气流顺畅。

⑤ 风管（道）系统安装完毕后，应按系统类别进行严密性检验，检验应以主、干管道为主，漏风量应符合设计建筑防烟排烟系统技术标准的规定。

2) 部件安装

① 排烟防火阀、送风口、排烟阀或排烟口的安装位置应符合标准和设计。其应固定牢靠，表面平整、不变形，调节灵活，应能在最大工作压力下正常工作，阀门应顺气流方向关闭，且可靠严密。

② 防火分区隔墙两侧的排烟防火阀距墙端面不应大于 200mm；并应设独立的支、吊架，当风管采用不燃材料防火隔热时，阀门安装处应有明显标识。

③ 正压送风口、排烟口、排烟防火阀应安装牢固，启闭灵活，动作可靠。排烟口的平面布置应有利于排烟，防烟分区内任一点与最近的排烟口之间的水平距离不应大于 30m。走道、室内空间净高不大于 3m 的区域，其排烟口可设置在其净空高度的 1/2 以上；当设置在侧墙时，吊顶与其最近边缘的距离不应大于 0.5m。

④ 阀门的驱动装置应固定，安装在明显可见、便于操作的位置，预埋套管不得有死弯及瘪陷，手控脱扣缆绳安装合理，执行机构开启、复位动作灵活可靠。

⑤ 防烟、排烟系统的柔性短管应为不燃材料。当风机仅用于防烟、排烟时，不宜采用柔性连接。

⑥ 防烟、排烟管在穿越防火隔墙、楼板和防火墙处的孔隙时应采用防火封堵材料封堵。

⑦ 民用建筑内空气中含有容易起火或爆炸危险物质的房间，应设置自然通风或独立的机械通风设施，且其空气不应循环使用。排风设备不应布置在地下或半地下建筑（室）内；排风管应采用金属管道，并应直接通向室外安全地点，不应暗设；排风系统应设置消除静电的接地装置。

⑧ 有耐火极限要求的风管的本体、框架与固定材料、密封垫料等必须为不燃材料，排烟管道及其连接部件应能在 280℃时连续 30min 保证其结构完整性。耐火极限等应符合设计要求和国家现行标准的规定。

(2) 风机安装

① 风机的型号、规格应符合设计规定，建筑内的加压送风机、排烟、补风机应设置在专用机房内。

② 风机的出口方向应正确，风机外壳至墙壁或其他设备的距离不应小于 600mm。排烟风机出口与加压送风机进口之间的间距应符合规范规定。

③ 风机应设在混凝土或钢架基础上，且不应设置减振装置；吊装风机的支、吊架应焊接牢固、安装可靠，若排烟系统与通风空调系统共用且需要设置减振装置时，不应使用橡胶减振装置。

④ 风机驱动装置的外露部位应装设防护罩；直通大气的进、出风口应装设防护网或采取其他安全设施，并应设防雨措施。

4. 空调水系统施工工艺

空调水系统施工工艺同给水排水系统施工工艺的规定。

(1) 管架安装要求

1) 支、吊架的安装应平整牢固，与管道接触紧密。管道与设备连接处，应设独立支、吊架。

2）冷（热）媒水、冷却水系统管道机房内总、干管的支、吊架，应采用承重防晃管架；与设备连接的管道管架宜有减振措施。当水平支管的管架采用单杆吊架时，应在管道起始点、阀门、三通、弯头及长度每隔 15m 设置承重防晃支、吊架。

3）无热位移的管道吊架，其吊杆应垂直安装，有热位移的，其吊杆应向热膨胀（或冷收缩）的反方向偏移安装，偏移量按计算确定。

4）滑动支架的滑动面应清洁、平整，其安装位置应从支承面中心向位移反方向偏移 1/2 位移值或符合设计文件规定。

5）竖井内的立管，每隔 2～3 层应设导向支架。

6）钢制冷（热）媒水管道与支、吊架之间，应有绝热衬垫（承压强度能满足管道重量的不燃、难燃硬质绝热材料或经防腐处理的木衬垫），其厚度不应小于绝热层厚度，宽度应大于支、吊架立承面的宽度。衬垫的表面应平整、衬垫接合面的空隙应填实。

7）沟槽式连接的管道，其沟槽与橡胶密封圈和卡箍套必须为配套合格产品。连接管端面应平整光滑、无毛刺，沟槽过深，应作为废品，不得使用。

8）空调水系统如用耐热塑料管时的支架，除固定支架外，所有的管卡均不应卡死，应使管线有轴向伸长的能力。L 形补偿器的短臂，若大于最大支撑距时，均应按规定设置活动支架，使管段有横向移动的能力。

(2) 管道安装要求

1）管道与设备的连接，应在设备安装完毕后进行。

① 与水泵、机组的连接必须为柔性接口。柔性短管不得强行对口，与其连接的管道应设置独立支架。

② 与风机盘管机组的连接，宜采用弹性接管或软接管（金属或非金属软管），其耐压值应大于等于 1.5 倍的工作压力。软管的连接应牢固、不应有强扭和瘪管。

2）所有软管连接的长度，不宜大于 150mm。

3）冷凝水排水管坡度，应符合设计文件的规定。当设计无规定时，其坡度宜大于或等于 8‰。

4）金属管道的固定焊口应远离设备，且不宜与设备接口中心线相重合。管道对接焊缝与支、吊架的距离应大于 50mm。

(3) 阀门安装要求

1）安装在保温管道上的各类手动阀门，手柄均不得向下。

2）闭式系统管路应在系统最高处及所有可能积聚空气的高点设置排气阀。

3）电动阀门安装前应进行动作试验。

(4) 温度补偿器安装要求

1）补偿器的补偿量和安装位置必须符合设计及产品技术文件的要求，并应根据设计计算的补偿量进行预拉伸或预压缩。

2）设有补偿器（膨胀节）的管道应设置固定支架，并应在补偿器的预拉伸（或预压缩）前固定。

3）波形补偿器安装时，补偿器内套有焊缝的一端水平管应迎介质流向安装，垂直管道应置于上部。

(5) 管道系统的试验要求

管道系统安装完毕，外观检查合格后，应按设计要求进行水压试验、当设计无规定时，应符合下列规定：

1）对于大型或高层建筑垂直位差较大的冷（热）媒水、冷却水管道系统采用分区、分层试压和系统试压相结合的方法。

2）各类耐压塑料管的强度试验压力为 1.5 倍工作压力，严密性工作压力为 1.15 倍的设计工作压力。

3）冷热水、冷却水系统的试验压力，当工作压力小于等于 1.0MPa 时，为 1.5 倍工作压力，但最低不小于 0.6MPa；当工作压力大于 1.0MPa 时，为工作压力加 0.5MPa。

4）凝结水系统采用充水试验，应以不渗漏为合格。

5）冷（热）媒水及冷却水系统应在系统冲洗、排污合格（目测，以排出口的水色和透明度与入水口对比相近，无可见杂物），再循环试运行 2h 以上，且水质正常后才能与制冷机组、空调设备相贯通。

6）制冷系统投入运行前，应对安全阀进行调试校核，其开启和回座压力应符合设备技术文件的要求。

（6）防腐与绝热施工要求

1）空调水系统的绝热施工应在系统严密性检验和强度试验合格及防腐处理结束后进行。

2）防腐施工应采取防火、防冻、防雨等措施，不应在低温或潮湿环境下作业。

3）绝热材料如采用难燃材料，应对其难燃性能进行检测，合格后方可使用。

4）当采用非闭孔性绝热材料时，隔汽层（防潮层）必须完整，且封闭良好。

5）喷、涂油漆的漆膜，应均匀、无堆积、皱纹、气泡、掺杂、混色和漏涂等缺陷。

6）硬质或半硬质绝热管壳的拼接缝隙应用粘结材料勾缝填实，保温时不应大于 5mm、保冷时不应大于 2mm，并用粘结材料勾缝填满；纵缝应错开，外层的水平接缝应设在侧下方。如绝热层厚度大于 100mm，应分层铺设，层间应压缝。

7）硬质或半硬质绝热管壳应用金属丝或耐腐织带捆扎，其间距为 300mm～350mm，且每节捆扎至少两道。

8）防潮层应紧贴绝热层，封闭良好，不得有虚贴、气泡、褶皱和裂缝等缺陷。

9）立管防潮层的环向搭接缝口应朝向低端、纵向搭接缝应位于管道的侧面，并顺水。

10）有防潮隔汽层绝热材料的拼缝处，应用粘胶带封严，粘胶带的宽度不应小于 50mm。粘胶带应牢固地粘贴在防潮面层上，不得有胀裂、脱落。

11）当采用玻璃纤维布作绝热保护层时，搭接的宽度应均匀，宜为 30mm～50mm，且松紧适度。

12）金属保护壳应紧贴绝热层，不得有脱壳、褶皱、强行接口等现象。接口的搭接应顺水，并有凸筋加强，搭接尺寸为 20mm～25mm。采用自攻螺栓固定时，螺钉间距应均匀，并不得撕裂防潮层。

13）冷、热源机房内系统管道的外表面均应有色标。

5. 常见空调设备安装要求

（1）水泵安装

1）泵的定位：泵体中心线与建筑物轴线距离偏差不大于 20mm，标高误差 ±10mm。

整体安装的泵,纵向水平偏差不应大于0.10mm/m,横向水平偏差不应大于0.20mm/m,并应在泵的进出口法兰面或其他水平面上进行测量。

2)泵的找正:驱动机与泵连接时,应以泵的轴线为基准找正;驱动机与泵之间有中间机械连接时,应以中间机械轴线为基准找正。联轴器连接时,两半联轴器的径向位移、端面间隙、轴线倾斜均应符合设备技术文件的规定。联轴器同心度允许偏差:轴向倾斜≤0.8mm/m,径向位移≤0.1mm/m。

3)管道与泵的连接

① 管子内部和管端应清洗洁净,清除杂物,密封面和螺纹不应损伤。

② 吸入和输出管道应有各自的支架,管道的直径不应小于泵的入口和出口直径,当采用变径管时,变径管的长度不应小于大小管径差的5~7倍。

③ 相互连接的法兰端面应平行,螺纹管接头轴线应对中。

④ 管道与泵连接后,应复检泵的原找正精度,当发现管道连接引起偏差时,应调整管道。

⑤ 管道与泵连接后,泵不得直接承受管道的重量,且不应在其上进行焊接和气割,当需焊接和气割时,应拆下管道或采取必要的措施,并应防止焊渣进入泵内。

⑥ 吸入管路宜短且宜减少弯头,且不应有窝存气体的地方,离心泵入口前的直管段长度不应小于入口直径 D 的3倍。

⑦ 当泵的安装位置高于吸入液面时,吸入管路的任何部分都不应高于泵的入口;吸水管的水平管段应坡向吸水口,不应出现气囊和漏气现象。

⑧ 几台水泵如共用吸水管,吸水管不得少于2根,吸水管上应设橡胶防振接头。

4)阀门安装

① 两台及以上的泵并联时,每台泵的出口均应装设止回阀。

② 吸水管上控制阀不应采用蝶阀。

③ 水泵的出水管上应安装橡胶防震接头、止回阀、闸阀、泄水管和压力表等。成排安装的水泵阀门高度应便于操作并应在同一直线上。

5)泵试运转前的检查

① 驱动机的转向应与泵的转向相符。

② 各固定连接部位应无松动。

③ 各润滑部位加注润滑剂的规格和数量应符合设备技术文件的规定,有预润滑要求的部位应按规定进行预润滑。

④ 各指示仪表、安全保护装置及电控装置均应灵敏、准确、可靠。

⑤ 盘车应灵活、无异常现象。

6)泵的试运转

① 泵在额定工况点连续试运转时间不应小于2h。

② 各固定连接部位不应有松动,叶轮与泵壳不应相碰,不得有异常声响和摩擦现象。

③ 滑动轴承的温度不应大于70℃;滚动轴承的温度不应大于75℃;各润滑点的润滑油温度、密封液和冷却水的温度均应符合设备技术文件的规定。

④ 润滑油不得有渗漏和雾状喷油现象。

⑤ 泵的安全保护和电控装置及各部分仪表应灵敏、正确、可靠,电动机的电流和

(2) 通风机安装要求

1) 风管安装位置应正确，底座应水平，风机的进出口风管阀件应设置独立的支吊架。

2) 通风机传动装置的外露部位以及直通大气的进出口，必须装设防护罩（网）或采取其他安全措施。

3) 通风机的叶轮旋转应平稳，每次停转后不应停留在同一位置上，并不得碰壳。

4) 固定通风机的地脚螺栓应牢固，除应带有垫圈外，并应有防松装置。

5) 安装隔振器的地面应平整，各组隔振器承受荷载的压缩量应均匀，不得偏心；减振装置安装完毕，应采取防止水平位移及过载等保护措施。

6) 通风机安装的允许偏差应符合表4-12的规定。

通风机安装的允许偏差　　　　　表4-12

中心线的平面位移（mm）	标高（mm）	皮带轮轮宽中央平面位移（mm）	传动轴水平度		联轴器同心度	
			纵向	横向	径向位移（mm）	轴向倾斜
10	±10	1	0.2/1000	0.3/1000	0.05	0.2‰

(3) 风机盘管变风量空调末端装置安装要求

1) 机组安装前应通电进行单机三速试运转及水压检漏试验，试验压力为系统工作压力的1.5倍，试压2min不渗漏为合格。

2) 风机盘管安装位置应正确，固定应牢固、平整、便于检修。应设置独立支架和减振装置。

3) 机组的安装坡度为0.002~0.003，坡向滴水盘。冷凝水应畅通，软管连接应牢固，宜用专用管卡夹紧。

4) 供、回水阀及水过滤器应靠近机组安装，以在滴水盘上方。

5) 供、回水管与机组，应为柔性连接（金属或非金属软管）。

6) 风管、回风箱及风口与机组应设置柔性短管连接处应严密、牢固。

(4) 洁净空调设备安装要求

1) 净化空调设备与洁净室围护结构的接缝必须密封，风机的过滤单元应在清洁的现场进行外观检查，目测不得有变形、锈蚀、漆膜剥落、拼接板破损现象，在系统试运转时，必须在进风口处加装临时中效过滤器作为保护。

2) 高效过滤器应在洁净室及净化空调系统进行全面清扫，并经连续试车12h以上后，在现场拆开包装进行安装。

3) 高效过滤器经目测检查合格后，立即安装，其方向必须正确，四周和接口应严密不漏，在调试前进行扫描检漏。

4) 洁净室传递窗安装应牢固、垂直，与墙体的连接处应密封。

5) 洁净层流罩安装应设独立的吊杆，并有防晃措施；层流罩的水平允许偏差为1‰、高度允许偏差为±1mm；层流罩安装在吊顶上，其四周与顶板间有密封及隔振措施。

6) 高效过滤器的密封，如为机械密封，密封垫料厚度为6~8mm，定位贴在过滤器边框上，固定后压均匀，压缩率为25%~50%；如为液槽密封，槽架安装应水平，无渗漏现象，槽内无污物和水分，密封液高度宜为槽深的2/3，密封液的熔点宜高于50℃。

(5) 成套制冷机组与制冷附属设备的安装要求

1) 整体安装的制冷机组，其机身纵、横向水平度的允许偏差为 1/1000，并应符合设备技术文件的规定；

2) 制冷附属设备安装的水平度和垂直度允许偏差为 1/1000，并应符合设备技术文件的规定；

3) 采用隔振措施的制冷设备或制冷附属设备，其隔振器安装位置应与设备重心相匹配；各个隔振器的压缩量，应均匀一致，偏差不应大于 2mm；

4) 设置弹簧隔振的制冷机组，应设有防止机组运行时水平位移的定位装置。

(6) 空调水冷却塔安装

1) 冷却塔整体应稳固，无异常振动，其噪声应符合设备技术文件的规定。冷却塔风机与冷却水系统循环试运行不少于 2h，运行应无异常情况；

2) 冷却塔安装应水平，单台冷却安装水平度和垂直度允许偏差均为 2/1000。同一冷却水系统的多台冷却塔安装时，各台冷却塔的水面高度应一致，高差不应大于 30mm。

3) 冷却塔的出水口及喷嘴的方向和位置应正确，积水盘应严密无渗漏；分水器布水均匀。

4) 静止分水器的布水应均匀带转动布水器的冷却塔，其转动部分应灵活，喷水出口按设计或产品要求，方向应一致。水量应符合设计或产品技术文件的要求。

5) 冷却塔风机叶片端部与塔体四周的径向间隙应均匀；对于可调整角度的叶片，角度应一致。

6) 对含有易燃材料冷却塔的安装，必须严格执行施工防火安全的规定。

6. 通风与空调系统调试

通风与空调工程安装完毕，必须进行系统的测定和调整（简称调试）。系统调试包括：设备单机试运转及调试，系统无生产负荷的联合试运转及调试，综合效能测定和调整。

(1) 通风与空调系统调试

1) 通用要求

① 通风与空调系统联合试运转及调试，由施工单位负责组织实施，设计单位、监理和建设单位参与和配合。对于不具备系统调试能力的施工单位，可委托具有相应能力的其他单位实施。

② 系统调试前应具备以下条件：

A. 施工单位应编制系统调试方案报送监理工程师审核批准。

B. 调试所用测试仪器仪表的精度等级及最小分度值应满足工程性能测定要求，性能稳定可靠并在其检定有效期内。

C. 系统调试应由专业施工和技术人员实施，调试结束应提供完整的调试资料和报告。

D. 调试现场围护结构达到质量验收标准。

E. 通风管道、风口、阀部件及其吹扫、保温等工作已完成并符合质量验收要求，设备单机试运转合格；其他专业配套的施工项目（如：给水排水、强弱电及油、汽、气等）已完成，并符合设计和施工质量验收规范的要求。

③ 系统调试主要是考核室内的空气温度、相对湿度、气流速度、噪声、空气的洁净

度能否达到设计要求，是否满足生产工艺或建筑环境要求，防排烟系统的风量与正压是否符合设计和消防的规定。空调系统带冷（热）源的正常联合试运转，不应少于8h，当竣工季节与设计条件相差较大时，仅做不带冷（热）源试运转，例如：夏季可仅做带冷源的试运转，冬期可仅做带热源的试运转，并在第一个制冷期或供暖期内补做。

2）设备单机试运行及调试

设备单机试运行及调试应在设备安装前进行，安装前设备接入电源通电进行，并按设备出厂有关技术参数要求，测试相关噪声、温升、风量等应符合设计要求。

3）系统无生产负荷的联合试运行及调试，联合调试应包括下列内容：

① 监测与控制系统的检验、调整与联动运行。

② 空调风系统的总风量的允许偏差不应大于10%，风口的风量与设计风量的允许偏差不应大于15%。

③ 空调水系统的测定和调整。空调水系统流量的测定，空调冷热水、冷却水总流量测试结果与设计流量的偏差不应大于10%，各空调机组盘管水流量经调整后与设计流量的偏差不应大于20%。

④ 室内空气参数的测定和调整。

4）综合效能的测定与调整

通风与空调工程交工前，在已具备生产试运行的条件下，由建设单位负责，设计、施工单位配合，进行系统生产负荷的综合效能试验的测定与调整，使其达到室内环境的要求。

① 综合效能试验测定与调整的项目，由建设单位根据生产试运行的条件、工程性质、生产工艺等要求进行综合衡量确定，一般以适用为准则，不宜提出过高要求。

② 综合效能测试参数的调整，要充分考虑生产设备和产品对环境条件要求的极限值，以免对设备和产品造成不必要的损害，调整时首先要保证对温湿度、洁净度等参数要求较高的房间，随时做好监测，调整结束还要重新进行一次全面测试，所有参数应满足生产工艺要求。

（2）防排烟系统调试

防烟排烟系统调试在系统施工完成及与工程有关的火灾自动报警系统及联动控制设备调试合格后进行，系统调试包括单机调试和联动调试。

1）单机调试

① 防火阀、排烟防火阀的调试

A. 进行手动关闭、复位试验，阀门动作应灵敏、可靠，关闭应严密。

B. 模拟火灾，相应区域火灾报警后，同一防火区域内阀门应联动关闭。

C. 阀门关闭后的状态信号应能反馈到消防控制室。

D. 阀门关闭后应能联动相应的风机停止。

② 送风口、排烟阀（口）的调试

A. 进行手动开启、复位试验，阀门动作应灵敏、可靠，远距离控制机构的脱扣钢丝连接应不松弛、不脱落。

B. 模拟火灾，相应区域火灾报警后，同一防火区域内阀门应联动开启。

C. 阀门开启后的状态信号应能反馈到消防控制室。

D. 阀门开启后应能联动相应的风机启动。

③ 送风机、排烟风机的调试

A. 手动开启风机，风机应正常运转 2.0h，叶轮旋转方向应正确、运转平稳、无异常振动与声响。

B. 核对风机的铭牌值，并测定风机的风量、风压、电流和电压，其结果应与设计相符。

C. 在消防控制室手动控制风机的启动、停止；风机的启动、停止状态信号应能反馈到消防控制室。

④ 机械加压送风系统的调试

根据设计模式，开启送风机，分别在系统的不同位置打开送风口，测试送风口处的风速，以及楼梯间、前室、合用前室、消防电梯前室、封闭避难层（间）的余压值，分别达到设计要求。

⑤ 机械排烟系统的调试

根据设计模式，开启排烟风机和相应的排烟阀（口），测试风机排烟量和排烟阀（口）处的风速达到设计要求；测试机械排烟系统，还要开启补风机和相应的补风口，测试送风口处的风量值和风速应到设计要求。

2）联动调试

① 机械加压送风系统的联动调试

A. 当任何一个常闭送风口开启时，送风机均能联动启动。

B. 与火灾自动报警系统联动调试。当火灾报警后，应启动有关部位的送风口、送风机，启动的送风口、送风机应与设计和规范要求一致，其状态信号能反馈到消防控制室。

② 机械排烟系统的联动调试

A. 当任何一个常闭排烟阀（口）开启时，排烟风机均能联动启动。

B. 与火灾自动报警系统联动调试。当火灾报警后，机械排烟系统应启动有关部位的排烟阀（口）、排烟风机；启动的排烟阀（口）、排烟风机应与设计和规范要求一致，其状态信号应反馈到消防控制室。

C. 有补风要求机械排烟场所，当火灾报警后，补风系统应启动。

D. 排烟系统与通风、空调系统合用，当火灾报警后，由通风、空调系统转换排烟系统的时间应符合国家标准《通风与空调工程施工质量验收规范》GB 50243—2016 的规定。

（3）通风空调工程的节能检测

根据《建筑节能工程施工质量验收标准》GB 50411—2019 规定，通风空调工程的风机盘管、保温材料进场时应进行复验，合格后方可使用。工程完工后应对通风与空调系统的节能性能进行检测，其检测项目包括室内温度、各风口的风量、通风与空调系统的总风量、空调机组的水流量、空调系统冷热水和冷却水的总流量等五项内容。

1）材料设备进场检验

① 风机盘管机组和绝热材料进场时，应对下列性能进行见证取样检验：

A. 风机盘管机组的供冷量、供热量、风量、水阻力、功率及噪声。

B. 绝热材料的导热系数或热阻、密度、吸水率。

② 设备、材料的检验方法、检查数量

A. 核查进场设备、材料的复验报告。

B. 风机盘管：按结构形式抽检，同厂家的风机盘管机组数量在 500 台及以下时，抽检 2 台；每增加 1000 台时应增加抽检 1 台。同工程项目、同施工单位且同期施工的多个单位工程可合并计算。当符合标准规定时，检验批容量可以扩大一倍。

C. 绝热材料：同厂家、同材质的绝热材料，复验次数不得少于 2 次。

2）通风与空调系统节能性能检测及数量

① 室内温度的检测：居住户每户抽测卧室或起居室 1 间，其他建筑按房间总数抽测 10%，冬期不得低于设计计算温度 2℃，且不应高于 1℃，夏季不得高于设计计算温度 2℃，且不应低于 1℃。

② 各风口的风量检测：按风管系统数量抽查 10%，且不得少于 1 个系统，与设计允许偏差不大于 15%。

③ 通风与空调系统的总风量检测：按风管系统数量抽查 10%，且不得小于 1 个系统，与设计允许偏差为：-5%~+10%。

④ 空调机组的水流量检测：按风管系统数量抽查 10%，且不得小于 1 个系统，与设计允许偏差为 15%。

⑤ 空调系统的冷热水、冷却水总流量检测：应全系统检测，其检测结果应与设计允许偏差不大于 10%。

（三）建筑电气工程

本节主要介绍建筑电气工程中高、低压设备安装，照明灯具及其控制开关和插座安装、低压配电线路敷设和电缆敷设等四大部分，以供学习者参考应用。

1. 电气设备安装施工工艺

（1）变压器安装

在房屋建筑电气工程中应用降压电力变压器，基本上都为干式变压器，从结构上分有开启式、封闭式和浇筑式，从绕组的绝缘保护上分有浸渍式、包封绕组式、气体绝缘式。所以本节不再对油浸绝缘的电力变压器安装要求进行描述。

1）安装方法

① 运输、就位

根据干式变压器的重量和运输距离的长短，一般采用汽车、汽车吊配合运输、铲车运输或卷扬机、滚杠运输。在施工现场对干式变压器的搬运，其注意事项如下：

A. 运输过程中，变压器与车身应固定牢固，并保持运输平稳，不得碰撞和受剧烈振动，在运输途中，变压器还应设有防雨及防潮措施。

B. 利用卷扬机等机械牵引运输时，牵引的着力点应在变压器重心以下。

C. 变压器整体起吊时，应将钢丝绳系在专用吊耳上，不得将索具吊在设备部件上，注意吊索顶部夹角的大小要符合变压器技术文件的要求，以防变压器部件损坏或箱体变形。

D. 组合成箱体的干式变压器一般与其低压侧的开关柜组合在一起，其箱体的安装工艺与盘柜安装要求一致。箱体与基础型钢之间的固定应采用螺栓连接，箱内变压器本体的接地线应单独从接地干线上引接，不得利用基础型钢过渡。

E. 单独安装的干式变压器应水平安装（制造厂另有规定者按制造厂要求安装），其安装方向和位置符合设计图纸要求；就位后，应加装防振措施；引至本体的接地线宜有方便拆卸的断接点。

F. 干式变压器的风机及埋在线圈内部的测温元件、中间引线、温度控制器等的安装与检查必须符合制造厂的有关要求。就位时应注意高、低压侧方向与变压器室内的高低压电气设备的位置设置一致。

G. 变压器经过上述的一系列检查合格，无异常现象后，即可安装就位。

装有滚轮的变压器就位符合要求后，应将滚轮用能拆卸的制动装置加以固定或根据安装要求拆除滚轮。

② 一、二次线连接

A. 一次线连接

变压器安装就位且高低压开关柜安装完成后，应进行变压器一次线的连接，将变压器的高压侧与高压开关柜的出线侧连接，低压侧与低压开关柜的进线侧连接，变压器的接地螺栓与接地干线（PE线）连接，如果变压器的接线组别是Y/Y，则还应将接地线与变压器低压侧的中性线端子相连，接地线的材料可用铜绞线（16mm^2 或 25mm^2）或扁铁（－25×4）。一次线可采用母排或电缆（视设计要求定），母排与母排、母排与接线端子的连接，其搭接面的处理应符合下列要求：

a. 铜与铜：当处于室外、高温且潮湿的室内，搭接面搪锡或镀银；干燥的室内可不搪锡、不镀银。

b. 铝与铝：可直接搭接。

c. 钢与钢：搭接面搪锡或镀锌。

d. 铜与铝：在干燥的室内，铜导体搭接面搪锡；在潮湿场所，铜导体搭接面应搪锡或镀银，且采用铜铝过渡连接。

e. 钢与铜或铝：钢搭接面搪锡或镀锌。

母线与母线、母线与电器或设备接线端子采用螺栓搭接时，连接螺栓两侧应有平垫圈，相邻垫圈间应有大于 2mm 的间隙，连接处距绝缘子的支持夹板边缘不小于 50mm。

B. 二次线连接

干式变压器的二次线指：风机及埋在线圈内部的测温元件、中间引线、温度控制器等连接线路，二次线连接前电线应排列整齐、绑扎牢固，电线应有保护套管，电线应在接线端子箱内连接，连接前应进行校线，并套上端子号。单芯线可直接压接在相应的端子板上或煨成"羊眼圈"，用带有平垫片和弹簧垫片的镀锌螺栓连接在相应的端子板上；多股电线根据端子板的不同，宜采用相应的接线鼻子压接或搪锡连接在对应的端子板上，不得有断股。

2）变压器调试

变压器调试由有相应资质的调试单位进行，试验标准符合《电气装置安装工程电气设备交接试验标准》GB 50150—2016 的规定和变压器制造厂的技术要求。

① 静态试验

静态试验的内容有：二次保护（差动、速断、过流等），非电量保护（温度）、信号、测量、控制和一次设备耐压、变比、直流电阻、绝缘、接线组别等以及整组模拟等，具体试验方法可参考有关变压器交接试验标准方法，静态试验的整定值由变压器的使用单位提供。

② 送电运行

经静态试验合格经全面检查，确认其符合运行条件后，变压器可进行冲击试验，干式变压器冲击前，确认中性点接地系统的变压器，中性点已接地完好，各种保护均已投入。变压器第一次冲击前应检查消防设施必须投入运行。变压器第一次做全电压冲击合闸时，由高压侧投入，进行五次空载全电压冲击合闸。第一次合闸受电时间应持续保持10min以上，励磁涌流不应引起保护装置的误动，变压器的声响应正常，第一次与第二次的合闸时间一般间隔5min，以后每次合闸受电时间一般持续5min，间隔3min。并列运行的变压器组别应一致，在并列前，应先核对相位。冲击试验结束，变压器宜空载运行24h。

带负荷试验是考验差动极性的有效手段，空载运行24h以后的变压器一般带上变压器额定容量20%的稳定负荷即可进行试验，确认极性正确后，投上差动压板。

超温保护作为干式变压器的非电量保护的主保护，温度控制器应单独校验，其整定值由使用单位提供。干式变压器的差动保护在受电运行并带上负荷（一般在10%～20%即可）后，需进行差流确认，确保极性无误，防止误动作。

（2）高低压开关柜安装

高压开关柜用于开断或关合额定电压为1kV及以上线路的电器设备，有固定式和手车式二类。

1) 柜体安装

① 基础型钢制作安装

高低压开关柜应安装在型钢基础上。型钢基础一般为槽钢或角钢，普遍选用10号槽钢。

制作前先将型钢调直，除去铁锈，再按柜体底部框架尺寸进行下料钻孔，孔径比螺栓直径大1.5～2mm。制作完成后，刷好防锈漆。型钢的安装方法一般有下列两种：

A. 直接安装法

直接安装法，也就是在进行混凝土基础浇捣时，直接将基础型钢埋入基础的一种方法，安装时先在埋设位置找出型钢的中心线，再按开关柜的型式和尺寸确定型钢安装高度和位置，并做上记号。将型钢放在所测量的位置上，与记号对准，用水平尺调整水平，并应使两根型钢处在同一水平面上且平行，不水平时可在底侧加铁垫片调整，以达到要求值。型钢偏差不应大于表4-13规定。

基础型钢安装允许偏差　　　　　　　表4-13

项目	允许偏差	
	（mm/m）	（mm/全长）
不直度	<1	<5
水平度	<1	<5
不平行度	—	<5

B. 预留沟槽安装法

预留沟槽安装法，也就是在土建进行混凝土基础浇捣时，根据图纸要求在型钢基础安装位置先预埋固定基础型钢用铁件（钢筋或钢板）或基础螺栓，同时预留出沟槽的一种方法，沟槽应比基础型钢宽 30mm。安装高压手车式开关柜时，沟槽深度为基础型钢埋入深度减去地面二次抹灰厚度，再加深 10mm 作为调整裕度；安装固定式开关柜时，沟槽深度为二次抹灰厚度，再加深 10mm 作为调整裕度。在混凝土凝固后（二次抹灰前），将预制好的基础型钢放入沟槽内，用水准仪或水平尺找正，找正过程中需用垫片的地方最多不能超过三片，然后将基础型钢、垫片、预埋铁件焊接成一体或用基础螺栓固定，型钢周围用混凝土填充捣实。基础型钢安装完后，手车式开关柜的型钢顶部应与抹灰地面一般高；固定式开关柜的型钢顶部一般高出抹平地面 100mm。

② 基础型钢接地和箱体接地

电气设备的外露可导电部分应单独与保护接地导体相连接，不得串联连接，连接导体的材质、截面面积应符合设计要求。

柜、台、箱的金属框架及基础型钢应与保护接地导体可靠连接；装有电器的可开启门，门和金属框架的接地端子间应选用截面面积不小于 $4mm^2$ 黄绿色绝缘铜芯软导线连接，且有标识。

③ 开关柜的搬运

开关柜的搬运应在较好天气下进行，以免柜内电器受潮。搬运时应有防止倾覆、撞击和剧烈振动的措施，应轻装轻卸。柜上的精密仪表和继电器，必要时可拆下单独搬运。

根据开关柜重量、距离长短可采用汽车、汽车吊配合运输、人力推车运输或卷扬机滚杠运输。吊运时，柜顶部有吊环者，吊索应穿在吊环内，无吊环者吊索应挂在底部四角主要承力结构处，不得将吊索吊在设备部件上。吊索的绳长应一致，注意绳索的顶部夹角应小于 45°，以防柜体变形或损坏部件。

④ 开关柜就位

开关柜就位应在基础型钢安装结束、检验基础型钢尺寸符合要求且在浇筑基础型钢的混凝土凝固后进行。按施工图纸的布置将开关柜放在基础型钢上，安装时应注意与变压器进出线有刚性连接的中心线位置。多块开关柜并列安装一般先安装中间一块柜，再分别向两侧拼装，逐台找正，找正用垫片厚度为 0.5mm 薄钢板制成，调整处垫片不宜超过三片。同类型开关柜安装的允许偏差见表 4-14。

开关柜安装的允许偏差 表 4-14

项目		允许偏差（mm）
垂直度（每米）		<1.5
水平偏差	相邻两柜顶部	<2
	成列柜顶部	<5
柜面偏差	相邻两柜边	<1
	成列柜面	<5
柜间接缝		<2

开关柜就位后，与基础型钢用螺栓固定，并配平垫圈与弹簧垫圈。除与基础型钢固定外，并列安装的同类型柜与柜间宜用镀锌螺栓连接。柜的外壳应单独用 $6mm^2$ 铜导线与基础型钢作接地连接。

装在振动场所的开关柜,应采取防振措施,一般是在柜下加装厚度为 10mm 的弹性垫。

开关柜安装完成后,才能进行柜内母线、二次回路线的连接和电气调试,柜内母线连接要求与变压器的一次线安装要求相同。

⑤ 二次回路结线

结线前应先进行二次回路线的校线,并将其端部标明回路编号,回路编号可以用不易褪色的水笔书写或采用专用编码机打印。按已完成的编号对号入座接入相应端子,配线及结线必须符合下列要求:

A. 引入开关柜的电缆应排列整齐,电缆牌标识清晰,避免交叉,并应固定牢固。

B. 柜内电缆芯线应按垂直或水平有规律地成束绑扎,不得歪斜交叉或无规律绑扎连接,配线应整齐、清晰、美观,导线无损伤、绝缘良好,备用芯线应留有适当的长度,导线在柜内不得有接头。

C. 强、弱电回路不应使用同一根电缆,并应分别成束分开排列。

D. 柜内配线电流回路应采用电压不低于 500V 的铜芯绝缘导线,其截面积不应小于 $2.5mm^2$;其他回路截面面积不应小于 $1.5mm^2$;对电子元件回路、弱电回路采用锡焊连接时,在满足载流量和电压降及有足够机械强度的情况下,可采用不小于 $0.5mm^2$ 截面的绝缘导线。

E. 用于连接门上的电器可动部位的导线应采用多股软导线,并留有适当的裕度,在可动部位的两端应用卡子固定,与电器连接时,端部应绞紧、不松散、不断股,并应搪锡或焊接端子。

F. 每个接线端子的每侧接线不得超过 2 根。对于插接式端子,不同截面的两根导线不得接在同一端子上;对于螺栓连接的端子,当接两根导线时,中间应加装平垫片。

2)电气调试

① 试验整定

高压试验应由当地供电部门认可的试验单位进行,试验标准符合国家规范、当地供电部门的规定及产品技术资料要求。当开关柜安装就位后,清扫配电室与电气盘柜上的灰尘及杂物,确认开关柜内无其他杂物,即可进行调整和试验。试验部位包括:高压开关设备、高压瓷件、高低压母线及电缆电线等。

具体试验内容有:耐压,过流、时间、信号等继电器调整,二次回路模拟试验以及移开(手车)式开关柜机械连锁装置的检查调整等,过流、时间、信号等继电器的试验方法可参见有关电气试验方法或标准;二次回路模拟通电试验应在过流、时间、信号等继电器的调整完成后进行,试验时主回路不应通电;移开(手车)式开关柜应检查:测量断路器三相中心距和静触头三相中心距应符合产品技术要求;手车推拉灵活,无卡阻碰撞现象,动触头与静触头的中心线应一致,且触头接触紧密,投入时,接地触头先于主触头接触;退出时,接地触头后于主触头脱开;检查断路器手车合分动作应无异常、联锁动作有效。安装试验调整结束后,应将引入或引出盘柜的电缆孔封堵,以防小动物等杂物侵入。

② 送电运行验收

A. 送电前的准备工作

建筑电气动力工程的负荷试运行,依据电气设备及相关建筑设备的种类、特性,编制试运行方案或作业指导书,并应经施工单位审查批准,试运行方案应经监理单位确认后执行。

变配电所受电应备齐试验合格的验电器、绝缘靴、绝缘手套、临时接地铜线、绝缘胶垫、灭火器材等。

a. 进一步清扫盘柜及变配电室、控制室的灰尘。用吸尘器清扫电器、仪表元件,室内除送电需用的设备用具外,无关物品不得堆放。

b. 检查母线上、盘柜上有无遗留下的工具、金属材料及其他物件。

c. 明确试运行指挥者、操作者和监护人。检查送电过程中和通电运行后需用的票证、标识牌及规章制度应齐全、正确。

d. 安装作业全部完成,试验项目全部合格,并有试验报告。

e. 继电保护动作灵敏可靠,控制、联锁、信号等动作准确无误。

f. 编制受、送电盘柜的顺序清单,明确规定尚未完工或受电侧用电设备不具备受电条件的开关编号。

B. 送电

高压受电由供电部门检查合格后,将电源送至高压进线开关上桩头,经过验电、核相无误。由安装单位合进线柜开关,其步骤如下:

a. 检查 PT 柜上电压表三相电压是否正常。

b. 合变压器柜开关,检查变压器是否已受电。

c. 合低压柜进线开关,查看电压表三相电压是否正常。

d. 进行其他盘柜的受电。

e. 对低压联络柜进行核相检查。在联络开关未合状态下,可用电压表或万用表电压挡(500V),进行开关的上下侧同相校核。此时电压基本为零,表示两路电的相位一致。用同样方法,检查其他两相。

C. 验收

送电空载运行 24h,无异常现象,办理验收手续,交建设单位使用。

2. 照明器具与控制装置安装施工工艺

(1) 照明灯具安装

1) 一般规定

① 灯具安装一般在建筑工程施工结束、穿线完成后进行。

② 普通灯具的 I 类灯具外露可导电部分必须采用铜芯软导线与保护导体可靠连接,连接处应设置接地标识,铜芯软导线的截面面积应与进入灯具的电源线截面积相同。

③ 悬吊式灯具安装质量大于 3kg 的,必须固定在螺栓或预埋吊钩上。

④ 对非成套灯具,安装以前应进行组装。组装时,灯具配线应选用额定电压不低于 450/750V 的铜芯绝缘电线,电线绝缘应良好,无漏电现象。组装完后应对灯具及灯具内部配线进行绝缘电阻测试,其绝缘电阻值应大于 2MΩ。

⑤ 电线穿入灯箱时,在分支连结处不得承受额外应力和磨损,多股软线的端头需铰接后搪锡再连接;灯箱内的导线不应过于靠近热源,否则应采用隔热垫进行隔热。

⑥ 灯具内的配线电线严禁外露,当采用螺口灯头时,开关线应接于螺口灯头的中间

端子上；装于室外且无防雨设施的灯具，灯具组装时应采取加橡胶垫或打防水胶等防水密闭措施。

⑦ 灯具固定应牢固可靠，砌体和混凝土结构上严禁使用木楔，尼龙塞或塑料塞固定灯具。

⑧ 质量大于 10kg 的灯具，其固定装置及悬吊装置应按灯具质量的 5 倍恒定均布载荷做强度试验，且持续时间不得少于 15min，装置不发生变异为合格。

2）灯具安装

① 吸顶灯安装

吸顶灯安装应先安装底座，底座一般可直接固定在楼顶板（棚）的预埋件上或用膨胀螺栓固定，但不得使用木楔。

② 嵌入灯安装

嵌入式灯具一般安装在有吊平顶的顶棚上，当设计无要求时，安装于轻质吊平顶上的灯具质量不得大于 0.5kg，否则应采用吊支架进行安装固定或固定在专设的框架上，导线不应贴近灯具外壳，且在灯盒内应留有余量。嵌入式灯具的安装位置往往取决于整个顶棚的布局，因此在灯具接线盒的预埋阶段就应及时与装修单位联系，按设计总体布局和灯具大小，确定灯具接线盒安装位置、灯具开孔位置及孔的大小，以便开孔正确，灯具安装布局合理。对安装在铝扣板或轻质材料上的矩形灯具，应尽可能使灯具模数与吊顶平顶分隔模数保持一致。安装时灯具的边框应紧贴顶棚面上，以防漏光，灯具的边框宜与顶棚面的装饰直线平行，其偏差不应大于 5mm。

③ 壁灯安装

壁灯可以安装在墙上或柱上，可在柱子浇捣或砌墙时预埋木砖，或直接用膨胀螺栓将灯具固定；当安装在柱子上时，可在柱子上预埋金属构件或用抱箍将金属构件固定在柱上，同样也可直接用膨胀螺栓将灯具固定。

④ 吊灯安装

不论是软线吊灯、链条吊灯或管子吊灯，安装时均需要有吊线盒和木台两种配件。木台规格应根据吊线盒或灯具法兰大小选择，既不能太大，又不能太小，否则影响美观。当木台直径大于 75mm 时，应用两只螺栓固定，木台的固定方法要看建筑物的构造或布线方式而定。对照明系统采用管配线布线且埋设有照明接线盒时，可直接与接线盒固定。为保持木台干燥，防止受潮变形开裂，装于室外或潮湿场所内的木台应涂防腐漆。

软线吊灯、链条吊灯应在木台上装吊线盒，从吊线盒穿线孔处引出软线，软线的另一端接到灯座上。由于接线螺栓不能承受灯的重量，所以，软线在吊线盒及灯座内应打线结，使线结卡在吊线盒的出线孔处。软线吊灯，灯具重量在 0.5kg 及以下时，可采用软电线自身吊装，大于 0.5kg 时，应采用吊链，且软电线编叉在吊链内，使电线不受外力。花灯吊钩圆钢直径不应小于灯具挂销直径，且不应小于 6mm。

当用钢管做吊灯灯杆时，钢管内径不应小于 10mm，钢管厚度不应小于 1.5mm。

⑤ 景观照明灯安装

景观照明灯布置方式有：在建筑物墙上安装、地面上安装和地面绿化带中安装三种。在墙上安装时，应在土建砌墙时先预埋接线盒；在地面上安装时，可在土建浇捣地面时预埋接线盒或直接预埋带有滴水弧状的保护管，以防止管口进水；在地面绿化带中安装，可采用混凝土基础安装。为防灯具受雨水侵袭，灯具与灯盒、混凝土基础结合面应用橡胶垫或用玻璃胶打胶处理，灯具安装好后灯表面应有一定的倾斜角。当景观照明灯采用表面湿度大于 60℃ 的灯具并安装在 2.5m 以下，且安装在人行道等人员来往密集场所的落地式灯具，应设有隔离保护措施，以防人员灼伤和触电。金属导管、灯具及灯具的构架等可接近裸露导体应按设计要求做好接地，且有标识。

⑥ 庭院灯安装

庭院灯既可作为行人夜间照明灯又可作为艺术造型灯，常安装于水池边、庭院行人道旁或草坪上。庭院灯可以安装在混凝土基础上或接线盒上。安装在混凝土基础上时，可采用地脚螺栓固定，土建浇捣混凝土前，地脚螺栓应与主筋焊接牢固，无主筋的应将螺栓末端开成鱼尾状后再预埋固定，螺栓中心的分布应与灯具底座法兰孔中心的分布一致，固定灯座的螺栓数量不少于灯具法兰底座上的固定孔，偏差应小于 ±1mm，螺栓规格应与灯具底座上的固定孔相符，埋入混凝土的鱼尾状螺栓长度应大于其直径的 20 倍；无混凝土基础的庭院灯应配合土建直接预埋防水接线盒。

室外庭院路灯的接地线应单设干线，干线沿庭院灯布置位置形成环网状，且不少于 2 处与接地装置引出线连接。由干线直接引出支线与金属灯柱及灯具的接地端子连接，且有标识，不得串联连接。

灯具安装前首先应检查每套灯是否配有熔断器或空气开关（断路器），采用熔断器时，检查其熔芯应齐全，规格与灯具适配，固定可靠，然后固定灯具再进行接线。灯具法兰底座与基础固定时应保证使灯具的接线盒手孔朝向一致，并设置于便于维修人员操作且不易被游人涉足的方向，灯具固定完后将其与基础接触面间加橡胶垫或打上防水胶；在熔断器盒或空气开关（断路器）内接线时，上端应接电源进线，下端与灯线连接。为防止雨水进入接线手孔，孔的四边应加防水垫。

⑦ 吊扇安装

吊扇的安装，扇叶距地高度不应小于 2.5m，吊扇挂钩安装时，挂钩直径不小于吊扇挂销直径，且不小于 8mm。

（2）照明开关及插座安装

1）一般规定

① 开关安装时应使同一建筑物内的电源通断位置一致，一般跷板开关往上按是接通电源，往下按是切断电源。

② 插座安装时，应注意不同电压等级或不同电源的插座有明显的区别，同一场所的三相插座接线的相序应一致，单相两孔插座，面对插座的右孔或上孔接相线，左孔或下孔接中性线；单相三孔插座，面对插座的右孔接相线，左孔接中性线；单相三孔、三相四孔及三相五孔插座的接地线（PE）接在上孔。插座的接地端子不能与中性线端子连接，同时接地（PE）线在插座间不能串联连接。相线与中性导体（N）不得利用插座本体的接线端子转接供电。

③ 开关安装位置应便于操作，开关边缘距门框边缘的距离为 0.15m～0.2m，开关距地面高度 1.3m；拉线开关距地面高度 2m～3m，层高小于 3m 时，拉线开关距顶板不小于 100mm，拉线出口垂直向下；相同型号并列安装且同一室内开关安装高度一致，且控制有序不错位。并列安装的拉线开关的相邻间距不小于 20mm。

④ 同一室内相同标高的插座安装差不宜大于 5mm，高度一致，并列安装相同型号的插座高度差不宜大于 1mm。

⑤ 当交流、直流或不同电压等级的插座安装在同一场所时，应有明显的区别，且必须选择不同结构、不同规格和不能互换的插座，其配套的插头，应按交流、直流或不同电压等级区别使用。

⑥ 插座回路应设置剩余电流动作保护装置，每一回路插座数量不宜超过 10 个；用于计算机电源的插座数量不宜超过 5 个（组），并应采用 A 型剩余电流动作保护装置；潮湿场所应采用防溅型插座，安装高度不应低于 1.5m。

2) 开关、插座的固定

① 明装

明装开关、插座应使用明装接线盒，先将导管与接线盒固定，然后敷设导线，再将导线与开关、插座连接，最后将开关插座面板固定在相应的接线盒上。

② 暗装

先将开关盒或插座盒按图纸要求位置埋入墙内，埋设时可用水泥砂浆填充，但应注意埋设平正，盒口面应与墙的粉刷层平面一致，待穿完线，将电线与开关或插座接线端子连接后，即可将开关或插座板用螺栓固定在盒上。开关或插座面板应紧贴墙面或装饰面，四周无缝隙，导线不得裸露在装饰层内。

(3) 照明控制（开关）箱安装

1) 悬挂式安装

① 悬挂式配电箱安装常见的有直接悬挂在墙上安装和利用支架固定安装两种。直接安装在墙上时，应先埋设固定螺栓，固定螺栓的规格应根据配电箱的型号和重量选择。当配电箱采用金属支架固定时，支架制作前应调直型钢，用机械开孔法在支架上开好用于配电箱固定的螺栓孔，支架安装前应刷好防锈漆和面漆。然后将支架固定在墙上，或用抱箍固定在柱子上。墙上安装前，应根据设计要求找出配电箱、板的位置，并按其外形尺寸进行弹线定位。

② 配电箱安装前，应根据配电箱进出电气线路配管的情况，按需要敲掉敲落孔压片或按其线路配管管口大小、数量用开孔器在箱体上开孔，严禁使用气割开孔。配电箱应安装牢固后，方可进行配管连接作业。

③ 配电箱安装过程中应随时用水平仪和吊线锤测量箱体垂直度、水平度和平整度，配电箱底边距地面高度应按设计要求确定，通常照明配电箱底边距地高度不宜小于 1.5m。垂直度允许偏差为 1.5‰，在同一建筑物内同类箱的高度应保持一致，允许偏差为 10mm。调整后将配电箱用金属螺栓进行固定。

2) 嵌入式安装

① 嵌入式配电箱安装有：混凝土墙板上暗装、砖墙上暗装和木结构或轻钢龙骨护板墙上暗装几种情况。安装时一般先安装铁壳箱体，再安装箱内配电板。配电箱体安装前，同样应根据配电箱进出电气线路配管的情况，先将箱体铁壳按需要敲掉敲落孔压片或按其线路配管管口大小、数量用开孔器在箱体上开孔，严禁使用气割开孔，同时将与建筑物、构筑物接触部分涂以防腐漆，以防腐蚀。

② 配电箱的安装高度以设计为准，箱体安装应保持其水平和垂直，安装的垂直度允

许偏差为 1.5‰。箱体安装应根据其结构形式和墙体装饰层厚度来确定突出墙体的尺寸，箱内配电盘安装前预埋的配电管均应配入配电箱内，同时应对箱体的预埋质量、线管的预埋质量进行检查，确认符合要求后，再进行盘的安装。安装盘面时应保证盘内的交流、直流或不同电压等级的电源，应有明显标志；中性线汇流排必须与金属电器安装板进行绝缘隔离，PE 线汇流排必须与金属电器安装板进行电气连接。不同回路的中性线或 PE 线不应连接在汇流排同一孔上。中性线及 PE 线应套上回路标志号码管。配电箱内导线色别应正确，A 相（L1）黄色；B 相（L2）绿色；C 相（L3）红色；中性线 N 相淡蓝色；保护地线（PE 线）黄绿相间双色。配电箱安装完成后，应标明配电系统图和用电回路名称。

③ 全部电器安装完毕后，用 500V 兆欧表对线路进行绝缘检测。检测项目包括相线与相线之间，相线与中性线之间，相线与保护地线之间，中性线与保护地线之间。同时做好记录，作为技术资料存档。

（4）照明系统试运行

试运行包括线路绝缘电阻测试、照度检测和照明全负荷通电试运行三个过程。

1）线路绝缘电阻测试

校验兆欧表，即将兆欧表水平放置，接线端子开路，用额定转速转动手柄，此时指针应指到"∞"位置；再慢速转动手柄，并用导线短接"L"和"E"端子，此时指针应指到"0"位。否则，该兆欧表不能使用。

将被测线路接于"L"和"E"端子，以额定转速 120r/min 匀速转动手柄，1min 后待指针稳定后，读取绝缘电阻值。值得注意的是，测量读数时不应停止兆欧表的转动，只有在读取数值并断开"L"端子连接后，才能停止转动手柄。

测量绝缘电阻时，采用兆欧表的电压等级，设备电压等级与兆欧表的选用关系应符合表 4-15 的规定。

设备电压等级与兆欧表的选用关系　　　　　　表 4-15

序号	设备电压等级（V）	兆欧表电压等级（V）	兆欧表最小量程（MΩ）
1	<100	250	50
2	<500	500	100
3	<3000	1000	2000
4	<10000	2500	10000

对于低压（500V 及以下）成套配电柜、箱及控制柜（台、箱）间线路的线间和线对地间绝缘电阻值，馈电线路不应小于 0.5MΩ，二次回路不应小于 1MΩ；二次回路的耐压试验电压应为 1000V，当回路绝缘电阻值大于 10MΩ 时，应采用 2500V 兆欧表代替，试验持续时间应为 1min 或符合产品技术文件要求。

直流柜试验时，应将屏内电子器件从线路上退出，主回路线间和线对地间绝缘电阻值不应小于 0.5MΩ，直流屏所附蓄电池组的充、放电应符合产品技术文件要求；整流器的控制调整和输出特性试验应符合产品技术文件要求。

2）照度检测

有照度自控功能的要与智能化工程联合调试，照度测试时应选用经计量检测合格的照度计进行测试，测试位置应在房间内距墙面 1m（小面积房间为 0.5m)，距地面 0.75m 的假定工作面上进行测试;或在实际工作台面上进行测试。每个房间应选择 3~5 个测试点,大面积房间可多选几点进行测试,所测数据的平均值,即为该房间的实际照度。在通电试运行中,应测试并记录照明系统的照度和功率密度值,其中照度值不得小于设计值的 95%。

3) 照明全负荷通电试运行

当照明负荷所有回路均接线完成,线路绝缘电阻测试合格,检查灯具控制回路与照明配电箱回路标识一致,用电压表测量照明供电电压应正常,即可进行通电试运行。通电运行应先开启照明电源开关,再按回路编号逐一开启照明控制开关,边开启开关,边检查照明灯具送电运行情况,直至所有照明灯具均开启。通电连续运行时间:公用建筑照明系统 24h,民用住宅照明系统 8h。在运行期间用电压、电流表每 2h 检查一次电压、电流的变化情况和灯具的发热状况,以及三相配电干线的负荷分配平衡状况,三相照明配电干线的各相负荷宜分配平衡,其最大相负荷不宜超过负荷平均值的 115%,最小相负荷不宜小于三相负荷平均值的 85%。三相电压不平衡度允许值为 2%,短时不得超过 4%。若发现三相用电负荷严重不平衡,应与设计单位联系,对用电回路做出调整,以确保三相用电负荷的平衡,检查情况应及时进行记录,连续试运行时间内无故障且一切正常,则可交付正常运行。

3. 室内配电线路敷设施工工艺

(1) 钢导管敷设

电气布线系统中常用的钢导管分为镀锌钢导管和非镀锌钢导管二类,按其厚度又可分为厚壁($\delta > 2mm$)和薄壁($\delta \leqslant 2mm$)二类。钢导管的连接方式有:镀锌厚壁钢导管的丝扣连接、镀锌薄壁钢导管的套接紧定式连接、非镀锌厚壁钢导管的丝扣或套管连接、非镀锌薄壁钢导管的丝扣连接,连接方式不同,施工方法也不尽相同,在施工中应根据所采用材料的不同,采用不同的施工方法。

1) 导管加工

导管的加工有:除锈、切割、套丝和弯管等,在钢导管敷设前,可根据导管的连接方式,选择导管加工的内容。

① 除锈

对非镀锌钢管,为防止生锈,在配管前应对管子进行除锈、刷防腐漆。

A. 埋入混凝土内的钢管外壁不刷防腐漆。

B. 埋入道渣垫层和土层内的钢管外壁应刷两道沥青。

C. 埋入砖墙内的钢管内外壁应刷红丹漆等防腐。

D. 钢管明敷时,应刷一道防腐漆,一道面漆。

E. 埋入有腐蚀的土层中的钢管,应按设计要求进行防腐处理。

② 切割套丝

根据实际施工需用长度对管子进行切割。管子切割时严禁采用气割,应使用钢锯或电动无齿锯进行切割。

除采用套接紧定式连接的镀锌薄壁钢导管外,管子和管子丝扣连接、管子和接线盒、配电箱的连接,都需要在管子端部进行套丝。厚壁钢管套丝,可用管子铰板或电动套丝机，常用的有 $\frac{1}{2}''$～$2''$ 和 $2\frac{1}{2}''$～$4''$ 两种。薄壁钢管可用圆丝板。

套丝时根据钢管外径选择相应板牙。将管子用龙门压力钳紧固，再把绞板套在管端，均匀用力，随套随浇冷却液，丝扣不乱不过长，或用套丝机进行套丝。套完丝后，应立即清扫管口，将管口端面和内壁的毛刺用锉刀锉光，使管口保持光滑，以免割破导线绝缘。

③ 弯曲

管子弯曲半径，明配时，一般不宜小于管外径的 6 倍，只有一个弯时，可不小于管外径的 4 倍；暗配时，不宜小于管外径的 6 倍；埋于地下时，不宜小于管外径的 10 倍。

管子弯曲分冷弯和热弯，冷弯可采用手板弯管器或液压弯管器。手板弯管器一般适用于直径 25mm 及以下的管子，先将管子插入弯管器，逐步弯出所需弧度；直径为 32mm 及其以上时，使用液压弯管器，即先将管子放入模具内，然后扳动弯管器，弯出所需弧度。

热弯一般适用于直径大于 100mm 的管子，用热弯法，首先应烘干沙子，堵住管子一端，将干沙灌入管内，用手锤敲打，直至灌实，再将另一管口堵住，放在炉上转动加热，烧红后，在钢平台上用固定的靠模煨成所需弧度。管路的弯曲处不能够有折皱、凹穴和裂缝现象。成型后浇水冷却，倒出沙子。管子的加热长度可根据下式（4-1）计算：

$$L = \frac{\pi \cdot \alpha \cdot R}{180} \tag{4-1}$$

式中：α——弯曲角度，°；

R——弯曲半径，mm。

当 α 为 90°时，煨弯加热长度 $L=1.57R$。由于弯头冷却后角度往往要回缩 2°～3°，所以在弯制时宜比预定弯曲角度略大 2°～3°。

2）导管连接

① 管与管连接

A. 钢管与钢管连接有丝扣连接、套接紧定式连接和套管连接四种连接方式，最常见的连接方式是丝扣连接和套管连接，套接紧定式连接采用专用管接头。套接紧定式连接时将专用管接头上的紧定螺栓拧断即可。对钢导管而言，无论是明敷还是暗敷，一般都采用丝扣连接，特别是潮湿场所，以及埋地和防爆的配管。为保证管子接口的严密性，管子的丝扣连接应用管子钳拧紧，使两管端间吻合，外露丝不多于 2 扣，然后用圆钢或扁钢作跨接地线焊在接头处，使管子之间有良好的电气连接，以保证接地的可靠性，如图 4-11 所示。跨接线焊接应整齐一致，焊接面不得小于接地线截面面积的 6 倍，双面焊接，并不得将管箍焊死。

B. 在干燥少尘的厂房或机房，非镀锌厚壁钢导管可采用套管焊接的方法，套管的长度应大于连接管外径的 2.2 倍，套管的内径应略大于厚壁钢导管外径 1～1.5mm。焊接前先将管子从两端插入套管，并使连接管的对口处在套管的中心，然后在两端焊接牢固。

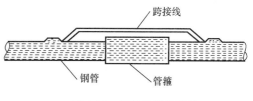

图 4-11 钢管连接处接地

C. 镀锌钢导管或壁厚小于等于 2mm 的钢导管必须采用丝扣连接，不得采用套管熔焊连接，其套管两端采用不小于 4mm² 的铜芯软导线作为接地跨接线，利用专用接地卡固定。

D. 套接紧定式连接应采用专用管配件，不应敲打形成压点，严禁熔焊连接。采用直管接头连接，两管口插入直管接头中心凹型槽两侧。采用 90°直角弯管接头时，管子应插入弯管接头的承口处。插紧定位后，用紧定钉扳手持续拧紧紧定螺钉，直至拧断"脖颈"，使导管与管接头成一整体即达到连接要求，无须再做接地跨接线。

② 管与盒、箱连接

无敲落孔的盒、箱开孔应用开孔器开孔，有敲落孔的盒箱，敲掉相应压板，使孔洞应与管径吻合，排列整齐，要求一管一孔。JDG 管应采用专用配件进行管与盒、箱的连接，管口露出盒、箱应小于 5mm；并用锁紧螺母锁定，内壁管端螺纹宜外露锁紧螺母 2～3 扣。

3) 导管敷设

① 暗管敷设

在现浇混凝土构件内敷设管子，可用铁丝将管子绑扎在钢筋上，并将管子用垫块垫起，用铁丝绑牢，如图 4-12 所示。垫块可用碎石块，垫高 15mm 以上，此项工作是在混凝土浇灌前进行的。当管子配在砖墙内时，一般是随土建砌砖时预埋；否则，应事先在砖墙上留槽或开槽。但对截面长边小于 5mm² 的承重墙体不允许剔槽埋设，以防墙体结构受影响。管子在砖墙内的固定方法，可先在砖缝里打入木楔，再在木楔上钉钉子，用铁丝将管子绑扎在钉子上，再将钉子打入，使管子充分嵌入槽内。应保证管子离墙表面净距不小于 15mm，火灾自动报警和联动电线电缆导管以及应急照明导管离墙表面净距不小于 30mm。埋于地下的电线管不宜穿过设备基础，在穿过建筑物基础时，应加保护管保护。当许多管子并排敷设在一起时，必须使其各离开一定的距离，以保证其间也灌上混凝土。进入落地式配电箱的管子应排列整齐，管口应高出基础面 50mm～80mm。为避免管口堵塞影响穿线，管子配好后应将管口用木塞或牛皮纸堵好。管子连接处以及钢管与接线盒连接处，要做好接地处理。当电线管路遇到建筑物伸缩缝、沉降缝时，必须相应作伸缩、沉降处理，一般是装设补偿盒。在补偿盒的侧面开一个长孔，将管端穿入长孔中，而另一端用六角螺母与接线盒拧紧固定，如图 4-13 所示。

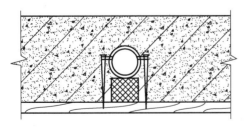

图 4-12 木模板上管子的固定方法

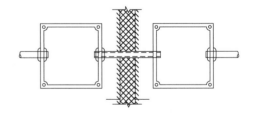

图 4-13 装设补偿盒的补偿装置

② 明管敷设

A. 明管敷设应排列整齐、美观，固定点均匀。一般管路应沿建筑物结构表面水平或垂直敷设，其允许偏差在 2m 以内为 3mm，全长不应超过管子内径的 1/2。管路连接应用丝扣连接或套接紧定式连接，各接线盒要用成品配件并与管径相适配。当管子沿墙、柱和屋架等处敷设时，可直接用管卡固定。管卡的固定方法，可用膨胀螺栓或弹簧螺栓直接固定在墙上。当采用支架固定时，支架形式可根据具体情况按照标准图集选择。管路敷设应用管卡固定，严禁将管焊接在支架上或焊接固定在其他管道上。电管采用金属吊架固定时，圆钢直径不得小于8mm，管卡与终端、转弯中点、电气器具或接线盒边缘的距离为150~500mm，中间管卡最大间距应符合表4-16的规定。管子贴墙敷设进入盒、箱内时，要适当将管子煨成双弯（鸭脖弯），如图4-14所示。不能使管子斜穿到接线盒内。同时要使管子平整地紧贴建筑物上，在距接线盒300mm处，用管卡将管子固定。在有弯头的地方，弯头两边也应用管卡固定。

钢管中间管卡最大距离　　　　　　　　　　　　　　　　　表4-16

敷设方式	导管种类	导管直径（mm）			
		15~20	25~32	40~50	65以上
		管卡间最大距离（m）			
支架或沿墙明敷	壁厚>2mm刚性钢导管	1.5	2.0	2.5	3.5
	壁厚≤2mm刚性钢导管	1.0	1.5	2.0	—
	刚性塑料导管	1.0	1.5	2.0	2.0

B. 补偿装置宜用金属软管或可挠金属管等柔性导管，柔性导管长度有足够余量，与钢管连接有专用接头。如图4-15所示，两端钢管间有铜软线连接的跨接地线。

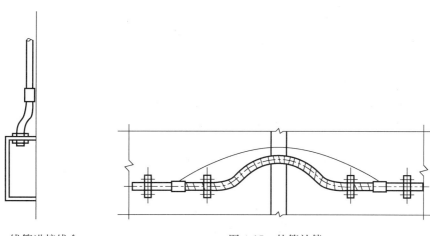

图4-14　线管进接线盒　　　　　图4-15　软管补偿

C. 在爆炸危险场所内明配钢管时，凡自非防爆场所进入防爆场所的引入口均应采用密封措施，电管在穿越外墙、防火、防爆分区等处，一般采用镀锌钢管作套管。图4-16为钢管与电缆的穿墙密封措施。

D. 管子间及管子与接线盒、开关盒之间都必须用螺纹连接，螺纹处必须用油漆麻丝或四氟乙烯带缠绕后旋紧，保证密封可靠。麻丝及四氟乙烯带缠绕方向应和管子旋紧方向一致，以防松散。

（2）绝缘导管敷设

绝缘导管按其硬度可分为刚性绝缘导管和可弯曲绝缘导管。刚性绝缘导管是只有借助

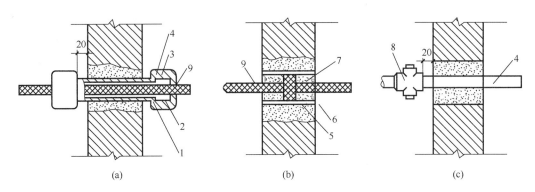

图 4-16 钢管与电缆穿墙的密封做法

(a) 单根非铠装电缆的穿墙做法；(b) 单根铠装电缆的穿墙做法；(c) 单根管子穿墙做法

1—密封接头（成套）；2—橡皮封垫（成套）；3—垫圈（成套）；4—钢管；5—水泥预制管；6—黏土填充物；7—料堵（浸胶麻绳）；8—四通隔离密封；9—电缆

于机械装置才能弯曲的绝缘导管，在弯曲过程中可以进行或不进行特殊加工；可弯曲绝缘导管是不用借助于其他装置，只用适当的力就能用手弯曲的绝缘导管。由于绝缘导管的硬度不同，其安装过程的制作加工方法也不尽相同。施工现场使用比较多的是刚性绝缘导管。

1) 导管加工

① 切割

绝缘导管的切断，应采用专用的剪管器进行，也可以用普通钢锯进行切断。管子切断后，便可直接与连接器连接。但为便于与附件粘接，应用刮刀刮掉毛刺，用锉刀锉平管口，使其断面光滑。内侧用刀柄旋转绞动一圈，便于过线。

② 弯曲

绝缘导管的安装和弯曲，应在原材料规定的允许环境温度下进行，其温度不宜低于 -15℃。刚性绝缘导管弯曲方法分冷煨法和热煨法二种。

A. 冷煨法

有用膝盖煨弯和使用手扳弯管器煨弯二种，适用于管径在 25mm 及其以下的导管。用膝盖煨弯：是将弯管弹簧插入绝缘导管内需要煨弯处，两手抓住管子两头，顶在膝盖上用手扳，逐步弯出所需弧度，然后，抽出弯管弹簧（当弯曲较长的管子时，可将弯管弹簧用镀锌铁丝拴住，以便管子弯曲后拉出弯管弹簧）；使用手扳弯管器煨弯：是将管子插入配套的弯管器内，手扳一次煨出所需的弧度，如图 4-17 所示。

B. 热煨法

a. 热煨法是一种用电炉或热风机等均匀对管子加热，待至柔软状态时，进行管子弯曲的方法。热煨弯时，将弯管弹簧插入绝缘导管内需要煨弯处，用电炉或热风机等均匀加热，烘烤管子煨弯处，待管子被加热到可随意弯曲时，立即将管子放在木板上，固定管子一头，逐步煨出所需弧度，并用湿布抹擦使弯曲部位冷却定型，然后抽出弯管弹簧。热煨过程中，不得使管子出现烤伤、变色、破裂等现象。

b. 可弯曲绝缘导管用手工直接煨弯，煨弯时两手抓住管子，分段均匀用力弯曲，以免出现管子凹瘪、折皱和椭圆等现象。

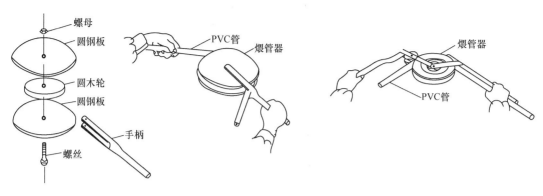

图 4-17 手扳弯管器示意图

c. 管子弯曲半径的规定与钢导管的要求一致。

2) 导管连接

绝缘导管，管与管及管与箱、盒连接时，均应采用其配套的专用配件。

① 管与管连接

A. 绝缘导管的管与管连接选用的是专用套管，连接时只要将管子插入段擦拭干净，抹上专用胶水，用力将管子插入套管内，套管插入后不要随意转动，一分钟后管子套接连接就可完成。

B. 绝缘导管需做补偿处理时应选用补偿节，补偿节连接如图 4-18 所示。连接时将管子 1 插入段擦拭干净，抹上专用胶水，用力将其插入补偿节内，1min 后将管子 2 插入段擦拭干净，抹上专用胶水，再用力将其插入补偿节的另一端，插入节内约 50mm。套管插入后不得随意转动，1min 后粘接完成。

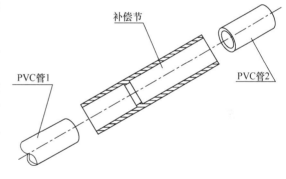

图 4-18 补偿节连接

② 管与盒、箱连接

A. 绝缘导管的管与盒、箱连接，目前市场上也有专用接头，连接时只要先将专用接头与盒、箱壁用拧紧螺圈紧固，如图 4-19 所示，然后将专用接头与管子连接，连接方法同管与管连接方法。

B. 暗敷在现浇混凝土或预制楼板上的管与箱、盒连接完成后，应用纸或泡沫塑料块堵好箱、盒口。

3) 导管敷设

① 暗管敷设

绝缘导管暗敷设的技术要求除导管本身不需要接地外，其余基本上与钢导管敷设相同。管子固定在砖墙、轻质墙或轻钢龙骨吊顶内的安装可用塑料开口管卡固定。

② 明管敷设

绝缘导管明敷设的技术要求基本与钢导管敷设相同，但管子沿墙、柱和屋架等处敷设时，在直线段上每隔 30m 要装设一只温度补偿装置，以适应其膨胀性，在支架上架空敷

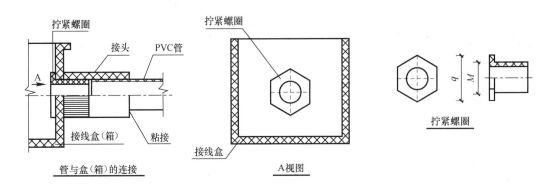

图 4-19 管与盒（箱）连接

设的绝缘导管，因可以改变其挠度来适应其长度的变化，所以，可不装设补偿装置。绝缘导管可直接用塑料管卡固定。管卡与终端、转弯中点、电气器具或接线盒边缘的距离为 150mm～300mm，中间管卡最大间距应符合表 4-16 的规定。管子贴墙敷设进入盒、箱内时，按图 4-14 施工。在距接线盒 300mm 处，用管卡将管子固定。在有弯头的地方，弯头两边也应用管卡固定。明配绝缘导管在穿越楼板易受机械损伤的地方应用钢管保护，其保护高度距楼板面不应低于 500mm。

（3）可挠金属导管敷设

与钢导管相比，它的最大优点是敷设方便、施工操作简单，由于导管结构上具有可挠性，因此安装时不受建筑部位影响，随意性比较大，但价格相对较高。目前大多用于高档次的高级民用工程中，在刚性导管与设备的连接中也有应用。

1）导管加工

导管切断可采用专用的切割刀，也可以用普通钢锯。切断时，用手握住可挠金属导管或放置在工作台上用手压住，刀刃轴向垂直对准管子纹沟，边压边切即可断管。管子切断后，便可直接与连接器连接。但为便于与附件连接，可用刀背敲掉毛刺，使其断面光滑。内侧用刀柄旋转绞动一圈，更便于过线。

2）导管连接

① 管与管、箱、盒连接

A. 可挠金属导管与可挠金属导管以及与钢导管、各类箱、盒的连接时，均应采用其配套的专用附件。详见表 4-17。

B. 可挠金属导管与钢导管连接，当采用 KS 系列连接器时，由于管子、连接器自身有螺纹，可直接将管子拧入拧紧；当采用 VKC 系列无螺纹连接器与钢导管连接时，必须用扳手或钳子将连接器的顶丝拧紧，以防浇灌混凝土时松脱。

可挠金属电线保护管附件种类及用途　　　　　　表 4-17

种类	型号	用途
接线箱连接器	BG	可挠金属导管与接线箱等连接
组合连接器	KG	可挠金属导管与钢导管连接
无螺纹连接器	VKC	可挠金属导管与钢导管组合连接

续表

种类	型号	用途
直接连接器	KS	可挠金属导管相互之间的连接
绝缘护套	BP	为保护电线绝缘层不受损伤，安装在可挠金属导管末端
固定夹	SP	固定可挠金属导管
防水型直接头连接器	WC	防水型、阻燃型可挠金属导管相互之间的螺纹连接
防水型接线箱连接器	WBG	外覆PVC塑料的可挠金属导管与接线箱等组合连接
防水型混合连接器	WUG	外覆PVC塑料的可挠金属导管与钢导管组合连接
防水角型接线箱连接器	WAG	外覆PVC塑料的可挠金属导管与接线箱等直角组合连接
接地夹	DXA	固定接地线

② 接地线连接

可挠金属导管与管、箱盒等连接处，必须采用可挠金属导管配套的接地夹子进行连接，不得采用熔焊连接，接地跨接线为截面面积应不小于 $4mm^2$ 的软铜线。导管、箱、盒等均应可靠接地并连接成一体，但不得作为电气持续接地体。交流50V，直流120V及以下的配管，可不跨接接地线。

3) 导管敷设

可挠金属导管在穿越建筑物、构筑物的沉降缝或伸缩缝处时，只要留有稍许余量，满足要求即可。

① 暗管敷设

在安装过程中，应先确定管子敷设的始点与终点，然后测量所需导管的长度（包括导管的弯曲弧长），安装时随时进行固定并注意导管的弯曲半径不应小于管外径的6倍。暗敷在现浇混凝土结构中的管子，应敷设在两层钢筋中间，且依附底筋敷设，管子与钢筋绑扎，绑扎点间距小于500mm，绑扎点距箱、盒小于300mm。垂直敷设时，管子应依附同侧竖向钢筋固定敷设，每隔不大于1000mm的距离用细铅丝、铁钉固定；水平敷设时，管子宜沿同侧横向钢筋固定敷设。砖混结构随墙暗敷时，向上引管应及时堵好管口，并用临时支杆将管沿敷设方向挑起；吊顶内暗敷时，管子可敷设在主龙骨上，每隔不大于1000mm的距离用专用卡子固定，在与接线箱、盒连接处，固定点距离不应大于300mm；护墙板（石膏板轻质墙）内暗敷时，应随土建龙骨同时进行，其管路固定，应用可挠金属导管的专用卡子进行固定。在暗敷时，可挠金属导管有可能受重物压力或明显机械冲击处，应采取有效保护措施。

② 明管敷设

可挠金属导管明配时，应注意不要使可挠金属导管出现急弯，其弯曲半径不应小于管外径的3倍。抱柱、梁弯曲时，可采用专用的弯角附件进行配接。水平或垂直敷设的明配可挠金属导管，其允许偏差为5‰，全长偏差不应大于管内径的1/2。导管的终端、转角处、电气器具或接线盒、箱距支架、吊架150mm～300mm处应进行固定，管长不超出1000mm时应最少设置两副支架，其余支架的设置不应超出表4-18的规定。导管明配时，为确保导管敷设平整、横平、竖直，应边敷设边进行固定，固定完后，再将多余的导管截去。

可挠金属电线保护管明敷固定点间距离 表 4-18

敷设条件	固定点间距离（mm）
建筑物侧面或下面水平敷设	<1000
人可能触及部位	<1000
可挠金属电线管互接，与接线箱或器具连接	固定点距连接处<300

③ 柔性导管的长度在动力工程中不大于 0.8m，在照明工程中不大于 1.2m。

（4）配线

1）一般要求

① 电线敷设时，应尽量避免接头。必须接头时，应设立接线盒并应采用压接或焊接。

② 电线的连接和分支处，不应受机械力的作用，电线与电器端子连接时应紧固。

③ 穿在管内的电线，在任何情况下都不能有接头，必须接头时，接头应设在接线盒或灯头盒、开关盒内。

④ 为确保用电安全，室内电气管线与其他管道间应保持一定距离。

⑤ 同一交流回路的绝缘导线不应敷设于不同的金属槽盒内或穿于不同的金属导管内。

⑥ 塑料护套线在室内垂直敷设时，距地面高度 1.8m 以下的部分应有保护，塑料护套线严禁直接敷设在建筑物顶棚内、墙体内、抹灰层内、保温层内或装饰面内。

⑦ 截面面积 6mm² 及以下铜芯导线间的连接应采用导线连接器或缠绕搪锡连接。

⑧ 截面面积大于 2.5mm² 的多股铜芯导线与设备、器具、母排的连接，除设备、器具、自带插接式端子外，应加装接线端子。

⑨ 导线连接端子与电气器具连接不得降容连接。

2）管内穿线

① 管内穿线工作一般应在管子全部敷设完毕及土建地坪和粉刷工程结束后进行。在穿线前应将管子中的积水及杂物清除干净。电线穿管时，应先穿一根钢丝作引线。当管路较长或弯曲较多时，应在配管时就将引线穿好。在所穿电线根数较多时，可以将电线分段结扎，如图 4-20 所示。也可穿一根 $\phi 4 \sim \phi 8$ 的尼龙管线作引线。

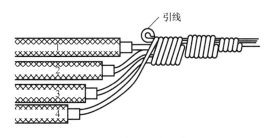

图 4-20　多根电线的绑法

② 拉线时，应由二人操作，较熟练的一人担任送线，送线应用放线盘，使电线不打结，另一人担任拉线，两人送拉动作要配合协调，不可硬送硬拉。当电线拉不动时，两人应反复来回拉 1~2 次再向前拉，不可过分勉强而将引线或电线拉断。

③ 在较长的垂直管路中，为防止由于电线的本身自重拉断电线或拉松接线盒中的接头，电线每超过下列长度，应在管口处或接线盒中加以固定：当 50mm² 以下的电线，长度为 30m 时；70~95mm² 电线，长度为 20m 时；120~240mm² 电线，长度为 18m 时。电线在接线盒内的固定方法如图 4-21 所示。

④ 穿线时应严格按照规范要求进行，不同回路、不同电压等级和交流与直流的电线，不得穿入同一根管子内；同一交流回路的电线应穿于同一金属导管内。

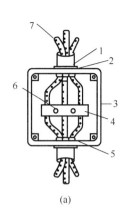 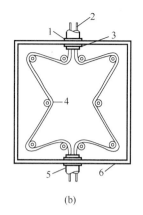

(a) (b)

图 4-21 垂直管线的固定
(a) 固定方法之一；(b) 固定方法之二

1—电线管；2—根母；3—接线盒；4—木制线夹；　　1—根母；2—电线；3—护口；4—瓷瓶；
5—护口；6—M6 机螺栓；7—电线　　　　　　　　5—电线管；6—接线盒

⑤ 电线与设备连接时，应将钢管敷设到设备内；如不能直接进入时，可在钢管出口处加金属软管或可挠性金属导管引入设备，金属软管或可挠性金属导管和接线盒等的连接应用专用接头。穿线完毕，即可进行电器安装和电线连接。

4. 封闭插接式母线（母线槽）敷设

封闭插接式母线是由金属外壳、绝缘件及金属母线组成的，目前市场上以镀锌钢板和铝合金材料居多，母线每段标准长度有 2m、2.5m、3m、4m、5m、6m，在施工中可根据现场实际长度需要定制，插接式母线带有插口。

（1）母线的测绘（定位）

母线测绘前，电气设备（变压器、开关柜等）应已定位，同时，根据建筑结构实际位置和设计图纸要求，对母线按分段（节）实际尺寸进行测绘，取得每段（节）的实际尺寸，根据实际尺寸绘制母线安装图，以作为订货的依据。

（2）支吊架制作安装

1）根据施工现场建筑结构类型和预埋预留状况，可选用制造厂家提供的成套支吊架或采用角钢或槽钢等型钢自行制作。支吊架构造型式可按施工设计图纸或设计指定的施工大样图制作，也可按母线供货商提供的技术文件要求进行制作，支吊架制作完成后应及时进行油漆或镀锌等防腐处理。

2）支吊架安装时，水平或垂直敷设的固定点间距不宜大于 2m，距拐弯 0.5m 处应设置支架；沿墙水平安装高度应符合设计要求，设计无要求时距地不应小于 1.8m。支架、吊架设置应使母线有伸缩的活动余地。

3）母线水平安装可用托架或吊架，垂直安装时，应用楼面支承弹性支架，如图 4-22 所示，托架和支撑架一般利用建筑预埋件进行焊接固定，吊架采用膨胀螺栓固定，具体支吊架的安装方法可参照制造厂家的安装说明或施工图集进行。

（3）插接式母线的组装和架设

为了安装方便，可把 2~3 段母线先在地面上组装，组装前必须再一次对每段母线用 1000V 兆欧表进行绝缘电阻测试，其电阻值不得小于 20MΩ，然后架设到支吊架上，再把各段连成一个整体。

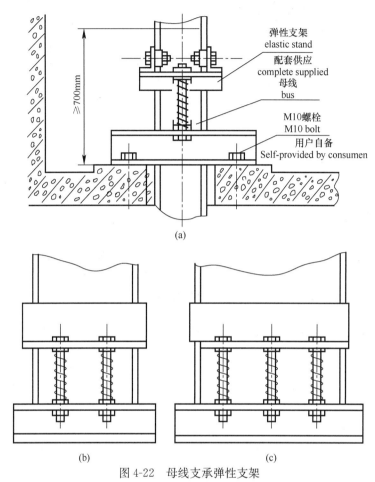

图 4-22　母线支承弹性支架
(a) 100A~1600A；(b) 2000A~3150A；(c) 3500A~5000A

1) 母线的段间连接

两段母线连接时，需注意使母线的搭接接触面相互保持平行，每相母线间及与外壳间的纵向间隙应分配均匀，母线与外壳应同心，其误差不得超过 5mm。具体做法是先将两相邻母线及外壳对准，再穿入相应规格的螺栓，用扭力扳手拧紧，M12 螺栓紧固力矩为 118N·m，M16 螺栓紧固力矩为 138N·m，连接时不应使母线及外壳受到附加机械应力，母线连接好后，装好盖板，接上保护接地线，再检测保护电路的连续性，$R \leqslant 0.1\Omega$ 即合格。母线直线段距离超过 80m 时（或根据厂家给定的要求），每 50m~60m 应设置膨胀节。

2) 母线与进线箱的连接

当配电柜或变压器或进线箱作为母线的电源输出、输入端时，只要将其母线终始端单元直接与其连接即可，当进线箱安装在中间进线单元时，应根据设计位置，先安装中间进线单元，再依次安装两端母线。

3）母线架设

① 几段母线组装完毕，由人工用肩抬的方式放入已安装的托架上，当母线垂直安装时可用吊索（可用麻绳绑扎，不得用裸钢丝绳）将母线垂直起吊，并将其与已安装的母线或进线单元按母线的段间连接方法进行组对，组对后，根据弹性支架的弹簧高度在母线上卡接固定弹性支架，并将弹性支架与固定支座用弹簧螺栓进行连接，连接紧固后方可拆除起吊用索具。

② 封闭式母线穿越防火墙、防火楼板时，应采取防火隔离措施，一般在外壳周围填充防火填料。

4）接地

母线的外壳应可靠接地，全长不应少于2处与接地保护干线相连接。

5）送电

① 确认插接式母线安装完成，母线槽的金属外壳与外部保护导体连接完成，测量母线相间或相对地、相对零绝缘电阻大于等于 0.5MΩ，交流工频耐压试验合格后，检查电源出线开关处于断开状态，方可进行送电。

② 母线槽通电运行前检查分接单元插入时，接地触头应先于相线触头接触，且触头连接紧密，退出时，接地触头应后于相线触头脱开。

5. 电缆敷设施工工艺

建筑电气工程的电缆敷设方式，有室外直埋敷设、电缆沟敷设、桥架敷设和穿导管敷设四种方式。

（1）桥架的敷设

1）支吊架安装

① 金属、玻璃钢制品一般采用支吊架安装，塑料制品可直接用塑料胀管固定于混凝土墙或砖墙上，而不需要支吊架，其安装方法有焊接连接和螺栓固定连接两种，采用焊接连接时，应在土建浇捣楼板或梁柱时先预埋铁，作为支吊架安装的固定件，预埋铁的自制加工尺寸不应小于 120mm×60mm×6mm，螺栓固定时，角钢立柱与楼板或墙面直接用膨胀螺栓连接；对制造厂提供的标准立柱，安装完成后，按设计高度安装托臂。由制造厂提供的标准托臂也有两类，一类是与立柱配套的托臂（图 4-23），托臂与立柱靠压板用螺栓紧固；另一类是带固定底座的托臂（图 4-24），托臂底座直接用膨胀螺栓固定于墙或柱上的。

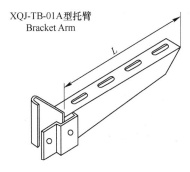

图 4-23 与立柱配套的托臂

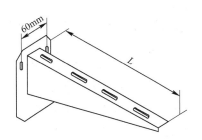

图 4-24 带固定底座的托臂

② 支吊架安装前根据设计图确定走向、进户线、盒、箱等电气器具的安装位置和支架设置位置，进行弹线定位，按已确定的位置安装支吊架，支吊架焊接连接后，应及时清除焊渣，同时做好防腐；支吊架采用膨胀螺栓固定时，应根据支吊架承重的负荷选择相应的金属膨胀螺栓。当设计无要求时，梯架、托架和槽盒垂直安装的支架间距不应大于2m。

2) 桥架安装

① 安装连接

桥架安装应在支吊架安装完成后进行，桥架的标准出厂尺寸一般为2m长，当有特殊要求时，可由制造厂定制加工，直线段组装时，应先做干线，再做分支线，逐段组装成形。采用连接板连接，交叉、转弯、丁字采用变通连接，连接螺栓应选用方颈或半圆头连接螺栓，由内向外穿越，用垫圈、弹簧垫圈、螺母紧固，以保证接口内侧平整，槽盒盖装上后应平整，无翘角，出线口的位置准确。与盒、箱、柜等连接时用螺栓紧固。安装时，应用螺栓在每个支吊架或间隔一个支吊架上固定，螺栓应选用半圆头螺栓，螺母应位于外侧。铝合金制品在钢制支架上固定时，应有防电化腐蚀的措施（如：进行绝缘隔离）。转弯处的转弯半径，不应小于敷设的电缆最小允许弯曲半径的最大者。当直线段钢制品超过30m和铝合金或玻璃钢制品超过15m时应有伸缩补偿，其连接宜采用伸缩节，建筑物的表面如有坡度时应随其坡度变化。待全部安装完毕后，应在电缆敷设前进行调整检查。确认合格后，才能进行电缆敷设。

② 接地

金属桥架本体之间的连接应牢固可靠，与保护接地导体的连接应符合下列规定：

A. 金属桥架全长不大于30m时，应不少于2处与保护接地导体可靠连接；全长大于30m时，每隔20~30m应增加一个连接点，起始端和终点端均应可靠接地。

B. 非镀锌桥架本体之间连接板的两端应跨接保护联结导体，保护联结导体的截面积应符合设计要求。

C. 镀锌桥架本体之间不跨接保护联结导体时，连接板每端不应少于2个有防松螺帽或防松垫圈的连接固定螺栓。

D. 非镀锌制品的连接板两端应跨接铜芯接地线，接地线的最小允许截面积不小于$4mm^2$。

E. 电缆沟内的电缆支架应沿电缆沟全程敷设保护接地导体与接地点连接。

(2) 电缆敷设

电缆的敷设方法比较多，有直埋敷设、电缆沟内敷设、电缆隧道内敷设、电缆穿管敷设、沿支架、电缆桥架敷设等，究竟选择哪种敷设方法，应根据设计要求来定。

1) 基本要求

尽管电缆的敷设方法比较多，但敷设时都应遵守以下共同规定。

① 电缆敷设时不应破坏电缆沟和隧道的防水层。

② 在三相四线制系统中使用的电力电缆，不应采用三芯电缆另加一根单芯电缆或导线或电缆金属护套等作中性线的方式。当在三相系统中使用单芯电缆时，为减少损耗，避免松散，应组成紧贴的正三角形排列，并且每隔1m用绑带扎牢。

③ 并联运行的电力电缆长度应相等。

④ 电缆敷设时，在电缆端头及电缆中间接头附近可留有备用长度。

⑤ 电缆敷设时，电缆弯曲半径不应小于表 4-19 的规定。

电缆最小允许弯曲半径（mm）　　　　　　　表 4-19

电缆种类	电缆护层结构	单芯	多芯
塑料绝缘电力电缆	无铠装	20d	15d
	有铠装	15d	12d
控制电缆	无铠装	6d	—
	有铠装	12d	—

注：d—电缆外径。

⑥ 电缆垂直敷设或超过 45°倾斜敷设时在每个支架上均需固定；水平敷设时则只在电缆首末两端、转弯及接头处固定。所用电缆夹具宜统一。使用于交流的单芯电缆或分相铅包电缆在分相后的固定，其夹具不应有铁件构成的闭合磁路。

⑦ 施放电缆时，电缆应从盘的上部引出，并应避免电缆在地面上或支架上拖拉摩擦。电缆放缆支架的架设位置应以敷设方便为准，一般应在电缆起或止点附近为宜。架设时，应注意电缆轴的转动方向，电缆引出端应在电缆轴的上方，如图 4-25 所示。

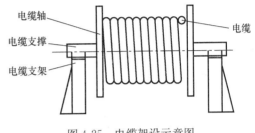

图 4-25　电缆架设示意图

电缆敷设可用人力牵引或机械牵引。采用机械牵引可用电动绞磨或电缆输送机或托撬（旱船法）。

⑧ 电缆敷设时不宜交叉，而应排列整齐，加以固定，并及时装设标志牌。

⑨ 电缆进入电缆沟、隧道、竖井、建筑物、盘（柜）以及穿入管子时出入口应封闭，管口应密封。

⑩ 电力电缆在桥架内横截面的填充率不应大于 40%。

⑪ 单芯交流电缆固定用的卡子不能形成铁磁闭合回路，其卡子应用非导磁材料制成，如硬木、塑料、铝板等。

2）电缆敷设原则

① 电缆敷设应在土建工作完成、供配电设备均已就位之后进行。

② 在实际施工中常用的方法是人力拖放电缆，电缆敷设的特点就是参加的人员多而集中，所以人员组织应合理，以保证协同能力，提高效率。

③ 大截面的电缆敷设目前采用电缆输送机，根据所敷设电缆长度，确定需要几台电缆输送机，每台电缆输送机间隔应在 30m～50m，电缆输送机与电缆输送机之间根据电缆自重大小安放好相应的电缆直线滑车，转弯段放置转角滑车，一台电缆输送机配一个电源箱、一个电源线盘，由一个总控制箱控制所有电缆输送机的前进和后退。敷设过程中用对讲机确保总控人员了解电缆输送情况，以便及时开停机。

④ 电缆施放前应根据电缆总体布置情况，按施工实际绘制电缆排列布置图，并对电缆按实际长度通盘计划，避免浪费。

⑤ 电缆敷设程序坚持：先敷设集中排列的电缆，后敷设分散排列的电缆；先敷设长

电缆，后敷设短电缆；并列敷设的电缆先内后外、上下敷设的电缆先下后上。电缆敷设过程中应立即组织整理、挂牌，切忌等大量电缆敷设完后，再一次性整理，以保证电缆排列整齐、美观，避免差错。

3）直埋电缆敷设

① 直埋电缆是将电缆直接埋入土层内的一种敷设方法，电缆较少且敷设距离较长时采用此法。敷设前应先挖沟，电缆沟的宽度根据埋设电缆的根数决定，电缆间的最小净距应符合表4-20的规定。电缆沟的挖土深度应保证电缆敷设后，电缆表面距地面的距离不应小于700mm；穿越农田时不应小于1m；当遇到障碍物或冻土层较深的地方，则应适当加深，使电缆埋于冻土层以下。当无法深埋时，应采取措施，防止电缆受到损伤。电缆沟宜挖成上大下小的坡形，以防土方坍塌。直埋电缆的上下应铺设黄砂层，黄砂可以用无杂物的细土替代，黄砂或细土中不应有石块或其他硬杂物，其铺设厚度不小于100mm，并盖以混凝土保护板，覆盖宽度应超过电缆两侧各50mm，也可以用砖块代替混凝土盖板。

② 敷设时还要注意保持设计规定的电缆与埋地管道、地下建筑物构筑物间的平行或交叉最小净距。

电缆之间、平行和交叉时的最小净距　　　　表4-20

项目		最小净距（m）	
		平行	交叉
电力电缆间及其与控制电缆间	10kV及以下	0.1	0.50
	10kV以上	0.25	0.50
控制电缆间		—	0.50
不同使用部门的电缆间		0.50	0.50

4）电缆沟或电缆隧道内敷设

① 在沟或隧道内敷设电缆，一般用支架或梯架，常用支架是自制角钢支架或装配式支架，自制角钢支架有膨胀螺栓或焊接固定和直接埋墙固定两类，其形式如图4-26所示，当设计无规定时，电缆支架最上层及至沟顶或楼板的距离应为300mm～350mm，最下层距沟底或地面的距离应为50mm；电缆支架的层间距离应符合表4-21的规定。

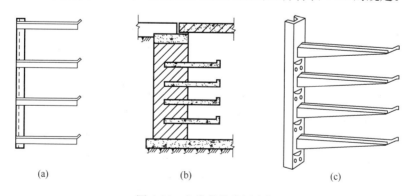

图4-26　电缆敷设常用支架
（a）膨胀螺栓或焊接固定支架；（b）埋墙固定支架；（c）装配式支架

电缆支架层间最小距离（mm） 表 4-21

电缆种类		支架上敷设	梯架、托盘内敷设
控制电缆明敷		120	200
电力电缆明敷	10kV 及以下电力电缆（除 6kV～10kV 交联聚乙烯绝缘电力电缆外）	150	250
	6kV～10kV 交联聚乙烯绝缘电力电缆	200	300
电缆敷设在槽盒内		$h+100$	

注：h—槽盒高度。

② 制作支架所用钢材应平直，无显著扭曲，下料后长短差应在 5mm 之内，切口应无卷边、毛刺。支架焊接应牢固，且无变形。在有坡度的电缆沟或建筑物上安装支架时，应有与电缆沟或建筑物相同的坡度。

③ 电缆在支架上水平敷设时，电力电缆与控制电缆应分开或分层，不同电压等级的电缆应分层敷设，当分层敷设时，敷设位置为：控制电缆在下，电力电缆在上；1kV 及以下的电缆在下，1kV 以上的电缆在上。电缆按规定敷设完毕后，应在电缆引入或引出套管处和电缆接头两侧处加以绑扎固定，做好电缆进出口的封堵，同时盖好盖板，必要时应做好盖板的密封。

④ 电缆在支架上垂直敷设时，有条件的最好自上而下敷设。在电缆盘附近和部分楼层应采取防滑措施。自下而上敷设时，低层小截面电缆可用滑轮和绳索以人力牵引敷设。高层、大截面电缆宜用机械牵引敷设。电缆在穿过楼板或墙壁处有防火隔堵要求的，应按施工图做好隔堵措施。

⑤ 电缆沿桥架等敷设时其施工方法与电缆在支架上敷设类同。

（3）槽盒内配线

槽盒内布线工作必须在槽盒全部安装完毕及土建地坪和粉刷工程结束后进行。在敷线前应将槽盒内的杂物清除干净，并注意槽盒接口的平整度，不得出现接口错位的状况，以免敷线时损伤电线的绝缘层。电线敷设时，应按供电或用电回路进行敷线，同一回路的相线和中性线敷设于同一金属槽盒内，电线在敷设时应有一定的余量，并用绑扎带或尼龙绳进行分段绑扎，绑扎点间距不应大于 1.5m；在垂直的槽盒内敷设时，每段至少应有一个固定点，直线段长度大于 3.2m 时，应每隔 1.6m 将电线固定在槽盒内壁的专用部件上；电线的分支接头应设在盒（箱）内，盒（箱）应设在便于安装、检查和维修的部位，电缆敷设后，应将槽盒盖板复位，复位后盖板应齐全、平整牢固。

6. 建筑物防雷装置安装

（1）防雷引下线及接闪器安装

接闪器就是专门用来接收直接雷击（雷闪）的金属物体。接闪器的金属杆，称为接闪杆。接闪器的金属线，称为引下线。接闪器的金属带、金属网，称为接闪带。所有接闪器都必须经过接地引下线与接地装置相连。

① 接闪杆

A. 接闪杆一般用镀锌圆钢或镀锌焊接钢管制成。它通常安装在构架、支柱或建筑物上，其下端经引下线与接地装置焊接。

B. 接闪杆的保护范围以它能防护直击雷的空间来表示。接闪杆保护范围按《建筑物防雷设计规范》GB 50057—2010 规定的方法计算。

C. 专用接闪杆应能承受 0.7kN/m² 的基本风压，在经常发生台风和大于 11 级大风的地区，宜增大接闪杆的尺寸。

② 接闪带和接闪网

接闪带和接闪网普遍用来保护较高的建筑物免受雷击。接闪带一般沿屋顶周围装设，高出屋面 100～150mm，支持卡间距离 1～1.5m 且均匀，接闪带应平正顺直、无急弯，支持件应做拉拔试验，拉力不小于 49N。接闪网除沿屋顶周围装设外，需要时屋顶上面还用圆钢或扁钢纵横连接成网。接闪带和接闪网必须经引下线与接地装置可靠地连接。

③ 引下线

防雷装置的引下线应满足机械强度、耐腐蚀和热稳定的要求。引下线可分为专用引下线与专设引下线利用建筑物结构柱内钢筋作为引下线的称为专用引下线，专设引下线是在建筑外墙上单独设置的引下线。引下线不得敷设在下水道内和排水槽沟内。

（2）接地装置

接地装置分为人工接地装置，利用建筑物基础钢筋的接地装置及两者相结合的接地装置。

1）为防止腐蚀，人工接地体采用垂直接地体。接地极常采用 L50×50×5 的镀锌角钢或 DN50 的镀锌钢管，长度不小于 2.5m。人工接地体与建筑物外墙或基础之间的水平距离不宜小于 5m，在建筑物外人员可经过或停留处，引下线与接地体连接处的 3m 范围内，应采用防止跨步电压对人员造成伤害的措施。接地电阻应符合设计要求，如接地电阻达不到要求，可增加接地极的长度或数量。

2）利用建筑物基础钢筋的接地装置。目前大部分建筑工程设计均利用建筑物基础钢筋做接地装置，施工时只要按设计要求将钢筋主筋进行连接即可。

3）接地装置的焊接应采用搭接焊，除埋设在混凝土中的焊接接头外，应采取防腐措施，焊接搭接长度应符合下列规定：

① 扁钢与扁钢搭接不应小于扁钢宽度的 2 倍，且应至少三面施焊；

② 圆钢与圆钢搭接不应小于圆钢直径的 6 倍，且应双面施焊；

③ 圆钢与扁钢搭接不应小于圆钢直径的 6 倍，且应双面施焊；

④ 扁钢与钢管，扁钢与角钢焊接，应紧贴角钢外侧两面，或紧贴 3/4 钢管表面，上下两侧施焊。

4）接地装置在地面以上的部分，应按设计要求设置测试点，测试点不应被外墙饰面遮蔽，且应有明显标识。

（3）等电位联结系统

等电位联结是把建筑物内、附近的所有金属物，如混凝土内的钢筋、自来水管、煤气管及其他金属管道、设备基础金属物及其他大型的埋地金属物、电缆金属屏蔽层、电力系统的零线、建筑物的接地线统一用电气连接的方法联结起来，使整座建筑物成为一个良好的等电位体。等电位联结导体在地下暗敷时，其导体间的连接不得采用螺栓压接。等电位联结分为：总等电位联结（MEB）和局部等电位联结（LEB）。

1）总等电位联结是总等电位联结母排与总接地干线连接。

2) 局部等电位联结是在一局部范围内通过局部等电位联结端子板将柱内墙面侧钢筋、壁内和楼板中的钢筋网、金属结构件、公用设施的金属管道、用电设备外壳等，用满足设计要求的导体互相联结。一般在浴室、游泳池、喷水池、医院手术室等场所采用。

(4) 防雷与接地安装

1) 接闪器必须与防雷专设或专用引下线焊接或卡接器连接。

2) 专设引下线与可燃材料的墙壁或墙体保温层间距应大于0.1m。

3) 防雷引下线、接地干线、接地装置的连接应符合下列规定：

① 专设引下线之间采用焊接或螺栓连接，专设引下线与接地装置应采用焊接或螺栓连接。

② 接地装置引出的接地线与接地装置应采用焊接连接，接地装置引出的接地线与接地干线、接地干线与接地干线应采用焊接或螺栓连接。

③ 当连接点埋设于地下、墙体内或楼板内时不应采用螺栓连接。

4) 接地干线穿过墙体、基础、楼板等处时应采用金属导管保护。

5) 建筑物屋面所有金属构架（件）、金属管道、电气设备或电气线路的外露可导电部位均应与保护导体可靠连接。严禁利用金属软管、管道保温层的金属外皮或金属网、电线电缆金属护层作为保护导体。

（四）火灾报警及联动控制系统

火灾自动报警系统由火灾探测报警系统消防联动控制系统。可燃气体探测系统及电气火灾监控系统组成。本节就消防工程中火灾探测报警系统及其联动控制系统的施工要点作简要的介绍，供学习者参考应用。

1. 火灾探测报警系统的施工

(1) 火灾报警的形式

一般来说，火灾报警有三种形式，一是安保人员在日常巡视中发现火情用火灾报警按钮或其他通信工具向消控中心报警；二是装有自动喷水灭火系统的洒水喷头因发生火灾而动作喷火，启动报警阀组使水力警铃发声报警，管网中的水流指示器及报警阀组的压力开关均发出讯号向消控中心报警；三是装有火灾探测器等组成的自动报警系统能自动检测火灾发生的情况，发现火灾立即启动向消控中心报警。三种形式有一个共同的特征是发现火灾发出警报并能自动在消控中心显示火灾发生的位置。

(2) 火灾探测报警系统的组成

火灾探测报警系统由火灾报警控制器、触发器件和火灾警报装置等组成。

1) 触发器件有手动触发和自动触发两种。

① 手动触发器件是人工操作的，如手动火灾报警按钮等。

② 自动触发器件是指各种火灾探测器，火灾探测器从结构外形可分为点型和线型两种，房屋建筑安装工程中以点型为主；从工作原理上分为感烟火灾探测器、感光火灾探测器、感温火灾探测器，还有图像型火灾探测器、气体火灾探测器、复合火灾探测器等，房屋建筑安装工程中常见的是感烟和感温的火灾探测器。

2）火灾报警装置包含火灾报警控制盘、区域显示器、数据采集器等。火灾报警控制器是最基本的一种。其从规模上可分为区域报警控制器、集中报警控制器、控制中心报警控制器；按功能可分为报警型、联动型；按结构形状可分为壁挂式、柜式、琴台式。有消控中心的大多是柜式和带显示器的琴台式。

3）火灾警报装置主要包括警铃、声光报警器等。

4）火灾自动报警系统属于消防用电设备、基主电源应采用消防电源，备用电源可采用蓄电池电源或消防设备应急电源。

(3) 火灾探测报警系统安装的工艺要求

1）火灾探测报警系统的施工管理要求和工程质量标准要符合国家标准《火灾自动报警系统施工及验收标准》GB 50166—2019 的规定。

2）设备、材料进场应进行现场检查，以鉴别其质量是否符合相关规定，重点是要通过国家强制认证（认可）的消防专用产品；设备、材料的规格、型号、名称要与施工设计图纸符合一致。

3）火灾探测报警系统大量采用电子设备，其更新快，新技术应用多，好多新设备安装使用要求反映在随设备供应的技术说明书中，所以施工前要认真阅读产品的技术说明书及所附的安装固定、所处环境、调试校验、初次启动等的特定要求。

4）点型火灾探测器安装

① 点型火灾探测器的安装位置严格按照施工设计的平面布置位置，与周边建筑物和其他建筑设备的距离符合规范的规定。

② 点型火灾探测器的连接线路如为暗敷，应在楼板浇混凝土时或者做装修平顶时在火灾探测器位置线路的导管理（装）设专用的点型火灾探测器底座盒，底座盒上的螺孔位置及大小相适配，通常同一厂家的各种点型火灾探测器的底座盒是可以通用的。

③ 在公用建筑的走廊、大堂、会议厅等平顶上装设点型火灾探测器时，因平顶上还装有其他建筑设备，如建筑电气工程的灯具、建筑通风与空调工程的送风口、自动喷水灭火工程的洒水喷头、建筑智能化工程的扬声器等，装在大型平顶上的诸多建筑设备，既要满足功能要求，又要满足装饰效果的美观需要避免凌乱无序，所以在这种情况，施工前点型火灾探测器要参与其他建筑设备一起，对整个平顶上的建筑设备安装位置总体布局安排，以求取得最优方案，这个方案体现在施工深化图上，并征得原工程设计单位的认可。

④ 在房间众多的建筑物（如宾馆、饭店）安装点型火灾探测器，其报警确认灯要朝向客房的房门口。

5）火灾报警、警报装置安装

① 装置的安装位置要表达其与建筑物或其他建筑设备间的距离，这个距离能满足对装置维护保养和观察使用的需要，即要符合相关施工及验收规范的规定。而位置表达的图示方式与装置结构的型式有关，通常是壁挂式只要用平面布置图表达，而柜式和琴台式要用三视图表达。

② 装置安装应牢固，水平和垂直方向均不得倾斜，安装在轻质墙上的壁挂式装置，墙体位置应有加固墙体的措施。

③ 进入装置的线缆应整齐、避免交叉，并可靠固定，线缆端部标识清晰，编号符号与施工设计图一致，线缆在装置内有一定余量，线缆敷设接线完成后应对其引入的保护导

管的管口进行封堵。

④ 装置安装固定的施工工艺，壁挂式装置与建筑电气工程的明装控制箱（开关箱）一致，柜式和琴台式装置与建筑电气工程的高低压开关柜一致，但装置与基础间或支架间均不允许焊接固定，均应用螺栓连接固定。柜式和琴台式装置安装应设置专用设备基础。

⑤ 装置的盘、柜、台接地施工工艺与建筑电气工程的接地施工工艺一致。但装置的模块均为电子元器件构成，工作电压在50V以下，属弱电工程，有防静电、抗干扰要求，接地应采用等电位连接，可与建筑电气工程共用一个接地装置，均需在装置安装中加以认真关注，注意施工设计的要求而加以实施，以保证装置的正常可靠运行。

6）信号、电源的线缆敷设

① 火灾自动报警系统的线缆的导管、槽盒敷设工艺要求与建筑电气工程中导管、槽盒敷设工艺一致。

② 因火灾自动报警系统中有些线缆芯线径比建筑电气工程中要小，故管内穿线时要注意拉力不能太大，穿线遇阻时要分析原因而往复来回多次或向管内吹送些滑石粉，拉线者与送线者的动作要协调同步。

③ 光纤的连接要有成熟的工艺和良好的工具，使之减少衰减情况，保持可靠的通信质量。

④ 线缆敷设后要测量绝缘、校线编号，并标识清晰，编号符合设计规定。

2. 消防联动控制系统的施工

（1）火灾自动报警系统的消防联动控制的功能是指当建筑物发生火灾时火灾报警控制器接收到火警信号后，按照预设的逻辑关系进行识别判断输出相应控制信号，去控制相应的自动消防系统（设施），使之实现预设的消防功能，达到扑灭火灾、疏散人员、求得外援、保护人身和建筑物安全之目的。

（2）火灾自动报警联动控制的控制对象

1）消防工程中的消防泵、喷淋泵、防排烟系统的排烟风机、正压送风系统送风机、各种防火阀排烟阀、防火分区的防火卷帘和气体灭火装置，泡沫灭火装置，应急照明，疏散指示及门禁等。

2）建筑智能化工程中的广播音响系统切换至预设的火灾报警状态，包括通知人员疏散的路径通知。

3）建筑物的电梯运行至火灾状态下的指定运行顺序或位置。

4）对外通信自动向119报警。

5）其他的工程设计预期的各种联动控制对象。

（3）消防联动控制的施工要点

1）认真阅读消防工程施工设计的总体布局及其施工总说明，深入对火灾自动报警系统与联动控制对象的逻辑关系的正确判定，可以用逻辑图或逻辑表对大型工程的施工方案或施工组织设计做出补充，以利有序正确施工、避免失误。

2）认真核对火灾报警控制器及被控制对象及中间转换器的输出或输出接口是否齐全，是否符合设计要求，即要对产品实体进行检查和校核，包括型号、规格、数量等。

3）火灾报警控制器输出对被联动控制对象的信号指令可能是电平信号或者是触点状态，均属于50V以下的弱电信号，而被控制对象除通信广播设施外，其他被控制对象的驱动电压绝大多数为380/220V的所谓强电电力，所以施工时要注意两个不同电压等级的转换连接要有隔离措施，虽然隔离措施由施工设计或产品设计制造确定的，但施工时要仔细辨认，不要将输入端误认为输出端或者将输出端误认为输入端，否则试验时会损坏火灾报警控制器或造成其他的更大损失。

4）火灾报警控制器输出信号端子的编号一般不可能与被控制对象输入端子的编号在各自的施工图上相一致，所以在施工前要列表将各自的编号对应标法，避免发生连接错误。

5）连接与校验

① 被联动控制对象要先在手动状态下（非联动控制状态）单体（单机）试运转合格是可以进入联动控制连接的先决条件。

② 接入火灾报警联动控制的其他建筑设备的校验要坚持先单个后系统的原则，即每个被控对象单个受控成功后，才能进行整个系统的联动控制。

③ 凡联动控制对象由电动机驱动的，单体联动校验时，应将电动机解除电源供应，即拆除电源线，校验时观察接触器的动作状态，如动作正常则表示单体校验符合要求，可以恢复电动机的接线，否则要查找原因，消除故障，确保联动控制达到要求。

④ 要注意联动控制对象电动机重复起动的时间间隔，不使其因多次起动而发热过度损坏电机。

⑤ 向外119报警求援的电话校验，要事先通知对方是试验状态作为首选方案，或者用电话在现场模拟动作也是可以的。

⑥ 连接与校验工作要与建筑智能化工程的建筑设备管理系统（BAS）做好协调配合工作。

（五）建筑智能化工程

本节对智能化工程安装和调试检测的基本要求及施工工艺作出介绍，以供学习者参考应用。

1. 典型智能化子系统安装和调试介绍

（1）用三视图表达设备布置位置的阅图方法是与其他工程相同的，因建筑智能化工程与建筑物、建筑设备的依存关系更为紧密。所以有的还要用透视图表达。

（2）建筑智能化工程是在单位建筑工程中最后一个完成的分部工程，有些工作如调试功能测定要在完工后使用中进行，其检测元件的具体位置要依据系统图、结构框图等原理图的要求在现场确定，因而信号传输线路的路径亦要在现场做出较大的修正。故而介绍的重点是各类系统图或结构框图。

（3）图4-27是一建筑群的公共广播及应急广播的系统图。设备、器件数量要查清单，线路电压在120V以下，敷设方法与电气线路基本一样，但不应与电气线路以及通信线缆或数据线缆同管同槽。设备间、屋顶天线均另有平面布置图。

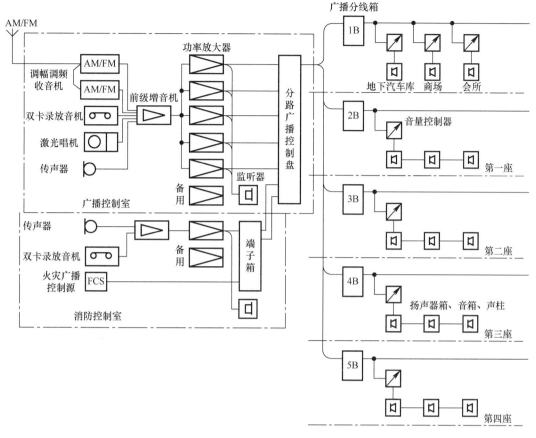

图 4-27 广播系统图

（4）图 4-28 是消防报警和联动控制的系统图，采用传输总线方式。该图表示两个楼层的火灾自动报警设施设备布线情况。

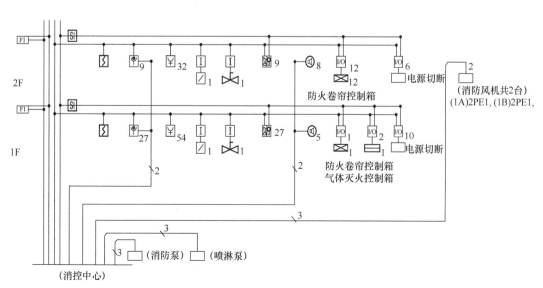

图 4-28 消防报警和联动控制图

区域显示器（左面 FI），采用 AB 总线（或信号线）传输，供电电源为 24V 采用 2 芯电源线连接，具体连接可参照厂家产品说明书。报警类产品，如：感烟探测器、感温探测器、手动报警按钮、消火栓按钮、各类输入模块（压力开关、信号蝶阀、70 度防火阀等）均采用信号总线传输。消防电话传输分两类，一类采用无地址码的电话插孔（安装于手动报警按钮处），另一类采用带地址码的消防电话（安装于水泵房、风机房、电梯机房、配电房等），消防电话及电话插孔采用二芯电话线与电话主机连接，无地址码的电话插孔不可混接入带地址码的消防电话总线中。控制模块用于火灾情况下联动其他相关消防设施设备（如消防卷帘门、门禁、电源切断、应急广播、声光报警器、消防电梯迫降、280 防火阀等），传输方式采用信号总线和电源线（供电电源为 24V）。广播系统单独敷线至功放，也可以通过消防广播控制模块进行切换，通过报警主机编程实现声光报警器和消防应急广播交替循环播放。消防水泵、消防风机（正压风机、防排烟风机）采用多线制方式敷设（两线制、三线制、四线制），具体采用哪种敷设方式根据厂家指导说明书。

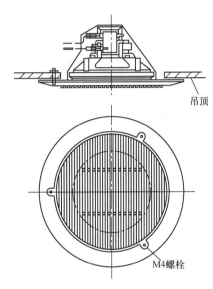

图 4-29　扬声器腔吸顶安装

（5）建筑智能化工程设备的主要形态也是各类盘、柜、箱、台，其安装方法和固定工艺与建筑电气工程中的相应设备一致，但固定方法不采用焊接连接，均为螺栓连接；有些采样元器件（独立安装不附在箱、盘、柜、台上的）可参阅相应标准大样图进行安装固定，如图 4-29 所示扬声器吸顶安装方法和图 4-30(a)、(b)、(c) 所示各类摄像机的安装方法。有些新型元器件安装方法要查阅其随带的安装使用说明书。

建筑智能化工程的电线、电缆及光缆敷设工艺和要求与建筑电气工程的一致，线缆的保护导管和槽盒敷设方法和工艺要求也与建筑电气工程相一致，不过其敷设部位比建筑电气工程多了一个部位，即在办公室的地板下部，楼（地）面以上，如图 4-31 所示。在条件许可下，综合布线安装宜采用多层走线槽盒，强、弱电线路宜分层布设。由于智能化工程的信号有较强的抗干扰、防静电要求，所以工程中的金属支架、导管、槽盒等均要接地，接地施工的工艺连接方法与建筑电气工程相一致，但其接地装置的接地电阻值和是否能与建筑电气工程共用一个接地装置或者两者间能否连通要视建筑智能化施工设计图纸而定。

（6）智能化工程的调试要求

建筑智能化工程的检测调试要符合国家标准《智能建筑工程质量验收规范》GB 50339—2013 的规定，具体注意事项有下列几点：

1）智能化工程安装完成后，经初步调试，投入规定时间的试运行合格后，要进行系统检测，以判断系统是否合格，是否需要整改。

2）检测机构要有相应的资质，实施检测应有检测方案，明确检测项目、检测数量和检测方法，该方案符合技术合同和设计文件要求，方案应经建设单位或项目监理机构批准后实施。

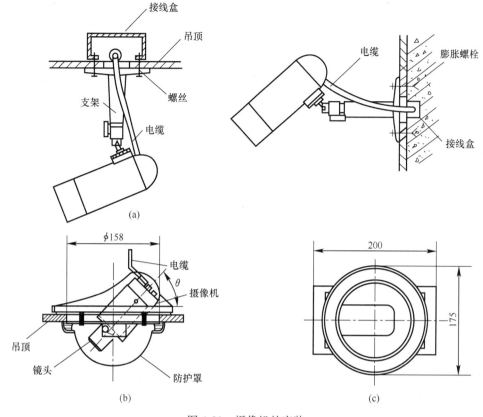

图 4-30 摄像机的安装

(a) 室内固定摄像机吊装；(b) 室内固定摄像机壁装；(c) 半球形摄像机在吊顶上嵌入安装

3）火灾报警及消防联动系统与其他系统具备联动关系时，其检测要依据合同文件和相关规范规定执行，并体现在检测方案中。

4）建筑设备管理系统安装完成后，应对传感器、执行器、控制器及其功能在现场进行单体和系统测试，检测应以系统功能测试为主，系统性能评测为辅。

5）综合布线中光纤应全部测试，对绞线抽测10%，抽测点包括最远的布线点。

6）信息设施系统的测试包括初验测试和试运行验收测试，其测试方案要与生产厂商协商确定。

7）安全技术防范系统要判断有无防范盲区，各子系统间报警联动是否可靠，监控图像的记录和保存时间是否符合设计要求，各子系统功能应按设计要求逐项检测。

8）信息化应用系统按构成要素分为设备和软件，系统检测应先检查设备，后检测应用软件。

9）系统集成检测包括接口、软件、设备等的检测。

2. 智能化工程施工要点

(1) 基本要求

1）对设备、器件的采购合同中应明确智能化系统供应商供货的范围，即明确智能化

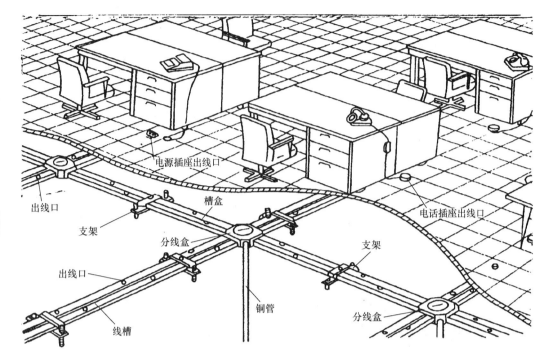

图 4-31 导管槽盒地板下敷设

工程的设备、器件与被监控的其他建筑设备、器件间的界面划分,使两者的接口能符合匹配的要求。

2) 如建筑物土建施工时的预埋、预留工作委托其他专业公司实施,则要提供详细正确的预留、预埋施工图,并派员实施指导或复核。

3) 智能化工程施工前除做好专业的施工准备工作外,还要与建筑结构、装饰装修、给水排水、建筑电气、空调与供暖通风、电梯等工程有关联的部位和接口进行相互确认。

4) 各类被智能化工程监控的其他建筑设备应在本体试运行合格符合要求后,才能投入被智能化工程监控的状态。

5) 智能化工程内外接口都应采用标准化、规范化部件,有利于联通的可靠性提高,也有利于加快施工进度。

6) 火灾报警及消防联动系统要由消防监管机构验收确认、安全防范系统要由公安监管机构验收确认,两者均是一个独立的系统,但可以通过接口和协议与外系统互相开放、交换数据。

7) 由于技术进步,在智能化工程领域应用的设备、器件和材料更新换代迅速,因而施工中要认真阅读相关的设备、器件提供的技术说明文件,把握施工安装的要求,以免作业失误。

(2) 注意事项

1) 施工作业的条件

① 施工方案、作业指导书等技术文件已批准,并向相关作业队组做了交底。

② 进场的设备、器件和材料已进行验收,符合工程设计要求。检查的重点是安全性、

可靠性和电磁兼容性等项目。

③ 与智能化工程施工相关的土建和装饰工程已完成，机房的门窗齐全、锁匙完好、有防偷盗丢失措施。

④ 各类探测器、传感器的安装位置已与相关方协调定位。

⑤ 被监控建筑设备运行参数已明确，且有书面确认证明。

⑥ 施工机具、人员组织已确定并有分工，设备器件材料等物资进场能符合施工进度计划要求，可维持正常的持续施工。

2）机房、电源及接地施工要点

① 机房铺设的架空防静电地板下部的空间高度应能满足铺设底下管线的需要。

② 机房的高度要有足够的配线空间，方便配线架的设置。

③ 供电电源至少应为两路，并可在末端自动切换，重要的设备配不间断电源 UPS 供电，UPS 配置的方式可采取随设备分散供电或 UPS 集中供电。

④ 系统接地采用等电位联结，引至专用的线缆竖井应有单独的接地干线。所有设备的接地支线与接地干线相连，不串联连接。

3）设备、器件安装要点

① 现场控制器箱、柜安装位置要方便巡视、维护和检修，箱、柜门的正面要留有足够的空间，以利检修人员的作业。

② 各类传感器的安装位置应使其能正确反映所测的参数并实时转换，即减少时延的影响。直接插入管道、容器等的传感器如压力、温度等传感器，其连接件（凸台）应在管道或容器压力试验、清洗、防腐、保温前开孔焊接好。

③ 各类探测器应按产品说明及保护警戒范围的要求进行安装。

④ 设备、器件的安装应位置正确、整齐平整、固定可靠、方便维护管理、确保发挥正常的使用性能。

五、施工项目管理

施工项目管理是指建筑企业运用系统的观点、理论和方法对施工项目进行的决策、计划、组织、控制、协调等全过程的全面管理。

施工项目管理具有以下特点：

(1) 施工项目管理的主体是建筑企业。其他单位都不进行施工项目管理，例如建设单位对项目的管理称为建设项目管理，设计单位对项目的管理称为设计项目管理。

(2) 施工项目管理的对象是施工项目。施工项目管理周期包括工程投标、签订施工合同、施工准备、施工、竣工验收、保修等。施工项目具有多样性、固定性和体型庞大等特点，因此施工项目管理具有先有交易活动，后有"生产成品"，生产活动和交易活动很难分开等特殊性。

(3) 施工项目管理的内容是按阶段变化的。由于施工项目各阶段管理内容差异大，因此要求管理者必须进行有针对性的动态管理，要使资源优化组合，以提高施工效率和效益。

(4) 施工项目管理要求强化组织协调工作。由于施工项目生产活动具有独特性（单件性）、流动性、露天作业、工期长、需要资源多，且施工活动涉及的经济关系、技术关系、法律关系、行政关系和人际关系复杂等特点，因此，必须通过强化组织协调工作才能保证施工活动的顺利进行。主要强化办法是优选项目经理，建立调度机构，配备称职的调度人员，努力使调度工作科学化、信息化，建立起动态的控制体系。

（一）施工项目管理的内容及组织

1. 施工项目管理的内容

施工项目管理包括以下八方面内容：

(1) 建立施工项目管理组织

根据施工项目管理组织原则，结合工程规模、特点，选择合适的组织形式，建立施工项目管理机构，明确各部门、各岗位的责任、权限和利益；在符合企业规章制度的前提下，根据施工项目管理的需要，制定施工项目经理部管理制度。

(2) 编制施工项目管理规划

在工程投标前，由企业管理层编制施工项目管理大纲，对施工项目管理从投标到保修期满进行全面的纲要性规划。施工项目管理大纲可以用施工组织设计替代。

在工程开工前，由项目经理组织编制施工项目管理实施规划，对施工项目管理从开工到交工验收进行全面的指导性规划。当承包人以施工组织设计代替项目管理规划时，施工组织设计应满足项目管理规划的要求。

(3) 施工项目的目标控制

在施工项目实施的全过程中，应对项目质量、进度、成本和安全目标进行控制，以实现项目的各项约束性目标。控制的基本过程是：确定各项目标控制标准；在实施过程中，通过检查、对比，衡量目标的完成情况；将衡量结果与标准进行比较，若有偏差，分析原因，采取相应的措施以保证目标的实现。

(4) 施工项目的生产要素管理

施工项目的生产要素主要包括劳动力、材料、械设备、技术和资金。管理生产要素的内容有：分析各生产要素的特点；按一定的原则、方法，对施工项目的生产要素进行优化配置并评价；对施工项目各生产要素进行动态管理。

(5) 施工项目的合同管理

为了确保施工项目管理及工程施工的技术组织效果和目标实现，从工程投标开始，就要加强工程承包合同的策划、签订、履行和管理。同时，还应做好签证与索赔工作，讲究索赔的方法和技巧。

(6) 施工项目的信息管理

进行施工项目管理和施工项目目标控制、动态管理，必须在项目实施的全过程中，充分利用计算机对项目有关的各类信息进行收集、整理、储存和使用，提高项目管理的科学性和有效性。

(7) 施工现场的管理

在施工项目实施过程中，应对施工现场进行科学有效的管理，以达到文明施工、保护环境、塑造良好的企业形象、提高施工管理水平的目的。

(8) 组织协调

协调和控制都是计划目标实现的保证。在施工项目实施过程中，应进行组织协调，沟通和处理好内部及外部的各种关系，排除各种干扰和障碍。

2. 施工项目管理的组织机构

(1) 施工项目管理组织的主要形式

施工项目管理组织的形式是指在施工项目管理组织中处理管理层次、管理跨度、部门设置和上下级关系的组织结构的类型。主要的管理组织形式有直线式、职能式、矩阵式、事业部式等。

1) 直线式

直线式组织是指为了完成某个特定项目，从企业各职能部门抽调专业人员组成项目经理部。项目经理部的成员与原来的职能部门暂时脱离管理关系，成为项目的全职人员。项目部各职能部门（或岗位）对工程的成本、进度、质量、安全等目标进行控制，并由项目经理组织和协调各职能部门的工作，其形式如图5-1所示。

直线式组织适用于大型项目，工期要求紧，要求多工种、多部门密切配合的项目。图5-2是某大型施工项目中采用的直线式组织结构。

2) 职能式

职能式是指在各管理层之间设置职能部门，上下层次通过职能部门进行管理的一种组织结构形式。在这种组织形式中，由职能部门在所管辖的业务范围内指挥下级。这种组织

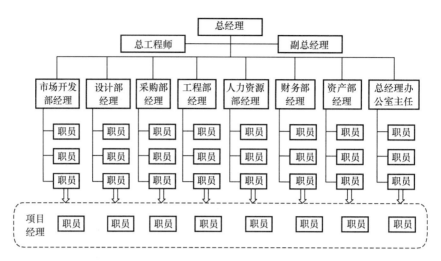

图 5-1 直线式项目组织示意图

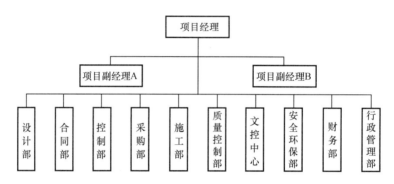

图 5-2 某施工项目采用的直线式组织结构

形式加强了施工项目目标控制的职能化分工,能够发挥职能机构的专业化管理作用,但由于一个工作部门有多个指令源,可能使下级在工作中无所适从。其形式如图 5-3 所示。

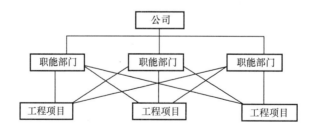

图 5-3 职能式项目组织示意图

3) 矩阵制项目组织

矩阵制项目组织是指结构形式呈矩阵状的组织,其项目管理人员由企业有关职能部门派出并进行业务指导,接受项目经理的直接领导,其形式如图 5-4 所示。

矩阵制项目组织适用于同时承担多个需要进行项目管理工程的企业。在这种情况下,各项目对专业技术人才和管理人员都有需求,加在一起数量较大,采用矩阵制组织可以充分利用有限的人才对多个项目进行管理,特别有利于发挥优秀人才的作用;适用于大型、

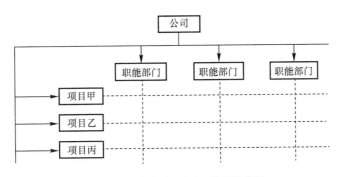

图 5-4　矩阵式项目组织形式示意图

复杂的施工项目。因大型复杂的施工项目要求多部门、多技术、多工种配合实施，在不同阶段，对不同人员，在数量和搭配上有不同的需求。

4) 事业部式项目组织

企业成立事业部，事业部对企业来说是职能部门，对外界来说享有相对独立的经营权，是一个独立单位。事业部可以按地区设置，也可以按工程类型或经营内容设置，在事业部下边设置项目经理部。项目经理由事业部选派，一般对事业部负责，有的可以直接对业主负责，这是根据其授权程度决定的。

事业部式适用于大型经营性企业的工程承包，特别是适用于远离公司本部的工程承包。需要注意的是，一个地区只有一个项目，没有后续工程时，不宜设立地区事业部，也就是说它适用于在一个地区内有长期市场或一个企业有多种专业化施工力量时采用。在这种情况下，事业部与地区市场同寿命，地区没有项目时，该事业部应撤销。

(2) 施工项目经理部

施工项目经理部是由企业授权，在施工项目经理的领导下建立的项目管理组织机构，是施工项目的管理层，其职能是对施工项目实施阶段进行综合管理。

1) 项目经理部的性质

施工项目经理部的性质可以归纳为以下三方面：

① 相对独立性。施工项目经理部的相对独立性主要是指它与企业存在着双重关系。一方面，它作为企业的下属单位，同企业存在着行政隶属关系，要绝对服从企业的全面领导；另一方面，它又是一个施工项目独立利益的代表，存在着独立的利益，同企业形成一种经济承包或其他形式的经济责任关系。

② 综合性。施工项目经理部的综合性主要表现在以下几方面：

A. 施工项目经理部是企业所属的经济组织，主要职责是管理施工项目的各种经济活动。

B. 施工项目经理部的管理职能是综合的，包括计划、组织、控制、协调、指挥等多方面。

C. 施工项目经理部的管理业务是综合的，从横向看包括人、财、物、生产和经营活动，从纵向看包括施工项目寿命周期的主要过程。

③ 临时性。施工项目经理部是企业一个施工项目的责任单位，随着项目的开工而成立，随着项目的竣工而解体。

2) 项目经理部的作用

① 负责施工项目从开工到竣工的全过程施工生产经营的管理，对作业层负有管理与服务的双重责任。

② 为项目经理决策提供信息依据，执行项目经理的决策意图，由项目经理全面负责；

③ 项目经理部作为项目团队，应具有团队精神，完成企业所赋予的基本任务，即项目管理；凝聚管理人员的力量；协调部门之间、管理人员之间的关系；影响和改变管理人员的观念和行为，沟通部门之间、项目经理部与作业队之间、与公司之间、与环境之间的关系。

④ 项目经理部是代表企业履行工程承包合同的主体，对项目产品和建设单位负责。

3) 建立施工项目经理部的基本原则

① 根据所设计的项目组织形式设置。因为项目组织形式与项目的管理方式有关，与企业对项目经理部的授权有关。不同的组织形式对项目经理部的管理力量和管理职责提出了不同要求，提供了不同的管理环境。

② 根据施工项目的规模、复杂程度和专业特点设置。例如，大型项目经理部可以设职能部、处；中型项目经理部可以设处、科；小型项目经理部一般只需设职能人员即可。如果项目的专业性强，便可设置专业性强的职能部门，如水电处、安装处、打桩处等。

③ 根据施工工程任务需要调整。项目经理部是一个具有弹性的一次性管理组织，随着工程项目的开工而组建，随着工程项目的竣工而解体，不应搞成一级固定性组织。在工程施工开始前建立，在工程竣工交付使用后解体。项目经理部不应有固定的作业队伍，而是根据施工的需要，由企业（或授权给项目经理部）在社会市场吸收人员，进行优化组合和动态管理。

④ 适应现场施工的需要。项目经理部的人员配置应面向现场，满足现场的计划与调度、技术与质量、成本与核算、劳务与物资、安全与文明施工的需要。而不应设置专营经营与咨询、研究与发展、政工与人事等与项目施工关系较少的非生产性管理部门。

4) 项目经理部部门设置

不同企业的项目经理部，其部门的数量、名称和职责都有较大差异，但以下5个部门是基本的：

① 经营核算部门。主要负责工程预结算、合同与索赔、资金收支、成本核算、工资分配等工作。

② 技术管理部门。主要负责生产调度、文明施工、劳动管理、技术管理、施工组织设计、计划统计等工作。

③ 物资设备供应部门。主要负责材料的询价、采购、计划供应、管理、运输，工具管理，机械设备的租赁，保养维修等工作。

④ 质量安全部门。主要负责工程质量、安全管理、消防保卫、环境保护等工作。

⑤ 安全后勤部门。主要负责行政管理、后勤保险等。

5) 项目部岗位设置及职责

① 岗位设置

根据项目大小不同，人员安排不同，项目部领导层从上往下设置项目经理、项目技术负责人等；项目部设置最基本的六大岗位：施工员、质量员、安全员、资料员、造价员、测量员，其他还有材料员、标准员、机械员、劳务员等（图5-5）。

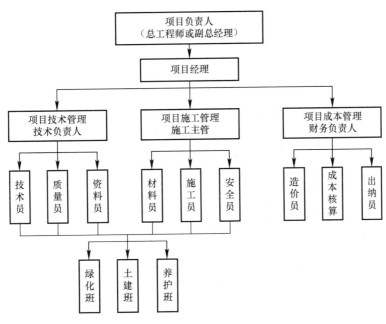

图5-5 某项目部组织机构框图

② 岗位职责

在现代施工企业的项目管理中，施工项目经理是施工项目的最高责任人和组织者，是决定施工项目盈亏的关键性角色。一般说来，人们习惯于将项目经理定位于企业的中层管理者或中层干部，然而由于项目管理及项目环境的特殊性，在实践中的项目经理所行使的管理职权与企业职能部门的中层干部往往是有所不同的。前者体现在决策职能的增强上，着重于目标管理；而后者则主要表现为控制职能的强化，强调和讲究的是过程管理。实际上，项目经理应该是职业经理式的人物，是复合型人才，是通才。其应懂法律、善管理、会经营、敢负责、能公关等，具有各方面的较为丰富的经验和知识，而职能部门的负责人则往往是专才，是某一技术专业领域的专家。对项目经理的素质和技能要求在实践中往往是同企业中的总经理完全相同的。

项目技术负责人是在项目部经理的领导下，负责项目部施工生产、工程质量、安全生产和机械设备管理工作。

施工员、质量员、安全员、资料员、造价员、测量员、材料员、标准员、机械员、劳务员都是项目的专业人员，是施工现场的管理者。

6）项目经理部的解体

项目经理部是一次性具有弹性的施工现场生产组织机构，工程临近结尾时，业务管理人员乃至项目经理要陆续撤走，因此，必须重视项目经理部的解体和善后工作。企业工程管理部门是项目经理部解体善后工作的主管部门，主要负责项目经理部的解体后工程项目在保修期间问题的处理，包括因质量问题造成的返（维）修、工程剩余价款的结算以及回收等。

（二）施工项目目标控制

施工项目的目标控制主要包括：施工项目进度控制、施工项目质量控制、施工项目成本控制、施工项目安全控制四个方面。

1. 施工项目目标控制的任务

（1）施工项目进度控制的任务

施工项目进度控制的总目标是确保施工项目的合同工期的实现，或者在保证施工质量和不因此而增加施工实际成本的条件下，适当缩短工期。

施工项目进度控制的任务是：在既定的工期内，编制出最优的施工进度计划；在执行该计划的施工中，经常检查施工实际进度情况，并将其与计划进度相比较；若出现偏差，便分析产生的原因和对工期的影响程度，找出必要的调整措施，修改原计划，不断地如此循环，直至工程竣工验收。

（2）施工项目质量控制的任务

施工项目质量控制的任务是：在准备阶段编制施工技术文件，制定质量管理计划和质量控制措施、进行施工技术交底；在项目施工阶段对实施情况进行监督、检查和测量，并将项目实施结果与事先制定的质量标准进行比较，判断其是否符合质量标准，找出存在的质量问题，分析质量问题的形成原因，采取补救措施。

（3）施工项目成本控制的任务

施工项目成本控制的任务是：先预测目标成本，然后编制成本计划；在项目实施过程中，收集实际数据，进行成本核算；对实际成本和计划成本进行比较，如果发生偏差，应及时进行分析，查明原因，并及时采取有效措施，不断降低成本。将各项生产费用控制在原来所规定的标准和预算之内，以保证实现规定的成本目标。

（4）施工项目安全控制的任务

施工项目安全管理的内容包括职业健康、安全生产和环境管理。

职业健康管理的主要任务是制定并落实职业病、传染病的预防措施；为员工配备必要的劳动保护用品，按要求购买保险；组织员工进行健康体检，建立员工健康档案等。

安全生产管理的主要任务是制定安全管理制度、编制安全管理计划和安全事故应急预案；识别现场的危险源，采取措施预防安全事故；重视安全教育培训、安全检查，提高员工的安全意识和安全生产素质。

环境管理的主要任务是规范现场的场容环境，保持作业环境的整洁卫生；预防环境污染事件，减少施工对周围居民和环境的影响等。

2. 施工项目目标控制的措施

（1）施工项目进度控制的措施

施工项目进度控制的措施主要有组织措施、技术措施、合同措施、经济措施和信息管理措施等。

组织措施主要是指落实各级进度控制的人员及其具体任务和工作责任，建立进度控制的组织系统；按照施工项目的结构、施工阶段或合同结构的层次进行项目分解，确定各分项进度控制的工期目标，建立进度控制的工期目标体系；建立进度控制的工作制度，如定期检查的时间、方法，召开协调会议的时间、参加人员等，并对影响施工实际进度的主要因素进行分析和预测，制订调整施工实际进度的组织措施。

技术措施主要是指应尽可能采用先进的施工技术、方法和新材料、新工艺、新技术，保证进度目标实现；落实施工方案，在发生问题时，能适时调整工作之间的逻辑关系，加快施工进度。

合同措施是指通过合同的跟踪控制保证工期进度的实现，即保持总进度控制目标与合同总工期相一致；分包合同的工期符合总包合同要求；供货、供电、运输、构件加工等合同规定的提供服务时间与有关的进度控制目标相一致。

经济措施是指要制订切实可行的实现施工计划进度所必需的资金保证措施，包括落实实现进度目标的保证资金；签订并实施关于工期和进度的经济承包责任制；建立并实施关于工期和进度的奖惩制度。

信息管理措施是指建立完善的工程统计管理体系和统计制度，详细、准确、定时地收集有关工程实际进度情况的资料和信息，并进行整理统计，得出工程施工实际进度完成情况的各项指标，将其与施工计划进度的各项指标进行比较，定期地向建设单位提供施工进度比较报告。

（2）施工项目质量控制的措施

1）提高管理、施工及操作人员自身素质

管理、施工及操作人员素质的高低对工程质量起决定性的作用。首先，应提高所有参与工程施工人员的质量意识，让他们树立五大观念，即质量第一的观念、预控为主的观念、为用户服务的观念、用数据说话的观念以及社会效益与企业效益相结合的综合效益观念。其次，要搞好人员培训，提高员工素质。要对现场施工人员进行质量知识、施工技术、安全知识等方面的教育和培训，提高施工人员的综合素质。

2）建立完善的质量保证体系

工程项目质量保证体系是指现场施工管理组织的施工质量自控系统或管理系统，即施工单位为保证工程项目的质量管理和目标控制，以现场施工管理组织机构为基础，通过质量目标的确定和分解，管理人员和资源的配置，质量管理制度的建立和完善，形成具有质量控制和质量保证能力的工作系统。

施工项目质量保证体系的内容应根据施工管理的需要并结合工程特点进行设置，具体如下：

① 施工项目质量控制的目标体系；
② 施工项目质量控制的工作分工；
③ 施工项目质量控制的基本制度；
④ 施工项目质量控制的工作流程；
⑤ 施工项目质量计划或施工组织设计；
⑥ 施工项目质量控制点的设置和控制措施的制订；
⑦ 施工项目质量控制关系网络设置及运行措施。

3）加强原材料质量控制

一是提高采购人员的政治素质和质量鉴定水平，使那些有一定专业知识又忠于事业的人担任该项工作。二是采购材料要广开门路，综合比较，择优进货。三是施工现场材料人员要会同工地负责人、甲方等有关人员对现场设备及进场材料进行检查验收。特殊材料要有说明书和试验报告、生产许可证，对钢材、水泥、防水材料、混凝土外加剂等必须进行复试和见证取样试验。

4) 提高施工的质量管理水平

每项工程均应有总体施工方案，每一分项工程施工之前也要做到方案先行，并且施工方案必须实行分级审批制度，方案审完后还要做出样板，反复对样板中存在的问题进行修改，直至达到设计要求方可执行。在工程实施过程中，根据出现的新问题、新情况，及时对施工方案进行修改。

5) 确保施工工序的质量

工程项目的施工过程，是由一系列相互关联、相互制约的工序所构成，工序质量是构成工程质量的最基本的单元，上道工序存在质量缺陷或隐患，不仅使本工序质量达不到标准的要求，而且直接影响下道工序及后续工程的质量与安全，进而影响最终成品的质量。因此，在施工中要建立严格的交接班检查制度，在每一道工序进行中，必须坚持自检、互检。如监理人员在检查时发现质量问题，应分析产生问题的原因，要求承包人采取合适的措施进行修整或返工。处理完毕，检查合格后方可进行下道工序施工。

6) 加强施工项目的过程控制

施工人员的控制。施工项目管理人员由项目经理统一指挥，各自按照岗位标准进行工作，公司随时对项目管理人员的工作状态进行考核，并如实记录考察结果存入工程档案之中，依据考核结果，奖优罚劣。

施工材料的控制。施工材料的选购，必须是经过考察后合格的、信誉好的材料供应商，在材料进场前必须先报验，经检测部门合格后的材料方能使用，从而保证质量，并节约成本。

施工工艺的控制。施工工艺的控制是决定工程质量好坏的关键。为了保证工艺的先进性、合理性，公司工程部针对分项分部工程编制作业指导书，并下发各基层项目部技术人员，合理安排创造良好的施工环境，保证工程质量。

加强专项检查，开展自检、专检、互检活动，及时解决问题。各工序完工后由班组长组织质量员对本工序进行自检、互检。自检时，严格执行技术交底及现行规程、规范，在自检中发现问题由班组自行处理并填写自检记录，班组自检记录填写完善，自检的问题已确实修正后，方可由项目专职质量员进行验收。

(3) 施工项目安全控制的措施

1) 安全制度措施

项目经理部必须执行国家、行业、地区安全法规、标准，并以此制定本项目的安全管理制度，主要包括：

① 行政管理方面：安全生产责任制度；安全生产例会制度；安全生产教育制度；安全生产检查制度；伤亡事故管理制度；劳保用品发放及使用管理制度；安全生产奖惩制度；工程开竣工的安全制度；施工现场安全管理制度；安全技术措施计划管理制度；特殊作业安全管理制度；环境保护、工业卫生工作管理制度；锅炉、压力容器安全管理制度；

场区交通安全管理制度；防火安全管理制度；意外伤害保险制度；安全检举和控告制度等。

② 技术管理方面：关于施工现场安全技术要求的规定；各专业工种安全技术操作规程；设备维护检修制度等。

2）安全组织措施

① 建立施工项目安全管理组织系统。

② 建立与项目安全组织系统相配套的各专业、各部门、各生产岗位的安全责任系统。

③ 建立项目经理的安全生产职责及项目班子成员的安全生产职责。

④ 作业人员安全纪律。现场作业人员与施工安全生产关系最为密切，他们遵守安全生产纪律和操作规程是安全控制的关键。

3）安全技术措施

施工准备阶段的安全技术措施见表 5-1，施工阶段的安全技术措施见表 5-2。

施工准备阶段的安全技术措施　　　　　　　　表 5-1

施工准备阶段	内容
技术准备	① 了解工程设计对安全施工的要求； ② 调查工程的自然环境（水文、地质、气候、洪水、雷击等）和施工环境（地下设施、管道及电缆的分布与走向、粉尘、噪声等）对施工安全的影响，及施工时对周围环境安全的影响； ③ 当改扩建工程施工与建设单位使用或生产发生交叉可能造成双方伤害时，双方应签订安全施工协议，搞好施工与生产的协议，以明确双方责任，共同遵守安全事项； ④ 在施工组织设计中，编制切实可行、行之有效的安全技术措施，并严格履行审批手续，送安全部门备案
物资准备	① 及时供应质量合格的安全防护用品（安全帽、安全带、安全网等）满足施工需要； ② 保证特殊工种（电工、焊工、爆破工、起重工等）使用的工具器械质量合格，技术性能良好； ③ 施工机具、设备（起重机、卷扬机、电锯、平面刨、电气设备）、车辆等需经安全技术性能检测，鉴定合格、防护装置齐全、制动装置可靠，方可进场使用； ④ 施工周转材料（脚手杆、扣件、跳板等）须经认真挑选，不符合安全要求的禁止使用
施工现场准备	① 按施工总平面图要求做好现场施工准备； ② 现场各种临时设施和库房的布置，特别是炸药库、油库的布置，易燃易爆品的存放都必须符合安全规定和消防要求，并经公安消防部门批准； ③ 电气线路、配电设备应符合安全要求，有安全用电防护措施； ④ 场内道路应通畅，设交通标志，危险地带设危险信号及禁止通行标志，以保证行人和车辆通行安全； ⑤ 现场周围和陡坡及沟坑处设好围栏、防护板，现场入口处设"无关人员禁止入内"的标志及警示标志； ⑥ 塔式起重机等起重设备安置应与输电线路、永久的或临设的工程间要有足够的安全距离，避免碰撞，以保证搭设脚手架、安全网的施工距离； ⑦ 现场设消火栓，应有足够有效的灭火器材
施工队伍准备	① 新工人、特殊工种工人须经岗位技术培训与安全教育后，持合格证上岗； ② 高、险、难作业工人须经身体检查合格后，方可施工作业； ③ 开工前，项目经理应对全体人员进行安全教育、安全技术交底、形成由相关人员签字的三级安全教育卡和安全技术交底记录

施工阶段的安全技术措施　　　　　表 5-2

施工阶段	内容
一般施工	① 单项工程、单位工程均有安全技术措施，分部分项工程有安全技术具体措施，施工前由技术负责人向有关人员进行安全技术交底； ② 安全技术应与施工生产技术相统一，各项安全技术措施必须在相应的工序施工前做好； ③ 操作者严格遵守相应的操作规程，实行标准化作业； ④ 施工现场的危险地段应设有防护、保险、信号装置及危险警示标志； ⑤ 针对采用的新工艺、新技术、新设备、新结构制定专门的施工安全技术措施； ⑥ 有预防自然灾害（防台风、雷击、防洪排水、防暑降温、防寒、防冻、防滑等）的专门安全技术措施； ⑦ 在明火作业（焊接、切割、熬沥青等）现场应有防火、防爆安全技术措施； ⑧ 有特殊工程、特殊作业的专业安全技术措施，如土石方施工安全技术、爆破安全技术、脚手架安全技术、起重吊装安全技术、电气安全技术、高处作业及主体交叉作业安全技术、焊割安全技术、防火安全技术、交通运输安全技术、安装工程安全技术、烟囱及筒仓安全技术等
拆除工程	① 详细调查拆除工程结构特点和强度、电线线路、管道设施等现状，制定可靠的安全技术方案； ② 拆除建筑物之前，在建筑物周围划定危险警戒区域，设立安全围栏，禁止无关人员进入作业区； ③ 拆除工作开始前，先切断被拆除建筑物的电线、供水、供热、供煤气的通道； ④ 拆除工作应按自上而下顺序进行，禁止数层同时拆除，必要时要对底层或下部结构进行加固； ⑤ 栏杆、楼梯、平台应与主体拆除程度配合进行，不能先行拆除； ⑥ 拆除作业工人应站在脚手架上或稳固的结构部分操作，拆除承重梁和柱之间应先拆除其承重的全部结构，并防止其他部分坍塌； ⑦ 拆下的材料要及时清理运走，不得在旧楼板上集中堆放，以免超负荷； ⑧ 被拆除的建筑物内需要保留的部分或需保留的设备事先搭好防护棚； ⑨ 一般不采用推倒方法拆除建筑物，必须采用推倒方法的应采取特殊安全措施

（4）施工项目成本控制的措施

1）组织措施

组织措施是从施工成本控制的组织方面采取的措施。组织措施是其他各类措施的前提和保障，而且一般不需要增加什么费用，运用得当可以收到良好的效果。组织措施的一方面，要使施工成本控制成为全员的活动。施工成本管理不仅是专业成本管理人员的工作，各级项目管理人员都负有成本控制责任，如实行项目经理责任制，落实施工成本管理的组织机构和人员，明确各级施工成本管理人员的任务和职能分工、权利和责任。另一方面，编制施工成本控制工作计划，确定合理详细的工作流程。要做好施工采购规划，通过生产要素的优化配置、合理使用、动态管理，有效控制实际成本；加强施工定额管理和施工任务管理，控制活劳动和物化劳动的消耗；加强施工调度，避免因施工计划不周和盲目调度造成窝工损失、机械利用率降低、物料积压等而使施工成本增加。

2）技术措施

采取先进的技术措施，走技术与经济相结合的道路，确定科学合理的施工方案和工艺技术，以技术优势来取得经济效益是降低项目成本的关键。首先，制定先进合理的施工方案和施工工艺，合理布置施工现场，不断提高工程施工工业化、现代化水平，以达到缩短工期、提高质量、降低成本的目的。其次，在施工过程中大力推广各种降低消耗、提高工效的新工艺、新技术、新材料、新设备和其他能降低成本的技术革新措施，提高经济效益。最后，加强施工过程中的技术质量检验制度和力度，严把质量关，提高工程质量，杜绝返工现象和损失，减少浪费。

3）经济措施

① 控制人工费用。控制人工费的根本途径是提高劳动生产率，改善劳动组织结构，减少窝工浪费；实行合理的奖惩制度和激励办法，提高员工的劳动积极性和工作效率；加强劳动纪律，加强技术教育和培训工作；压缩非生产用工和辅助用工，严格控制非生产人员比例。

② 控制材料费。材料费用占工程成本的比例很大，因此，降低成本的潜力最大。降低材料费用的主要措施是制订好材料采购的计划，包括品种、数量和采购时间，减少仓储量，避免出现完料不尽，垃圾堆里有黄金的现象，节约采购费用；改进材料的采购、运输、收发、保管等方面的工作，减少各个环节的损耗；合理堆放现场材料，避免和减少二次搬运和摊销损耗；严格材料进场验收和限额领料控制制度，减少浪费；建立结构材料消耗台账，时时监控材料的使用和消耗情况，制定并贯彻节约材料的各种相应措施，合理使用材料，建立材料回收台账，注意工地余料的回收和再利用。另外，在施工过程中，要随时注意发现新产品、新材料的出现，及时向建设单位和设计院提出采用代用材料的合理建议，在保证工程质量的同时，最大限度地做好增收节支。

③ 控制机械费用。在控制机械使用费方面，最主要的是加强机械设备的使用和管理力度，正确选配和合理利用机械设备，提高机械使用率和机械效率。要提高机械效率必须提高机械设备的完好率和利用率。机械利用率的提高靠人，完好率的提高在于保养和维护。因此，在机械设备的使用和维护方面要尽量做到人机固定，落实机械使用、保养责任制，实行操作员、驾驶员经培训持证上岗，保证机械设备被合理规范的使用，并保证机械设备的使用安全，同时应建立机械设备档案制度，定期对机械设备进行保养维护。另外，要注意机械设备的综合利用，尽量做到一机多用，提高利用率，从而加快施工进度、增加产量、降低机械设备的综合使用费。

④ 控制间接费及其他直接费。间接费是项目管理人员和企业的其他职能部门为该工程项目所发生的全部费用。这一项费用的控制主要应通过精简管理机构，合理确定管理幅度与管理层次，业务管理部门的费用通过实行节约承包来落实，同时对涉及管理部门的多个项目实行清晰分账，落实谁受益谁负担，多受益多负担，少受益少负担，不受益不负担的原则。其他直接费包括临时设施费、工地二次搬运费、生产工具用具使用费、检验试验费和场地清理费等，应本着合理计划、节约为主的原则进行严格监控。

4）合同措施

采用合同措施控制施工成本，应贯穿整个合同周期，包括从合同谈判开始到合同终结的全过程。由于现在的施工合同通常是一种格式合同，合同条款是发包人制定的，所以承包人的合同管理首先是分析承包合同中的潜在风险，通过对引起成本变动的风险因素的识别和分析，制定必要的风险对策，如风险回避、风险转移、风险分散、风险控制和风险自留等。其次，在合同履行期间，承包人要重视工程签证和进度款的结算工作。最后，要密切关注对方合同履行的情况，以及不同合同之间的履约衔接，寻求索赔机会；同时也要密切关注自己履行合同的情况,以防止被对方索赔。

(三)施工资源与现场管理

1. 施工资源管理的任务和内容

施工资源,也称施工项目生产要素,是指投入施工项目的劳动力、材料、机械设备、技术和资金等要素。施工项目生产要素是施工项目管理的基本要素,施工项目管理实际上就是根据施工项目的目标、特点和施工条件,通过对生产要素的有效和有序地组织和管理项目,并实现最终目标。施工项目的计划和控制的各项工作最终都要落实到生产要素管理上。生产要素的管理对施工项目的质量、成本、进度和安全都有重要影响。

(1)施工项目资源管理的内容

1)劳动力。当前,我国在建筑业企业中设置专业作业企业序列,施工综合企业、施工总承包企业和专业承包企业的作业人员按合同由专业作业企业提供。劳动力管理主要依靠专业作业企业,项目经理部协助管理。施工项目中的劳动力,关键在使用,使用的关键在提高效率,提高效率的关键是如何调动作业人员的积极性,调动积极性的最好办法是加强思想政治工作和利用行为科学,从劳动力个人的需要与行为的关系的观点出发,进行恰当的激励。

2)材料。建筑材料按在生产中的作用可分为主要材料、辅助材料和其他材料。其中主要材料指在施工中被直接加工,构成工程实体的各种材料,如钢材、水泥、木材、砂、石等。辅助材料指在施工中有助于产品的形成,但不构成实体的材料,如促凝剂、隔离剂、润滑物等。其他材料指不构成工程实体,但又是施工中必需的材料,如燃料、油料、砂纸、棉纱等。另外,还有周转材料(如脚手架材、模板材等)、工具、预制构配件、机械零配件等。建筑材料还可以按其自然属性分类,包括金属材料、硅酸盐材料、电器材料、化工材料等。施工项目材料管理的重点在现场、在使用、在节约和核算。

3)机械设备。施工项目的机械设备,主要是指作为大型工具使用的大、中、小型机械,既是固定资产,又是劳动手段。施工项目机械设备管理的环节包括选择、使用、保养、维修、改造、更新。其关键在使用,使用的关键是提高机械效率,提高机械效率必须提高利用率和完好率。利用率的提高靠人,完好率的提高在于保养与维修。

4)技术。施工项目技术管理,是对各项技术工作要素和技术活动过程的管理。技术工作要素包括技术人才、技术装备、技术规程、技术资料等。技术活动过程指技术计划、技术运用、技术评价等。技术作用的发挥,除决定于技术本身的水平外,极大程度上还依赖于技术管理水平。没有完善的技术管理,先进的技术是难以发挥作用的。施工项目技术管理的任务有四项:①正确贯彻国家和行政主管部门的技术政策,贯彻上级对技术工作的指示与决定;②研究、认识和利用技术规律,科学地组织各项技术工作,充分发挥技术的作用;③确立正常的生产技术秩序,文明施工,以技术保证工程质量;④努力提高技术工作的经济效果,使技术与经济有机地结合。

5)资金。施工项目的资金,是一种特殊的资源,是获取其他资源的基础,是所有项目活动的基础。资金管理主要有以下环节:编制资金计划,筹集资金,投入资金(施工项目经理部收入)，资金使用(支出)，资金核算与分析。施工项目资金管理的重点是收入与支出问题，收支之差涉及核算、筹资、贷款、利息、利润、税收等问题。

(2) 施工资源管理的任务

1) 确定资源类型及数量。具体包括：①确定项目施工所需的各层次管理人员和各工种工人的数量；②确定项目施工所需的各种物资资源的品种、类型、规格和相应的数量；③确定项目施工所需的各种施工设施的定量需求；④确定项目施工所需的各种来源的资金的数量。

2) 确定资源的分配计划。包括编制人员需求分配计划、编制物资需求分配计划、编制施工设备和设施需求分配计划、编制资金需求分配计划。在各项计划中，明确各种施工资源的需求在时间上的分配，以及在相应的子项目或工程部位上的分配。

3) 编制资源进度计划。资源进度计划是资源按时间的供应计划，应视项目对施工资源的需用情况和施工资源的供应条件而确定编制哪种资源进度计划。如编制资源进度计划能合理地考虑施工资源的运用，将有利于提高施工质量，降低施工成本和加快施工进度。

4) 施工资源进度计划的执行和动态调整。施工项目施工资源管理不能仅停留于确定和编制上述计划，在施工开始前和在施工过程中应落实和执行所编的有关资源管理的计划，并视需要对其进行动态的调整。

2. 施工现场管理的任务和内容

施工现场是指从事工程施工活动经批准占用的施工场地。它既包括红线以内占用的建筑用地和施工用地，又包括红线以外现场附近经批准占用的临时施工用地。施工现场管理就是运用科学的思想、组织、方法和手段，对施工现场的人、设备、材料、工艺、资金等生产要素，进行有计划地组织、控制、协调、激励，来保证预定目标的实现。

(1) 施工现场管理的任务

建筑施工现场管理的任务，具体可以归纳为以下几点：

1) 全面完成生产计划规定的任务，含产量、产值、质量、工期、资金、成本、利润和安全等。

2) 按施工规律组织生产，优化生产要素的配置，实现高效率和高效益。

3) 搞好劳动组织和班组建设，不断提高施工现场人员的思想和技术素质。

4) 加强定额管理，降低物料和能源的消耗，减少生产储备和资金占用，不断降低生产成本。

5) 优化专业管理，建立完善管理体系，有效地控制施工现场的投入和产出。

6) 加强施工现场的标准化管理，使人流、物流高效有序。

7) 治理施工现场环境，改变"脏、乱、差"的状况，注意保护施工环境，做到施工不扰民。

(2) 施工项目现场管理的内容

1) 规划及报批施工用地。根据施工项目及建筑用地的特点科学规划，充分、合理使用施工现场场内占地；当场内空间不足时，应同发包人按规定向城市规划部门、公安交通部门申请，经批准后，方可使用场外施工临时用地。

2) 设计施工现场平面图。根据建筑总平面图、单位工程施工图、拟定的施工方案、现场地理位置和环境及政府部门的管理标准,充分考虑现场布置的科学性、合理性、可行性,设计施工总平面图、单位工程施工平面图;单位工程施工平面图应根据施工内容和分包单位的变化,设计出阶段性施工平面图,并在阶段性进度目标开始实施前,通过施工协调会议确认后实施。

3)建立施工现场管理组织。一是项目经理全面负责施工过程中的现场管理,并建立施工项目经理部体系。二是项目经理部应由主管生产的副经理、项目技术负责人、生产、技术、质量、安全、保卫、消防、材料、环保、卫生等管理人员组成。三是建立施工项目现场管理规章制度、管理标准、实施措施、监督办法和奖惩制度。四是根据工程规模、技术复杂程度和施工现场的具体情况,遵循"谁生产、谁负责"的原则,建立按专业、岗位、区片划分的施工现场管理责任制,并组织实施。五是建立现场管理例会和协调制度,通过调度工作实施的动态管理,做到经常化、制度化。

4)建立文明施工现场。一是按照国务院及地方建设行政主管部门颁布的施工现场管理法规和规章,认真管理施工现场。二是按审核批准的施工总平面图布置管理施工现场,规范场容。三是项目经理部应对施工现场场容、文明形象管理做出总体策划和部署,分包人应在项目经理部指导和协调下,按照分区划块原则做好分包人施工用地场容、文明形象管理的规划。四是经常检查施工项目现场管理的落实情况,听取社会公众、近邻单位的意见,发现问题及时处理,不留隐患,避免再度发生,并实施奖惩。五是接受政府住房和城乡建设行政主管部门的考评和企业对建设工程施工现场管理的定期抽查、日常检查、考评和指导。六是加强施工现场文明建设,展示和宣传企业文化,塑造企业及项目经理部的良好形象。

5)及时清场转移。施工结束后,应及时组织清场,向新工地转移。同时,组织剩余物资退场,拆除临时设施,清除建筑垃圾,按市容管理要求恢复临时占用土地。

下篇 基础知识

六、设备安装相关的力学知识

本章以静力学的平面力系为主介绍力的基本性质,以及对力矩、力偶的定义和平衡等的条件进行阐述;同时对材料力学中杆件的变形和强度等物理概念给予解释,以便在工程施工中掌握应用,防止发生材料或零件在安装中出现损毁。

(一) 平面力系

本节对力的基本性质、力矩力偶的性质和平面力系的平衡方程作简明的介绍,以供学习者在工作中应用。

1. 力的概念

(1) 力的本质

1) 力是物体之间相互的机械作用,这种作用使物体的运动状态发生改变。例如自由下落的物体,其速度之所以愈来愈快,是由于受到地球吸引力的缘故;平地上滑动的物体,其速度之所以逐渐减慢,是由于有空气和地面阻力的缘故等。

2) 力的概念是力学中最基本的概念之一。由于力是物体之间相互的机械作用,故理解力的概念时应特别注意:力不能脱离物体而单独存在;有力存在,就必定有施力物体和受力物体。物体之间机械作用的方式有两种:一种是通过物体之间的直接接触发生作用,如人用手去推车、两车发生碰撞等;另一种是通过场的形式发生作用,如地球以重力场使物体受到重力作用、电场对电荷的引力或斥力作用等。

3) 刚体是指物体在力的作用下,其内部任意两点之间的距离始终保持不变。简单说刚体就是在力的作用下不变形的物体。刚体是一种经抽象化处理后的理想物体。

(2) 力的三要素

1) 实践表明,力对物体的作用效果决定于它的三个要素(通常称它们为力的三要素)即:力的大小(即力的强度)、力的方向和力的作用点。

2) 力是具有大小和方向的量,所以是矢量。力常用一条带箭头的线段来表示,如图 6-1 所示。线段的长短表示力的大小(可用力比例尺度量),箭头的指向表示力的方向,线段的起点(或终点)表示力的作用点。通过力的作用点沿力的方向的直线,叫作力的作用线。上方带箭头的字母表示力的矢量,如 $\vec{F}$;不带箭头的字母 F 仅表示力的大小。

(3) 力的合成(平行四边形法则)

作用在物体上同一点的两个力,可以合成为一个合力。合力的作用点也在该点;合力的大小和方向,由这两个力为邻边构成的平行四边形的对角线确定。

如图 6-2 所示，如以 $\vec{R}$ 表示 $\vec{F_1}$ 与 $\vec{F_2}$ 的合力，则可记作：

$$\vec{R} = \vec{F_1} + \vec{F_2} \tag{6-1}$$

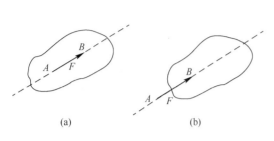

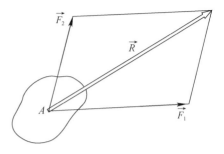

图 6-1 力的表示法

(a) 线段的起点表示作用点；(b) 线段的终点表示作用点

图 6-2 二力的合成

这个平行四边形法则是简化复杂力系的基础。

(4) 力的平衡

1) 平衡的概念

静力学中所指的平衡，是指物体相对于地面保持静止或做匀速直线运动。例如建筑物、机器的机座相对于地面是静止的，输煤皮带上的煤块相对于地面是做匀速直线运动的，人们称上述两种情况的物体都是处于平衡状态。

2) 二力平衡条件

作用在同一物体上的两个力，要使物体处于平衡的必要和充分条件是：这两个力的大小相等、方向相反，且在同一直线上。

如图 6-3 所示，表明了一个物体受两个力作用而平衡时，这两个力所应满足的条件；也说明了这两个力如果满足了上述条件，则该物体一定处于平衡。

3) 三力平衡汇交

如果作用于同一平面的三个互不平行的力组成平衡力系，则此三个力的作用线必定汇交于一点。

(5) 作用力与反作用力

作用力与反作用力总是同时存在，两力的大小相等、方向相反，沿着同一直线分别作用在两个相互作用的物体上。如图 6-4 所示，锤头锻打工件时，工件受到锤头的打击力 $\vec{F_1}$，同时锤头也受到工件的反作用力 $\vec{F_1'}$，$\vec{F_1}$ 与 $\vec{F_1'}$ 是等值、反向、共线的。同样，工件给砧座施加作用力 $\vec{F_2'}$，砧座也给工件以反作用力 $\vec{F_2}$，$\vec{F_2'}$ 与 $\vec{F_2}$ 也是等值、反向、共线的。其中 $\vec{F_1}$ 与 $\vec{F_1'}$、$\vec{F_2}$ 与 $\vec{F_2'}$ 是分别作用在两个不同的物体上，是作用和反作用关系。而 $\vec{F_1}$ 与 $\vec{F_2}$ 则是作用在同一物体上的两个力，如果忽略工件的自重，则工件在 $\vec{F_1}$ 和 $\vec{F_2}$ 的作用下组成平衡力系。

作用力和反作用力通常用同一字母表示，但其中之一，须在其右上角加一"撇"，如 $\vec{F}$ 与 $\vec{F'}$。

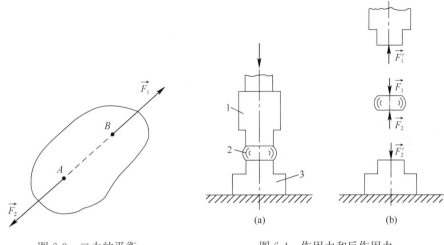

图 6-3 二力的平衡

图 6-4 作用力和反作用力
1—锤头；2—工件；3—砧座

这概括了自然界的物体相互作用的定量关系，表明作用力与反作用力总是成对出现的。这是研究由多个物体组成的物体系统的平衡问题的基础。

必须指出：不应把作用和反作用与二力平衡混淆起来。前者是二力分别作用在两个不同的物体上，而后者是二力作用于同一物体上。

2. 力矩、力偶的概念

（1）力矩

1）力矩的概念

用扳手拧螺母时，力 $\vec{F}$ 将使扳手和螺母绕点 O 转动（图 6-5）。从经验知道，拧动螺母的作用效果，不仅与力 $\vec{F}$ 的大小有关，而且还与点 O 到力的作用线的垂直距离 h 有关。如用同样大小的力 $\vec{F}$，当 h 愈长时，螺母将被拧得愈紧，如图 6-5(b) 所示；相反地，如果 h 较短，就得用较大的力才能拧紧螺母，如图 6-5(a) 所示。

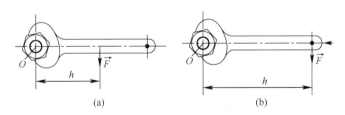

图 6-5 力对点 O 之矩

转动中心 O 到力 $\vec{F}$ 的作用线的垂直距离 h 称为力臂。转动中心 O 称为力矩中心，简称矩心。力 $\vec{F}$ 的大小与力臂 h 的乘积称为力对点 O 之矩，简称力矩，并用它来度量力 $\vec{F}$ 对扳手的作用效果。此外，力 $\vec{F}$ 使扳手绕点 O 转动的方向不同，作用效果也不同。

由此可见，力 $\vec{F}$ 使物体绕点 O 的转动效果，完全由下列两个因素决定：

A. 力的大小与力臂的乘积 Fh；

B. 力使物体绕点 O 转动的方向。

力对点的矩是一个代数量，力矩大小等于力的大小与力臂的乘积。力矩的正负作如下规定：力使物体绕矩心逆时针转动时取正，反之为负。

若力的单位以牛顿计，力臂的长度以米计，则力矩的单位在我国法定计量单位中为牛顿米（N·m）或千牛顿米（kN·m）。

2）力矩的平衡

① 凡是在力的作用下，能够绕某一固定点（支点）转动的物体，称为杠杆。在日常生活和生产实践中，经常碰到许多杠杆平衡问题，可用力矩平衡的道理去分析。如以秤杆的平衡为例，如图6-6所示，重物的重力 $\vec{G}$ 对支点 O 的力矩大小为 Gh_1，逆时针转向；秤砣的重力 $\vec{W}$ 对点 O 的力矩大小为 Wh_2，顺时针转向。当 $Gh_1 = Wh_2$ 时，即绕着支点 O 逆时针转动和顺时针转动的力矩的代数和为零时，秤杆就平衡了。

② 实际上，秤杆的平衡反映了力矩平衡的一般规律：对于绕定点转动的物体来说，如果作用在该物体上逆时针转动的力矩之和与顺时针转动的力矩之和在数值上正好相等，此时物体处于平衡状态。也就是说，转动物体的平衡条件为：作用在该物体上的各力对物体上任一点力矩的代数和为零。

（2）力偶

1）力偶的概念

在生产实践中，经常会遇到两个大小相等、方向相反的平行力，例如钳工用丝锥攻螺纹（图6-7）等，实践证明，等值反向的平行力能使物体发生转动。这种由两个大小相等，方向相反的平行力组成的力系，称为力偶。

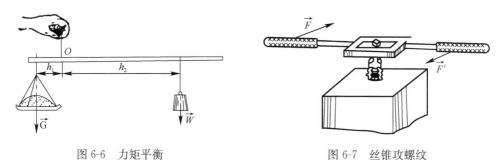

图6-6 力矩平衡　　　　图6-7 丝锥攻螺纹

2）力偶矩

力对物体的转动效果，要用力矩来度量。既然力偶能使物体转动，那么力偶对物体的作用效果，就应该用力偶中两个力对转动中心的合力矩来度量。在图6-8中，由力 $\vec{F}$ 和 $\vec{F'}$ 所组成的力偶对转动中心 O 的合力矩为：

$$\sum m_o(\vec{F}) = Fg\frac{d}{2} + F'g\frac{d}{2} = Fd \tag{6-2}$$

若转动中心由 O 移动到 O_1 时，力偶对 O_1 的合力矩为：

$$\sum m_{o_1}(\vec{F}) = F'g(d+x) - Fx = Fd \tag{6-3}$$

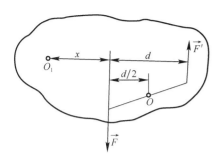

图 6-8 力偶矩的大小与矩心位置无关

由式（6-2）、（6-3）表明，力偶对物体的转动作用决定于力偶中力的大小和两个力之间的距离 d，d 称为力偶臂，而与转动中心的位置无关。力偶中力的大小与力偶臂的乘积称为力偶矩，其单位与力矩相同，其正负符号的规定也与力矩相同。

③ 力偶的特性

① 力偶中的两个力对其作用面内任一点之矩的代数和恒等于其力偶矩。

② 力偶对物体不产生移动效果，其不能用一个力来平衡，只能用一力偶来平衡。

③ 力偶可以在其作用面任意移动或转动而不改变他对物体的作用。

④ 力偶无合力。

3. 平面力系的平衡

（1）平面力系的简化

物体受一个平面任意力系的作用，可以用力的平移定理，将诸力依次平移到平面内任取的简化中心 O 点，这样可以得到同样作用的力和相应的附加力偶，通过合力及其附加力偶判定为零则力系为平衡力系。

（2）力的平移定理

设物体的 A 点，作用一力 $\vec{F}_A$，在物体任取一点 O，加一对与力 $\vec{F}_A$ 平行的平衡力 $\vec{F}_O$ 和 $\vec{F}'_O$。且使 $F_A = F_O = F'_O$，如图 6-9 所示，这三个力对物体的作用与原来一个一个力 $\vec{F}_A$ 对物体的作用效果不变。可见，力 $\vec{F}_O$ 与原力 $\vec{F}_A$ 大小相等方向相同，所以可视作 $\vec{F}_O$ 是将 $\vec{F}_A$ 平移到了点 O，而 $\vec{F}'_O$ 和 $\vec{F}_A$ 组成了一个力偶，其转向与 $\vec{F}_A$ 对点 O 的力矩的转向相同。该力偶可看作为力 $\vec{F}_A$ 平移后附加的力偶 m_A。

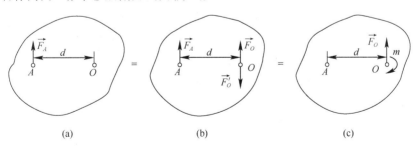

图 6-9 力的平移定理

由此可得力的平移定理：若将作用于物体上一个力，平移到物体上的任意一点而不改变原力对物体的作用效果，则必须附加一个力偶，其力偶矩等于原力对该点的矩。

显然附加力偶矩的大小和转向，与所选取的点的位置有关。

（3）平衡的条件

平面力系通过平移，得到一个平面汇交力系和一个平面力偶系，如为平衡力系则条件是：

$$\sum F_x = 0 \tag{6-4}$$

$$\sum F_y = 0 \tag{6-5}$$

$$\sum m(\vec{F}) = 0 \tag{6-6}$$

（二）杆件强度、刚度和稳定性的概念

本节对杆件变形的基本形式、应力应变的概念、杆件强度的概念和杆件刚度及压杆稳定性的概念等作出简明介绍，以供学习者在工作中应用。

1. 杆件变形的基本形式

（1）物体在外力作用下产生的变形有以下几种：变形固体，在外力作用下能产生一定变形的固体。小变形，变形量与构件本身尺寸相比特别微小的变形。弹性变形和塑性变形（残余变形），前者是指卸去外力后能完全消失的变形，后者是指卸去外力后不能消失而保留下来的变形。工程上使用的多数构件在正常使用条件下只允许产生弹性变形。

（2）材料力学研究的构件主要是杆件。所谓杆件是指纵向尺寸比横向尺寸大得多的构件，如连杆、横梁、轴等，都是常见的杆件。杆件沿垂直于长度方向的截面称为横截面，杆件各横截面形心的连线称为轴线。

（3）材料力学研究的杆件大多是等截面直杆，简称等直杆。

（4）在不同形式的外力作用下，杆件的变形形式各不相同，但都不外是表 6-1 所列的几种基本变形形式之一，或者是它们的组合。

杆件基本变形形式　　　　　　　　　　　　　　表 6-1

基本变形	工程实例	受力简图
拉伸		
压缩		
剪切		
扭转		

基本变形	工程实例	受力简图
弯曲	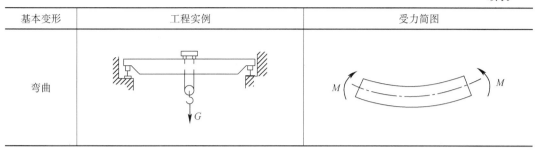	

2. 应力、应变的概念

（1）内力的概念

物体在外力作用下将发生变形，即外力迫使物体内各质点间的相对位置发生改变。伴随着变形，物体内各质点间将产生抵抗变形、力图恢复原状的相互作用力。这种由于外力作用而在物体内部产生的抵抗力称为内力。例如用手拉弹簧的时候，就会感到弹簧也在拉手，手上用的力愈大，弹簧拉得愈长，弹簧所产生的内力也愈大。但是，对任一个具体杆件来说，内力的大小是有限度的，超过了此限度，杆件就要被破坏。所以在研究强度问题时必须先求出内力。

1) 求取内力的方法

截面法是材料力学中研究内力的一个基本方法。图 6-10（a）所示受拉直杆受一对 P 力作用处于平衡状态。若要计算 m_i-m 截面的内力，可在此截面处假想将杆件切成两部分，留下一部分、移去另一部分来计算。如图 6-10（b）所示，将杆件切成两部分后留下左侧部分，移去右侧部分。移去部分对保留部分的作用，用内力来代替，其合力为 N。由于直杆原来处于平衡状态，故切开后各部分仍应维持平衡状态。根据保留部件的平衡条件可得：

$$N - P = 0 \tag{6-7}$$

$$N = P \tag{6-8}$$

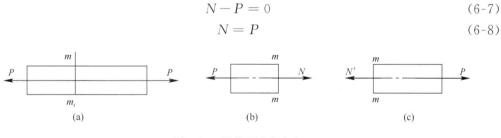

图 6-10 用截面法求内力

如果将杆件切成两部分后移去左侧部分，留下右侧部分。如图 6-10（c）所示，这时 N' 代表左侧部分对右侧部分的作用力（它与 N 是作用力反作用力的关系），同样可根据平衡条件得：

$$N' = P \tag{6-9}$$

2) 杆件运用截面法求内力的步骤可归纳如下：

① 截开。在需求内力的截面位置，假想将杆件切开分成两部分；

② 替代。选取其中一部分留下作为研究对象（以受力较简单的为好），并以内力代替

去掉部分对留下部分的作用；

③ 平衡。根据留下部分的平衡条件求出该截面的内力。

杆件受轴向拉伸或轴向压缩时，力 P 是通过杆轴线的，因此内力的合力 N 或 N' 的作用线也必然与杆轴线相重合，故称之为轴力。为了在计算上区别拉伸和压缩两种变形，对轴力的符号作如下规定：轴力背离截面（拉力）为正；轴力指向截面（压力）为负。

(2) 应力的概念

1) 定义与单位

只知道杆件内力的大小，一般还不能判断杆件是否会被破坏。由经验可知：材料相同、横截面面积不同的两个直杆，在所受轴向拉力相等时，截面面积小的容易断裂。这说明拉（压）杆的强度不仅与内力的大小有关，还与杆件受力的截面面积有关。因此，研究杆件的强度问题还必须进一步分析内力在截面上的分布情况。工程上采用截面单位面积上的内力来分析构件的强度，称为应力。应力为矢量，应力矢量的方向不受限制。

应力在我国法定计量单位中为帕斯卡，简称帕，符号为 Pa。

$$1 \text{ 帕} = 1 \text{ 牛顿/平方米}（N/m^2）$$

由于此单位较小，材料力学上常使用兆帕（MPa）或吉帕（GPa），它们与帕的换算关系为：$1MPa = 10^6 Pa$；$1GPa = 10^9 Pa$。

2) 拉（压）杆横截面上的应力

应用截面法只能求得截面上内力的合力，要想进一步确定截面上任意一点的应力，必须了解内力在截面上的分布情况。因为应力的分布规律与杆件的变形有关，因此首先要研究杆件的变形。

图 6-11(a) 所示为一等直杆在受轴向力拉伸时的变形情况。杆件沿轴向伸长而横向收缩；受力前与轴线垂直的两条横向线 ab 与 cd 平移到 a_1b_1 与 c_1d_1；受力前与轴线平行的两条纵向线 qr 与 st 平移到 q_1r_1 与 s_1t_1。可以看出，杆件受力变形后横向线仍为垂直于杆轴的直线，而纵向线伸长了，且伸长量相等。

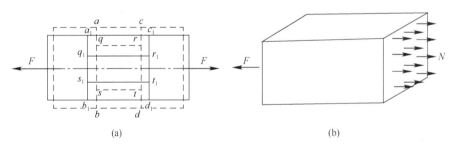

图 6-11 直杆受轴向拉伸

根据杆件以上的表面变形现象，可以对其内部变形提出如下的平面假设：原为平面的横截面在杆件变形后仍为平面。

设想杆件是由无数均匀连续的纵向纤维组成的，根据平面假设可知，每条纤维在杆件受拉伸时，其伸长量是相等的。由此可推断每条纤维上的内力也相等，即内力在横截面上均匀分布，也就是说横截面上各点的应力相等。这种垂直于横截面的应力称为正应力，如图 6-11(b) 所示。即：

$$\sigma = \frac{N}{A} \tag{6-10}$$

式中：σ——横截面上的正应力；

N——横截面上的内力（轴力）；

A——横截面的面积。

（3）应变的概念

直杆在轴向拉（压）力作用下，将产生轴向伸长（缩短）。实验表明：当杆伸长时，其横向尺寸略有缩小；当杆缩短时，其横向尺寸稍有增大。

1）纵向变形

① 杆件在拉伸或压缩时，长度将发生改变。杆件长度的改变量称为绝对变形，以 Δl 表示，若杆件变形前原长为 l_0，变形后长度为 l，则：

$$\Delta l = l - l_0 \tag{6-11}$$

拉伸时绝对变形为正，压缩时绝对变形为负，单位为 mm。

② 由于绝对变形的大小与杆件的原长有关，为了便于比较杆件变形的程度，常引用相对变形这一概念，相对变形即单位长度的变形，也称线应变，用 ε 表示：

$$\varepsilon = \frac{\Delta l}{l_0} \tag{6-12}$$

相对变形是无因次的量，其正负规定与绝对变形相同。

2）横向变形

① 杆件在受拉伸或压缩时，不但发生纵向变形，同时沿杆件横向也发生变形。

横向绝对变形为：

$$\Delta d = d - d_0 \tag{6-13}$$

② 横向相对变形或横向线应变为：$\varepsilon_1 = \dfrac{\Delta d}{d_0}$ （6-14）

③ 拉伸时横向缩小，ε_1 为负值；压缩时横向扩大，ε_1 为正值。实验表明，在弹性范围内，同种材料 ε_1 与 ε 之比的绝对值是一常数，用 μ 表示这一比值，即：

$$\mu = \left| \frac{\varepsilon_1}{\varepsilon} \right| \tag{6-15}$$

μ 称为泊松比，它也是无因次的量。工程中常用材料的泊松比见表6-2。

弹性模量 E 和泊松比 μ 值　　　　表6-2

材料名称	E（GPa）	μ
低碳钢	196～216	0.24～0.28
合金钢	186～216	0.25～0.30
灰铸铁	113～157	0.23～0.27
铜及其合金	73～128	0.31～0.42
铝及硬铝	70	0.32～0.42
橡胶	0.00785	0.47
混凝土	10～30	0.08～0.18
木材	10	—

(4) 虎克定律

试验表明：受到拉（压）的杆件，在弹性范围内，变形与载荷 P、杆件原长 l_0 成正比，而与杆件横截面面积 A 成反比。即：

$$\Delta l \propto \frac{P l_0}{A} \tag{6-16}$$

考虑到变形还与杆的材料性能有关，引进比例系数 E；又因试验时载荷与内力相等，故上式可改写为：

$$\Delta l = \frac{N l_0}{EA} \tag{6-17}$$

式中：比例系数 E，称为弹性模量。工程中常用材料的弹性模量见表6-2。

将 $\frac{N}{A}=\sigma$ 和 $\frac{\Delta l}{l_0}=\varepsilon$ 代入式（6-17），得：

$$\sigma = E\varepsilon \tag{6-18}$$

式（6-17）和式（6-18）即为虎克定律的两种表达式。虎克定律的适用条件为：
① 应力未超过材料的比例极限，即材料处于弹性范围；
② 在计算 Δl 的长度内，N、E、A 均应为常数。

由式（6-18）可知，弹性模量愈大，相对变形（线应变）愈小，所以 E 表示材料抵抗拉伸（压缩）变形的能力。由于 ε 是无因次的量，所以 E 与 σ 的单位相同。

3. 杆件强度的概念

(1) 低碳钢的拉伸试验

Q235 钢是有代表性的低碳钢，它所表现出的力学性能也比较典型。

为了便于对不同材料的试验结果进行比较，按国家标准的规定，将低碳钢制成标准圆截面试件，如图 6-12 所示。试件中部等截面段的直径 d 为 10mm，试件中段用来测量变形的长度 l_0 称为标距，通常取 $l_0 = 10d$。

拉伸试验一般在拉伸试验机上进行。用试验机的加力机构在试件两端加力，并均匀而缓慢地拉长试件。当载荷 P 逐渐增加时，试件在标距 l_0 长度内的变形 Δl 也相应增加。如以纵坐标代表所加载荷 P，横坐标代表变形 Δl，便可利用试验机上的自动绘图装置画出 $P\text{-}\Delta l$ 曲线（见图 6-13），称为拉伸图，它表示了试件在拉伸过程中受力与变形发展的全过程。

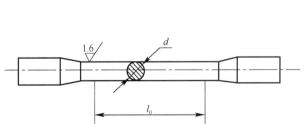

图 6-12 标准圆截面试件

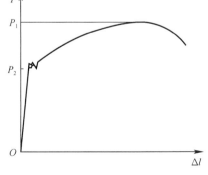

图 6-13 低碳钢拉伸图

所得的拉伸图与试件的粗细长短有关。为了消除试件尺寸的影响，将纵坐标 P 除以试件横截面面积 A，将横坐标 Δl 除以试件的标距 l_0，就得到 σ-ε 曲线，称为应力应变图。图 6-14 为低碳钢的应力应变图。

以下是对应力应变图的简要分析：

1) 弹性阶段（Ob 段）

在拉伸的开始阶段试件变形很小，此时若将拉力卸去，试件变形可完全消失并恢复原状，这表明试件在该阶段内只产生弹性变形。Ob 段由直线 Oa 和微弯的 ab 线组成。在 Oa 段应力与应变成正比关系，a 点应力称为比例极限，用 σ_p 表示。Q235 钢的比例极限为 $\sigma_p=200\mathrm{MPa}$，虎克定律只有在应力低于 σ_p 时才是适用的。

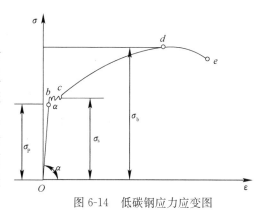

图 6-14 低碳钢应力应变图

2) 屈服阶段（bc 段）

过了 b 点，曲线变成接近水平的锯齿状，该阶段应力虽不增加，应变却继续增大，出现了较大的塑性变形，这种情况称为材料的屈服。在屈服阶段 bc 内，材料暂时失去了抵抗变形的能力，这种应力不增加而应变仍迅速增加时的最低应力，称为屈服极限 σ_s。当应力达到屈服极限时，由于产生了显著的塑性变形而不能满足使用要求，所以 σ_s 是衡量材料强度的重要指标。

3) 强化阶段（cd 段）

屈服现象结束后，材料又恢复了抵抗变形的能力，这时必须重新增加载荷，才能使试件继续变形，这种现象称为材料的强化。与强化阶段顶点 d 相对应的应力，称为强度极限，用 σ_b 表示。强度极限是材料抵抗断裂的最大应力，是衡量材料强度的又一重要指标。

4) 颈缩阶段（de 段）

过了 d 点后，变形集中在试件某一较弱的局部区域，该区域截面逐渐收缩，产生"颈缩"现象，随着收缩的进行，试件最终在 e 点被拉断。

低碳钢试件被拉断时有显著的塑性变形。工程上常用延伸率 δ 来衡量材料的塑性：

$$\delta = \frac{l-l_0}{l_0} \times 100\% \tag{6-19}$$

式中：l_0——试件标距原长；

l——拉断后的标距长度（见图 6-15）。

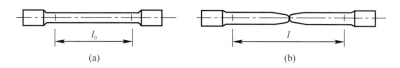

图 6-15 拉伸试件
(a) 试验前；(b) 拉断时

延伸率 δ 是衡量材料塑性好坏的一个指标。它的数值愈大，表明材料的塑性愈好；它的数值愈小，表明材料的塑性愈差。一般把 δ 值大于 5% 的材料称为塑性材料，δ 值小于

5%的材料称为脆性材料。

(2) 拉（压）杆的强度

1) 许用应力和安全系数

通过对材料力学性能的研究，人们知道：对于塑性材料构件，工作应力达到屈服极限时，将产生显著的塑性变形而丧失工作能力；对于脆性材料构件，工作应力达到强度极限时，将引起断裂破坏。材料的这种丧失工作能力时的应力，称为极限应力或危险应力。因此，材料的屈服极限和强度极限分别是塑性材料和脆性材料的极限应力。

在设计构件时，有许多因素难以精确估计，而且还要考虑给构件以必要的强度储备。因此在设计时不仅不能让构件的工作应力达到极限应力，而且还应留有余地。工程上把极限应力除以一个大于1的系数，作为材料的许用应力$[\sigma]$。常用材料的许用应力数值可从有关资料中查表得到。

对于塑性材料，屈服极限σ_s是极限应力，许用应力为：

$$[\sigma] = \frac{\sigma_s}{n_s} \tag{6-20}$$

对于脆性材料，强度极限σ_b是极限应力，许用应力为：

$$[\sigma] = \frac{\sigma_b}{n_b} \tag{6-21}$$

式中n_s称为屈服安全系数，n_b称为断裂安全系数。安全系数取大了会浪费材料，且使构件笨重；安全系数取小了不安全。所以安全系数的确定是一个重要问题，也是一个十分复杂的问题。一般工作条件下的安全系数可从有关资料中查得。在常温、静荷载条件下，塑性材料安全系数常取$n_s=1.2\sim1.5$，脆性材料安全系数常取$n_b=2\sim3.5$。

2) 杆件强度计算的三类方法

杆件是由各种材料制成的，而材料能承受的应力值是有限度的，如超过承载能力，杆件将不能正常工作。因此在设计规范和有关手册中，对各种材料在某种工作条件下，规定了保证不同材料安全工作的最大应力值，即许用应力。

为了保证拉（压）杆具有足够的强度，必须使其最大正应力（工作应力）不超过材料在拉伸或压缩时的许用应力$[\sigma]$。即：

$$\sigma_{\max} = \frac{N}{A} \leqslant [\sigma] \tag{6-22}$$

式 (6-22) 为拉（压）杆的强度条件。式中的N和A分别为危险截面的内力和截面面积。对于等截面直杆，内力最大的横截面正应力最大，所以是危险截面。

利用上述强度条件可以解决强度计算的三类问题：

① 强度校核

强度校核就是检查杆件的强度是否足够。此时杆件的横截面面积A、材料的许用应力$[\sigma]$以及载荷均为已知，比较杆件的工作应力和许用应力，如满足式 (6-22)，则杆件的强度是够的。否则，杆件有破坏的可能。

② 设计截面

根据载荷计算出杆件内力，结合工程实际需要，选择材料及截面形状，用式 (6-23) 计算截面面积：

$$A \geqslant \frac{N}{[\sigma]} \tag{6-23}$$

③ 确定许可载荷

根据给定的杆件截面面积和材料的许用应力，用下式求出杆件的许可内力，然后根据许可内力确定许可载荷。

$$N = A[\sigma] \tag{6-24}$$

4. 杆件刚度和压杆稳定性的概念

(1) 刚度的定义

刚度是指构件在外力作用下抵抗弹性变形的能力。构件的刚度同样决定于形状尺寸和材料的机械性能，同时与构件受力状况有关，在工程上为保证机械或结构的正常工作，除了满足强度条件外，同时，需将受力的构件的变形限制在一定范围内，也就是保证构件要有必要的刚度，称构件的刚度条件。以下仅介绍杆件的刚度条件。

(2) 杆件的刚度条件

1) 杆件受拉伸（压缩）的刚度条件为：

$$\delta L_{\max} \leqslant [\delta L] \tag{6-25}$$

式中 $\delta L_{\max}$ 为杆件轴向拉伸（压缩）产生的最大变形；$[\delta L]$ 为杆件轴向拉伸（压缩）许用变形。

2) 杆件受平面弯曲的刚度条件为：

$$y_{\max} \leqslant [y] \tag{6-26}$$

$$\theta_{\max} \leqslant [\theta] \tag{6-27}$$

式中 $y_{\max}$ 为杆件受弯时最大挠度，$[y]$ 称为许用挠度；$\theta_{\max}$ 为杆件受弯时横截面相对原位置所旋转的转角，$[\theta]$ 称为许用转角。

还有其他受力情况或综合受力情况的刚度条件不再多述。所有许用值要在相关手册中可以查得。

(3) 压杆稳定性的概念

1) 压杆受力实验

受压直杆的破坏，如仅认为取决于直杆的压缩强度，这个结论显然不全面的，因为其对短压杆才是正确的。现在做如下实验：

取两根截面面积相同的短木块和长木条，放在平台上，顺着它们的轴线施加压力 P（图 6-16）结果表明，不用很大的力，长木条就被压弯，再用力，它就要折断。而用全身的力去压短木块，也无法将其折断。这说明，对压杆来说，短杆和长杆发生破坏的性质是不同的。细长压杆的失效，并不是强度不够，而是它能否保持原有直线的平衡形式。这种失效现象称为压杆丧失了稳定性，简称失稳。

2) 失稳的简析

为了进一步分析压杆的稳定性问题，可通过如图 6-17 所示的简单试验来研究。如图 6-17(a) 所示，压杆受轴向载荷 P 的作用处于直线平衡状态。这时可对它作用一个微小的横向干扰力，使压杆偏离平衡位置而发生微小的弯曲，然后去掉干扰力，观察它在经过往复振动后能否恢复到原来的直线位置。当 P 小于某一载荷 P_{ij} 时，压杆能恢复到原来的直线位置,如图 6-17(b) 所示。当 P 达到 P_{ij} 时,如不受干扰力作用,压杆仍能保持直线平衡状态,但若有轻微的干扰作用,则立即发生弯曲,这时即使除去干扰力,压杆再也不能恢复到原有的直线平衡状态,如图 6-17(c) 所示,说明这时压杆的直线平衡形式是不稳定的。

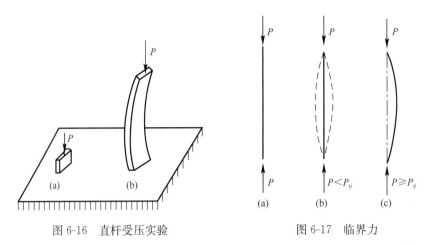

图 6-16　直杆受压实验　　　图 6-17　临界力

可见,细长压杆的直线平衡状态是否稳定,取决于压力 P 的大小。当压力达到 P_{ij} 时,压杆就处于由稳定的直线平衡状态过渡到不稳定的临界状态。对应于这种临界状态的压力值 P_{ij} 称为临界压力或临界力。它是压杆丧失工作能力的危险载荷。

由上可知,临界力 P_{ij} 是压杆保持稳定状态的极限载荷,研究压杆稳定性问题的关键在于确定其临界力。

俄国科学家欧拉通过一系列的实验后发现:细长压杆临界力的大小与它的刚度 EI 成正比,与它的长度的平方 L^2 成反比,并且与两端的支承情况有关。欧拉于 1744 年推导出了计算压杆临界力的公式,称为欧拉公式,应用欧拉公式在工程中计算压杆临界力可查阅有关的设计手册。

3) 提高压杆稳定性的措施

压杆的稳定性,决定于临界应力的大小。要提高压杆的承载能力,应从改善影响临界应力的几个因素着手。

① 合理选择材料

对于大柔度压杆,临界应力决定于弹性模量 E,但各种材料的 E 值相差不大,因此没有必要选用优质钢材。

对于中柔度压杆,临界应力决定于比例极限 σ_p 和屈服极限 σ_s,优质钢的 σ_p 和 σ_s 比一般碳钢为高。所以采用高强度钢制造,可以提高其稳定性。

② 采用合理的截面形状

截面惯性矩与压杆稳定性有关,因此应在截面面积一定的条件下设法增大截面惯性矩降低柔度。如图 6-18 把实心截面做成空心截面;如图 6-19 采用组合型钢截面等。另外,压杆总是在截面最小惯性矩的方向失稳,因此应使各个方向的惯性矩值相同或相近。

③ 减小压杆长度和改善支承情况

在可能的情况下,应尽量减小压杆的计算长度,以提高其稳定性。如工作条件不允许减小压杆的长度时，可以采用增加中间支承的办法。此外，压杆与其他构件连接时，应尽可能做成刚性连接。

上述提高压杆稳定性的措施，必须根据工程实际情况，综合参考应用，才能对提高压杆稳定性和节省材料产生实际效果。

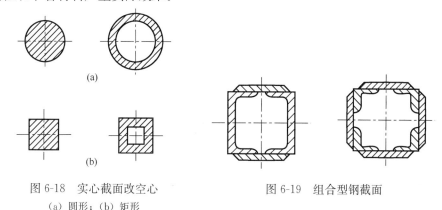

图 6-18　实心截面改空心
（a）圆形；（b）矩形

图 6-19　组合型钢截面

（三）流体力学基础

本节自流体的物理性质开始介绍流体力学的基本概念，使学习者从物理概念方面了解流体静力学和流体动力学的基本知识，为在给水排水工程和通风与空调工程以及自动喷水灭火消防工程的安装施工中应用。

1. 流体的概念和物理性质

（1）流体的特征

1）物质通常有三种不同的状态，即固体、液体和气体，液体和气体状态的物质统称为流体。固体具有一定的形状和体积，可以承受一定量的压力、拉力和剪力等，不易变形；液体具有一定的体积但无一定的形状；气体既无一定的形状也无一定的体积，它们可以承受压力，但不能承受拉力和剪力，只有在特殊情况下液体可以承受微小拉力（表面张力）。液体和气体在任何微小剪力的作用下都将发生连续不断的变形，直至剪力消失。这一特性是液体和气体有别于固体的特征，称为流动性，因此满足这一特性的物质称为流体。

2）固体分子间相互作用力较强，不规则运动较弱，不易变形；气体分子间作用力较弱，不规则运动剧烈，易变形和压缩；而液体介于固体和气体之间，易变形不易压缩。因此与固体相比，流体的特点在于其具有易变形的特性，即易流动性。

（2）流体的主要物理性质

1）密度

流体和固体一样也具有质量，用 m 表示，单位是 kg。单位体积的流体所具有的质量称为流体的密度，用 ρ 来表示。

2）容重（重度）

单位体积的流体所具有的重量称为流体的容重，用 γ 表示。容重与密度的关系为：

$$\gamma = \rho g \tag{6-28}$$

式中：g——重力加速度（m/s²），一般取 $g=9.81\text{m/s}^2$。

由此可知，流体的重度 γ 与重力加速度有关，它将随流体所处的海平面相对位置的变化而变化（在一般过程中这种变化是很小的）。

3）比容

单位质量的流体所占有的体积称为比容，用 υ 来表示，单位是 m³/kg。

密度与比容互为倒数，即 $\upsilon = 1/\rho$。 (6-29)

4）黏性

当流体中发生了层与层之间的相对运动时，速度快的层对速度慢的层产生了一种拖力使它加速，而速度慢的流体层对速度快的流体层就有了一个阻止它向前运动的阻力，拖力和阻力是大小相等方向相反的一对力，分别作用在两个相邻的但速度不同的流层的表面上，把这一对力称为内摩擦力或黏滞力。

流体的黏性用动力黏滞系数或动力黏度（简称黏度）μ 来确定，其单位是 Pa·s，μ 值越大，流体的黏性也越大。由此可知，流体的黏性是流体运动时表现的物理性质。

温度对流体的黏滞系数影响很大。温度升高时液体的黏滞系数降低，流动性增加。气体则相反，温度升高时，它的黏滞系数增大。这是因为液体的黏性主要是由分子间的内聚力造成的。温度升高时，分子的内聚力减小，μ 值就要降低。造成气体黏性的主要原因则是气体内部的分子运动，它使得速度不同的相邻气体层之间发生质量和动量的变换。当温度升高时，气体分子运动的速度加大，速度不同的相邻气体层之间的质量和动量交换随之加剧。所以，气体的黏性将增大。

一般情况下，只要压力不是特别高时，压力对动力黏度的影响很小。

5）压缩性

流体占有的体积将随作用在流体上的压力和温度而变化。压力增大时流体的体积将减小，这种特性称为流体的压缩性，通常用体积压缩系数 β_p 来表示，β_p 是指在温度不变时，每增加一个单位压力时单位体积流体产生的体积变化量。

6）膨胀性

当温度 T 变化时，流体的体积 V 也随之变化，温度升高、体积膨胀，这种特性称为流体的膨胀性，用温度膨胀系数 β_t 来表示。β_t 是指当压强保持不变温度升高 1K 时单位体积流体的体积增加量。

水的压缩系数和膨胀系数都很小，其他的液体也有类似的特性。所以，当压力、温度的变化不大时工程上一般不考虑它们的压缩性或膨胀性。但当压力、温度的变化比较大时如空调或供暖系统，由于水温变化较大，就必须考虑水的膨胀性，设置定压装置用膨胀管和系统相连，为确保系统安全膨胀管上不得设置阀门。

气体不同于液体，压力和温度的改变对气体的密度或重度的变化影响很大。

需要指出：在一般情况下，流体的压缩系数和膨胀系数都很小。对于能够忽略其压缩性的流体称为不可压缩流体。不可压缩流体的密度、容重均可看作常数。反之，对于压缩系数和膨胀系数比较大，不能被忽略，或密度和重度不能看成常数的流体称为可压缩流体。

但是，可压缩流体与不可压缩流体的划分并不是绝对的。例如，通常可把气体看成可压缩流体，当气体的压力和温度在整个流动过程中变化巨大时（如制冷系统），作为热能与机械能相互转换的媒介物质（工质）的制冷剂蒸汽通过压缩机缩小体积、提高了气体密度和温度。但当气体的压力和温度在整个流动过程中变化很小时（如通风系统），它的密度的变化也很小，可近似地看为常数。再如，当气体对于固体的相对速度，比在这种气体中的当时温度下的音速小得多时，气体密度的变化也可以被忽略。对于能把气体的密度看成常数的情况，可按不可压缩流体来处理。

7）表面张力

在液体的自由表面上能够承受极其微小的拉力，这种拉力称为表面张力。表面张力的存在形成了一系列日常生活中可以观察到的特殊现象。例如：截面非常小的细管内的毛细现象、水面稍高出碗口、液体与固体之间的浸润与非浸润现象等。这种张力不仅产生在液体与气体接触的周界面上，而且产生在与固体接触的表面上，或一种液体与另一种液体的接触面上。流体的这种承受拉力的性能是由作用在表面边界的分子上，分子间相互吸引的合力不等于零而形成的。表面张力的大小可用表面张力系数 σ 表示，单位为 N/m。

表面张力的影响在一般工程实际中是被忽略的。但在水滴和气泡的形成，液体的雾化，汽液两相流的传热与传质的研究中，将是重要的不可忽略的因素。

8）汽化压强

在液体中，液体逸出液面向空间扩散的汽化过程和其逆过程——凝结，将同时存在。当这两个过程达到动态平衡时，宏观的汽化现象停止，此时液体的压强称为饱和蒸汽压或汽化压强。液体的汽化压强与温度有关。

当水流某处的压强低于汽化压强时，在该处发生汽化，形成空化现象，对水流和相邻固体物发生不良影响，产生气蚀。

（3）作用在流体上的力

造成流体机械运动的原因是力的作用，因此还必须分析作用在流体上的力。作用在流体上的力，按作用方式的不同，可分为下述两类，即表面力及质量力。

1）表面力

表面力是通过直接接触施加在接触表面上的力，用应力来表示。

应力的单位是帕斯卡（B. Pascal，法国数学家，物理学家，1623～1662 年），简称帕，以符号 Pa 表示，$1Pa=1N/m^2$。

2）质量力

质量力是在隔离体内施加在每个质点上的力。重力是最常见的质量力。除此之外，若取坐标系为非惯性系，建立力的平衡方程时，出现的惯性力如离心力、科里奥利（Coriolis）力也属于质量力。质量力的单位为 m/s^2，与加速度单位相同。

2. 流体静压强的特性和分布规律

（1）流体静压强的特性

流体在静止状态下不存在黏滞力，只存在压应力，简称压强，因此流体静力学以压强为中心，阐述静压强的特性及其分布规律，以能运用这些规律来解决有关工程问题。

1）流体的静压强

如图 6-20 所示，在一个无底容器下端蒙上一张橡皮膜，上端插一个带有导管的木塞。

沿导管向容器里充入空气，空气越多，膜凸出得越厉害。这说明容器底部受到的空气压强越大。

如图 6-21 中的容器侧壁上开一孔。把带有橡皮膜的漏斗插进孔里。将水缓缓倒入瓶内。就看到橡皮膜渐渐地凸起，水加得越满，膜凸出得越厉害。如果抽去容器中的空气和水，橡皮膜又恢复原样。从橡皮膜受压力作用的事实表明，无论是空气还是水。在静止状态下都要对容器壁产生压强。

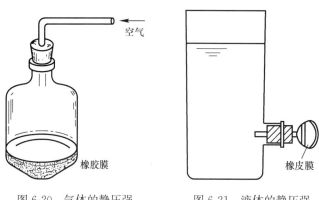

图 6-20　气体的静压强　　　图 6-21　液体的静压强

空气、水等流体作用在任意面积 A 上的总压力称为流体总压力，用符号 P 表示。单位面积上所承受的静压力称为流体的平均静压强用符号 p 表示，即：

$$p = \frac{P}{A} \tag{6-30}$$

式中：P——作用面上流体的总静压力（N）；

p——作用面上流体的平均静压强（N/m²）；

A——作用面上的受压面积（m²）。

2）静压强的特性

现在我们用实验来说明流体内部的压强情况。图 6-22 中的 U 形玻璃管是最简单的压强计。在管中装入红颜色的水，在玻璃管的一端套上橡皮管，在橡皮管的另一端接上一只带有橡皮膜的漏斗，当漏斗未放入水中时，测压计两根玻璃管中的水表面都受大气压作用，所以其高度在同一水平面上。如果用手指轻压一下橡皮膜，就会看到测压计中红水被压向开口的一方，U 形管两端出现一个高差 Δh，撳压橡皮膜的力越大，高差也越大。因此，根据两根玻璃管中液面的高差，可以测出橡皮膜上所受到的压强大小。

实验时，将压强计的漏斗部分放入盛液体的容器中，漏斗放得越深，两根玻璃管中液面的高度差越大，说明压强越大。因此，液体内部的压强随着液体深度的增加而增大。

然后将漏斗放在同一深度上沿不同方向转动，如图 6-23 所示，即将橡皮膜向上、向前、向左、向右或向下、向后或斜放，不管方向如何，两根玻璃管中液面的高度始终是相同，说明压强的大小没有变化。因此，在液体内部的同一深度上沿各个方向都有压强，并且大小相等。

结论：液体内部向任何方向都有压强，在同一深度处，沿各个方向的压强均相等，随着深度增加，压强也增大。

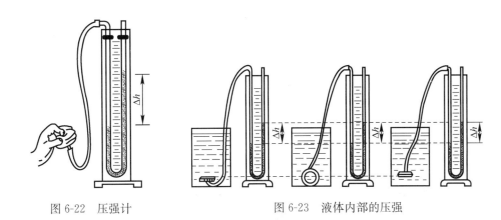

图 6-22 压强计　　　图 6-23 液体内部的压强

液体压强具有下列两个重要特性：
① 流体静压强的方向与作用面垂直，并指向作用面。
② 静止流体中的任何一点压强，在各个面上都是相等的。

由流体静压强特性可知：流体内部的压强随着液体深度的增加而增大，河堤下部所受到水的压强比上部要大，所以堤坝必须越往下越厚，才能受得住水的越来越大压强的作用。

(2) 流体静压强的分布规律

1) 流体静压强的基本方程式

$$P = P_0 + \gamma h \tag{6-31}$$

式中：P——静止流体中任何一点的压强；

P_0——静止流体自由表面上的压强；

γh——静止流体中任何一点到自由表面的单位面积上垂直流体重量。

它表明静止流体的内部压强随深度按线性规律增加，且流体中任一点的压强等于自由表面上的压强 P_0 与该点到自由表面的单位面积上垂直流体重量 γh 之和。

在应用流体静力学基本方程时，应注意：

① 在静止的液体中，液体任一点的压强与该点的深度有关，深度越大，则该点的压强越大。

② 当流体的表面压强 P_0 发生变化时，必将引起液体内部其他各点的压强的变化。

2) 静压强的表示方法

在工程中，表示压强的方法，通常采用以下几种。

① 表压力（相对压强）

从压力表上读得的压力值称为表压力。简称表压，或称相对压强，用 P_x 表示。它是以大气压强 P_a 作为零点起算的压强值。在管道或设备上装了压力表，压力表上的读数不是管道或设备内流体的真实压强，而是管道或设备内流体真实压强与管道或设备外的大气压强之差。如果管道或设备的内外压强相等，则压力表的读数为零，即相对压强为零。如果压力表的读数为一个工程大气压即是 $98.1 kN/m^2$，管道外大气的压强为一个工程大气压，亦是 $98.1 kN/m^2$，那么管道内流体的真实压强是二个工程大气压即是 $196.2 kN/m^2$，在基本方程式中，假定自由表面压力 P_0 是大气压强 P_a，则表压力（或相对压强）为：

$$P_x = \gamma h \tag{6-32}$$

表压力的单位可用 N/m^2，kN/m^2 表示，一般用 kPa 或 MPa 表示。

② 绝对压强

管道或设备内的真实压强称为绝对压强，用 p_j 表示。它是以没有气体存在的完全真空为零点起算的压强值，即绝对压强等于大气压强与表压力之和，可表示为：

$$P_j = P_a + P_x = P_a + \gamma h \tag{6-33}$$

式中：P_a 为大气压强。

③ 真空压强

若管道或设备内的压力小于大气压时，可用真空表测量。由真空表上读到数据便是真空压强或称真空度，用 P_k 表示。即真空压强（真空度）等于大气压强与绝对强之差，可表示为：

$$P_k = P_a - P_j \tag{6-34}$$

④ 压强的单位及其换算关系

在工程中，表示压强大小常用的单位有三种：

A. 从压强的基本定义出发，用单位面积上所受的压力表示。其单位 N/m^2 或 kN/m^2，也可用帕斯卡（国际单位代号为 Pa）或千帕斯卡（kPa）表示。

$$1Pa = 1N/m^2 \quad 1kPa = 1000N/m^2 \quad 1MPa = 10^6 N/m^2$$

经换算 1MPa（兆帕）为：$1MPa = 10.12 kgf/cm^2$。

B. 用液柱高度表示

用液体高度表示压强的方法在工程技术上，特别是在测量压力时，显得十分方便。一般用水柱或汞柱高度表示。如毫米水柱、米水柱（符号为 mmH_2O、mH_2O），毫米汞柱（符号为 mmHg）。这种压力单位的含义是，流体的压强等于该液柱作用于其底部单位面积上的液体重力。根据液柱底部压强的计算，便知液柱高度单位与压强单位的换算关系。设压强为 P，液体的容重为 γ，液柱高度为 h，当液柱底面积为 A，作用于底面的液柱重力为 $G = \gamma h A$，那么压强为：

$$P = \frac{G}{A} = \frac{\gamma h A}{A} = \gamma h \tag{6-35}$$

$$h = \frac{P}{\gamma} \tag{6-36}$$

式中：γ——液体的容重（N/m^3）。

C. 用大气压的倍数表示

这种表示法分两种情况：一种是标准大气压，另一种是工程大气压。

整个地球被大约 800km 厚度的大气层包围着。因为空气有重量，所以它对地面和地面附近的一切物体都有压力，这种压力就是大气压力，简称大气压。由于各地区的大气压的大小并不是固定不变的，它随海拔高度和气候条件的变化而不同。国际上规定标准大气压（温度为 0℃ 时海平面上的压强，即 760mmHg）为 101.325kPa，以符号 atm 表示，即：

$$1atm = 101.325kPa$$

工程上，为了计算方便，采用比标准大气压略小一点的工程大气压（相当于海拔200m处的正常大气压）为1个工程大气压，以符号"at"表示，即：

$$1at = 1kgf/cm^2 = 0.0981MPa$$

压强的三种量度单位关系是：

$$1at = 1kgf/cm^2 = 98.1kN/m^2 = 0.0981MPa = 10mH_2O = 736mmHg$$

在通风工程中遇到的压强较小，因此可用毫米水柱表示，根据 $101326N/m^2 = 10.33mH_2O$ 的关系换算为：

$$1mmH_2O = 9.81N/m^2 = 9.81Pa$$

（3）流体对容器的总静压力

在工程中，常会碰到两类问题：一类是水箱、水池、闸门、防洪堤等结构设计，另一类是分析压力管道、锅炉汽包、各类水箱、油箱、气罐的受力情况，以判断管道及容器的强度是否足够。要解决这些问题，首先要确定整个受压面上作用的流体总静压力及压力的方向和作用点，以下仅讨论平面壁上的受力情况。

1）受压面为水平面的情况

如图 6-24 所示，矩形水箱的水平受压面积为 A，水平面上的静水总压力 P_z 是整个受压面上平均压力 P 与受压面积的乘积，即：

$$P_z = PA = \gamma hA \tag{6-37}$$

式中：h——受压平面的淹没深度（m）；

γ——液体的容重（N/m^3）；

A——受压水平面的面积（m^2）。

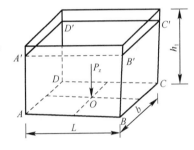

图 6-24 矩形水箱水的总静压力

在受压面为水平面的情况下，压力均匀分布，总压力方向垂直指向水平面，作用点是受压面的形心。对于质量分布均匀，形状有规则的物体，形心位于它的几何中心处，即在长方形对角线的交点 O 处。

2）受压面为垂直平面的情况

设在静水中的受压面是一个垂直的矩形平面，例如矩形平面闸门、水池侧壁等。

垂直矩形平面上所受的静水总压力的大小等于该平面形心点的压力与平面面积的乘积。

总静压力 P 的方向是垂直指向作用面的，其作用点为 D，在作用面对称轴上，它离液面的距离为 $2/3h$，h 是液面的高度，即：

$$h_D = 2/3h \tag{6-38}$$

3. 流体运动的概念、特性及其分类

（1）流体运动的基本概念

1）过流断面、流速、流量

① 过流断面

与流体运动方向垂直的横断面叫作过流断面。

② 流速

流体在单位时间内所流动的距离称为流速，单位为 m/s。

由于流体具有黏滞性,所以在同一过流断面上的流速是不均匀的,紧贴管壁的流体质点,其流速接近于零,在管道中央的流体质点的流速最大。其流体质点在单位时间内所通过的距离称为点流速。在实际工程中常用平均流速,其定义为过流断面上各点流速的算术平均值,符号为 V,单位为 m/s。

③ 流量

流量是过流断面和平均流速的乘积,即:

$$Q = VA \tag{6-39}$$

式中:Q——流量（m^3/s）;

V——过流断面的平均流速（m/s）;

A——过流断面面积（m^2）。

2) 迹线、流线

① 迹线

跟踪每一个流体质点的运动轨迹,研究在运动过程中该质点运动要素随时间的变化情况,通常把流体质点的运动轨迹称为迹线,例如河中漂浮物随时间漂流的轨迹线,就是水面质点的迹线。在实际工程中通常没有必要了解流体每个质点运动的详细过程,所以在工程流体力学中研究迹线的方法很少采用。

② 流线

另一种描绘流体运动的方法是研究流体运动在其各空间位置点上质点运动要素的分布与变化情况。例如研究流体在管道中不同位置断面上水流的速度、压强的分布规律,以满足工程设计的需要。流线就是这种方法的主要概念,用流线来描述水流运动,其流动状态更为清晰、直观。

流线的特征:

A. 在流线上所有各质点在同一时刻的流速方向均与流线相切,并指向流动的方向,如图 6-25 所示,图中各点的流速方向就是流线上各点的切线方向。

B. 流线是一条光滑的曲线而不可能是折线。

C. 在同一瞬间内,流线一般不能彼此相交。经过水流中的任何一点,在同一时刻,水流质点顺着流线运动。

"流线"表示同一时刻的许多质点的流动方向。根据流线的概念,可以进一步定义过流断面,当流线是互相平行的直线时,如图 6-26 中 Ⅰ—Ⅰ 断面所示,其过流断面是平面;当流线不平行时,如图 6-26 中 Ⅱ—Ⅱ 断面所示,其过流断面是曲面。

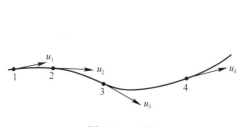

图 6-25 流线

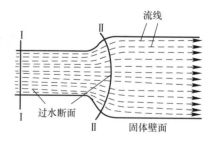

图 6-26 流线与过流断面

(2) 流体运动的分类

1) 按流体运动要素与时间的关系可分为：

① 稳定流：流体在运动时，任意空间点在不同时刻通过的流体质点的流速、压强等运动要素均不变的流动，称为稳定流。

② 非稳定流：流体在运动时，任意空间点在不同时刻通过的流体质点的流速、压强等运动要素是变化的流动，称为非稳定流。

如图 6-27(a) 所示的水箱，进水管不断进水，出水管正常供水，当进出水流量基本相同时，水箱中水位高度不变，这时在出水管任一断面处的流速、压力均不随时间而变化，这就是稳定流。而图 6-27(b) 所示水箱，当进水管阀门关闭时，出水管正常供水。水箱水位逐渐下降，引起出水管的水流速度变小，这就是非稳定流。

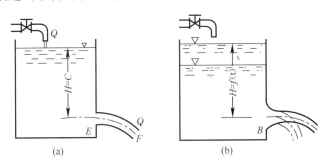

图 6-27　稳定流与非稳定流

在实际工程中，稳定流与非稳定流的划分不是绝对的。如水塔中的水位虽有变化起伏，但与整个压力水头相比却微不足道，这样就可将水塔出水管中的非稳定流看成稳定流。

在水暖和通风工程中，一般都将流体运动看作稳定流，例如在开动水泵或通风机的调节阀门时，在短时间内，管道中流体的流速随时间迅速变化，是属于非稳定流，但在阀门调节后，经过一段时间，流体的流速将不随时间变化，就可以认为是稳定流。

2) 按流体运动的流速沿流程变化可分为：

① 均匀流。流体运动中，各过流断面上相应点的流速（大小和方向）沿程不变，这样的流体运动称为均匀流。其特点是流线为彼此平行的直线。例如流体在等径管道中的流动。

② 非均匀流。流体运动中各过流断面上相应点的流速不相等，流速沿流程变化，这样的流体运动称为非均匀流。其特点是流线为彼此不平行的直线和曲线。例如，流体在变径的管道中或弯管中的流动就是非均匀流。

在非均匀流中，根据流速沿流程变化的情况又可将流体运动分为：

A. 渐变流：流体运动时，流速沿流程变化缓慢，流线是彼此接近平行的直线，这样的流体运动称为渐变流。如图 6-28 中的 A、B、C 三区。

B. 急变流：流体运动时，流线彼此不平行或急剧弯曲，称为急变流，如图 6-28 中的 D、E 两区。

3) 按流体运动对接触周界情况可分为：

① 有压流：流体沿流程的各过流断面的整个周界都与固体表面接触而无自由表面的

流动称为有压流。显然，有压流没有自由表面。供热、通风和给水管道中的流体流动均属有压流。如图 6-29(a) 所示。

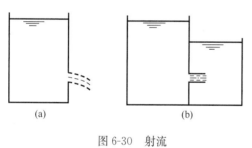

图 6-28 渐变流与急变流

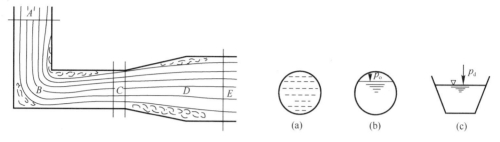

图 6-29 有压流与无压流

② 无压流：流体沿流程的各过流断面有部分周界与固体表面接触，其余部分周界与大气相接触，具有自由表面，这种流动称为无压流。例如：排水管道、天然河流、工业管道中的流槽等。如图 6-29(b)、(c) 所示。

③ 射流：流体流动时，流体整个周界都不和固体周界接触，而是被四周的气体或液体所包围，这种流动称为射流。

A. 自由射流：若整个液体（或气体）被包围在气体之中，这种射流被称为自由射流，如图 6-30(a) 所示。

B. 淹没射流：若整个液体（或气体）被包围在液体之中，称为淹没射流，如图 6-30(b) 所示。

图 6-30 射流

4. 孔板流量计、减压阀的基本工作原理

（1）孔板流量计

孔板流量计是按照孔口出流原理制成的，用于测量流体的流量。如图 6-31 所示，在管道中设置一块金属平板，平板中央开有一孔，在孔板两侧连接测压管，只要知道两根测压管的液面高差，就可以根据公式算出通过孔板的流量，即：

$$Q = \mu A \sqrt{2gH_0} \tag{6-40}$$

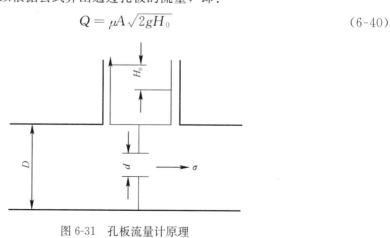

图 6-31 孔板流量计原理

式中：Q——流量（m^3/s）；

　　　μ——管道流量系数（取 0.6~0.75）；

　　　A——孔的过水面积（m^2）；

　　　g——重力加速度（9.8m/s^2）；

　　　H_0——孔板前后的测压管（计）液面高度差（m）。

（2）减压阀

流体力学的连续方程告诉我们，流体在断面缩小的地方流速大，此处的动能也大，在过流断面上会产生压差。

减压阀的工作原理就是使流体通过缩小的过流断面而产生节流，节流损失使流体压力降低，从而成为所需要的低压流体。无论减压阀是什么形式，甚至是减压圈，它们的基本原理都是相同的。

七、建筑设备的基本知识

本章将电工学基础和建筑设备工程的基本知识结合在一起进行介绍，既有理论部分的内容，又有应用知识的内容，通过学习供学习者参考选用。

（一）电工学基础

本节主要对工程中常用的交、直流电路的基本工作原理、晶体管基本结构和变压器三相交流异步电动机的结构等作简明扼要的介绍，供学习者参考应用。

1. 欧姆定律和基尔霍夫定律

（1）欧姆定律及电阻、电容、电感元件在直流电压作用下的定性分析

1）电阻元件是体现电能转化为其他能量的二端元件，简称电阻，用 R 表示，其单位是欧姆，用 Ω 表示。也可用千欧（$1k\Omega=10^3\Omega$），兆欧（$1M\Omega=10^6\Omega$）等表示。

在直流电电路中，当电阻元件的端电压 U 和通过它的电流 I 的方向选取一致时，U 和 I 的关系就是欧姆定律：

$$I = U/R \tag{7-1}$$

即电阻中流过的电流值与电阻两端的电压值成正比，与电阻值成反比。电阻元件的电阻值不随电流 I 或电压 U 的数值大小而发生变化，称线性电阻，反之称非线性电阻。

根据焦耳-楞次定律和欧姆定律，电阻元件上消耗的功率为：

$$P = UI = I^2R = U^2/R \tag{7-2}$$

2）电容元件是体现电场能量的二端元件，简称电容，用 C 表示，其单位是法拉，用 F 表示，由于法拉的单位太大，工程上多采用微法（μF）或皮法（pF）表示。$1\mu F=10^{-6}F$，$1pF=10^{-12}F$。

电容元件是储能元件，任一电工部件只要具有必须考虑电场储能的过程，就可以抽象出一个电容元件。

当电容元件上电荷（量）或电压 U_C 发生变化时，则电路中引起的电流变化为：

$$i = \frac{dq}{dt} = \frac{d(cu_C)}{dt} = C\frac{du_C}{dt} \tag{7-3}$$

当电容元件两端加恒定电压时，其中电流 i 为零，故电容元件可视为开路，也就是平常所说的电容具有隔直流作用。

3）电感元件是体现磁场能量的二端元件，简称电感，用 L 表示，其单位是亨利，用 H 表示，也可用毫亨 mH，（$1H=10^3mH$），微亨 μH（$1H=10^6\mu H$）等表示。

电感元件也是储能元件，任一电工部件只要有必须考虑的磁场储能过程就可以抽象出一个电感元件。

电感上的感应电压等于磁通链的变化率,当电压和电流选取同方向时则有:

$$U_L = \frac{d\varphi}{dt} = \frac{d(Li)}{dt} = L\frac{di}{dt} \qquad (7-4)$$

在稳恒电流下,电流的变化率为零,所以感应电压 U_L 也为零,即对稳恒电流来说,电感元件可视为短路。

(2)基尔霍夫定律

分析与计算电路的基本定律,除欧姆定律外,还有基尔霍夫电流定律和电压定律。基尔霍夫电流定律应用于节点,电压定律应用于回路。

电路中每一分支称为支路,一条支路流过一个电流,称为支路电流。

电路中三条或三条以上的支路相连接的点称为节点。

回路是有一条或多条支路所组成的闭合电路。

1)基尔霍夫第一定律

基尔霍夫第一定律也称节点电流定律(KCL),表达为:电路中任意一个节点的电流的代数和恒等于零,即:

$$\sum I = 0 \qquad (7-5)$$

基尔霍夫电流定律通常应用于节点,也可以把它推广应用于包围部分电路的任一假设的闭合面,即流入流出闭合面的电流的代数和为零,如图 7-1 所示。

电路 $I_1 + I_2 + I_3 = 0$ 或 $\sum I = 0$。

2)基尔霍夫第二定律

基尔霍夫第二定律也称回路电压定律(KVL),表达为对于电路中任一回路,沿回路绕行方向的各段电压代数和等于零,即:

$$\sum U = 0 \qquad (7-6)$$

如图 7-2 所示,回路 adcde 表示电路中的某一回路(其余回路未画出),各支路电流的参考方向如图所示,当回路沿顺时针绕行时,根据 KVL 定律,可列方程如下:

$$I_3 R_3 - E_2 - I_2 R_2 + I_1 R_1 + E_1 = 0$$

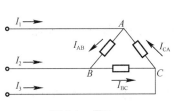

图 7-1 $\sum I = 0$

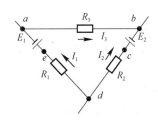

图 7-2 某回路

基尔霍夫电压定律不仅应用于闭合回路,也可以把它推广应用于回路的部分电路,例如图 7-3 所示电路,同样也可应用基尔霍夫定律得到关系式。

$$-U + IR + E = 0 \quad 即 \quad I = \frac{U-E}{R} \qquad (7-7)$$

(3) 电阻串并联及分压、分流公式

1) 电阻串联

① 定义：在串联电路中，各个电阻首尾相接成一串，只有一条电流通道。如图 7-4 所示。

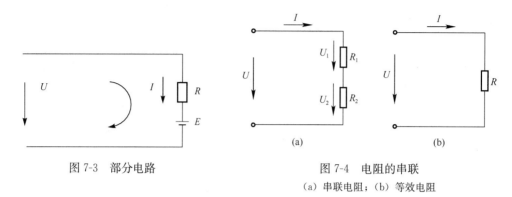

图 7-3 部分电路　　　图 7-4 电阻的串联
（a）串联电阻；（b）等效电阻

② 特点

A. 等效电阻 R 等于各个串联电阻之和，即：

$$R = R_1 + R_2 + R_3 + \cdots + R_n \tag{7-8}$$

B. 在串联电路中，电流处处相等，即：

$$I = I_1 = I_2 = I_3 = \cdots = I_n \tag{7-9}$$

C. 在串联电路中，总电压等于各分电压之和，即：

$$U = U_1 + U_2 + U_3 + \cdots = U_n \tag{7-10}$$

③ 分压公式

两个串联电阻上的电压分别为：

$$U_1 = \frac{R_1}{R_1 + R_2} U = \frac{R_1}{R} U$$

$$U_2 = \frac{R_2}{R_1 + R_2} U = \frac{R_2}{R} U \tag{7-11}$$

2) 电阻并联

① 定义：两个或两个以上的电阻各自连接在两个相同的节点上，则称它们是互相并联的，如图 7-5 所示。

② 并联电路的识别

如果两个独立的节点之间有一条以上的电路通路（支路），且两点间的电压通过每条支路，则两点之间是并联。

③ 特点

A. 并联电路中各个并联电阻上的电压相等，即：

$$U = U_1 = U_2 = U_3 = \cdots = U_n \tag{7-12}$$

B. 并联电路中的总电流等于各支路分电流之和，即：

$$I = I_1 + I_2 + I_3 + \cdots + I_n \quad (7\text{-}13)$$

C. 并联电路中总电阻的倒数等于各分电阻的倒数之和，即：

$$\frac{1}{R_T} = \frac{1}{R_1} + \frac{1}{R_2} + \frac{1}{R_3} + \cdots + \frac{1}{R_n} \quad (7\text{-}14)$$

④ 分流公式

总电流分配到每个并联电阻中的电流值是和电阻值成反比的。

图 7-5 电路，根据欧姆定律可推导出

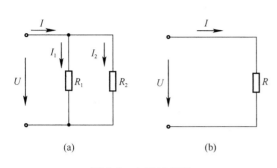

图 7-5 电阻的并联
(a) 并联电阻；(b) 等效电阻

流过 R_1，R_2 上的电流分别为：

$$I_1 = \frac{R_2}{R_1 + R_2} I = \frac{R_2}{R} I \quad I_2 = \frac{R_1}{R_1 + R_2} I = \frac{R_1}{R} I \quad (7\text{-}15)$$

2. 正弦交流电的三要素及有效值

（1）交流电的概念

大小和方向随时间作周期性变化的电压和电流称为周期性交流电，简称交流电。其中随时间按正弦规律变化的交流电称正弦交流电，如图 7-6 所示。正弦电动势、正弦电压、正弦电流表达式为：

$$\begin{cases} e = E_m \sin(\omega t + \varphi) \\ u = U_m \sin(\omega t + \varphi) \\ i = I_m \sin(\omega t + \varphi) \end{cases} \quad (7\text{-}16)$$

（2）正弦交流电的三要素

1）周期与频率

① 周期：交流电完成一次周期性变化所需的时间称为交流电的周期，用 T 表示，单位是秒（s），如图 7-7 所示。

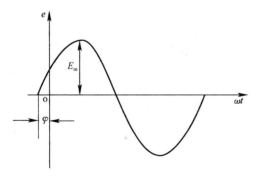

图 7-6 正弦交流电

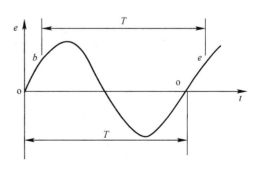

图 7-7 交流电的周期

② 频率：交流电在 1s 内完成周期性变化的次数称交流电的频率，用 f 表示，单位是

赫兹（Hz），较大的为千赫兹（kHz）和兆赫兹（MHz）。

由定义可得：

$$f = \frac{1}{T} \text{ 或 } T = \frac{1}{f} \quad (7\text{-}17)$$

我国电力系统中，动力和照明用电的频率为50Hz，称工频，其周期为0.02s。频率和周期都是反映正弦交流电变化快慢的物理量，如果周期越长（频率越低），那么交流电变化就越慢。

③ 角频率：交流电每秒所变化的角度称角频率，用 ω 表示，单位是 rad/s。根据定义，周期、频率和角频率的关系为：

$$\omega = \frac{2\pi}{T} = 2\pi f \quad (7\text{-}18)$$

频率与磁极对数的关系：在有 P 对磁极的发电机中，电枢每转一圈，电动势就完成 P 次周期变化。如果电枢每分钟旋转 n 圈，则其频率为：

$$f = \frac{Pn}{60} \quad (7\text{-}19)$$

2）瞬时值与最大值

① 瞬时值：交流电在某一时刻的值称为在这一时刻交流电的瞬时值，用小写字母来表示，如电动势、电压、电流的瞬时值分别用 e、u、i 表示。

② 最大值：最大的瞬时值称最大值，也称峰值，一个周期内正弦交流电最大值出现两次，用带下标 m 的大写字母表示，如电动势、电压、电流的最大值分别用 E_m、U_m、I_m 表示。

3）相位与相位差

① 相位：t 时刻交流发电机线圈平面与中性面的夹角（$\omega t + \varphi$）叫作该正弦交流电的相位。φ 是 $t=0$ 时刻的相位、称初相位，简称初相，初相反映了正弦交流电起始时刻的状态。

② 相位差：两个同频率交流电的相位之差称相位差，因频率相同，所以相位差也即是初相位差。根据相位差可以确定两个交流电的相位关系。

设：$U_1 = U_{m1}\sin(\omega t + \varphi_1)$，$U_2 = U_{m2}\sin(\omega t + \varphi_2)$，

如 $\Delta\varphi = \varphi_1 - \varphi_2 > 0$，则 U_1 超前 U_2，或者 U_2 滞后 U_1；

如 $\Delta\varphi = \varphi_1 - \varphi_2 = 0$，则称 U_1 和 U_2 同相位；

如 $\Delta\varphi = \varphi_1 - \varphi_2 = 90°$，则称 U_1 和 U_2 正交；

如 $\Delta\varphi = \varphi_1 - \varphi_2 = 180°$，则称 U_1 和 U_2 反相。

从上面讨论可知：最大值、频率和初相是表征正弦交流电的三个物理量，称正弦交流电三要素。

(3) 正弦交流电的有效值

为了方便计算正弦交流电做的功，引入有效值这个量值，交流电的有效值是根据电流的热效应来规定的，定义如下：如果一个交流电流通过一个电阻，在一个周期时间内所产生的热量和某一直流电流通过同一电阻在相同的时间内所产生的热量相等，那么这个直流电

流的量值就称为交流电流的有效值。电动势、电压、电流的有效值分别用 E、U、I 表示。经计算。正弦交流电的最大值和有效值关系如下：

$$\begin{cases} E_\mathrm{m} = \sqrt{2}E \\ U_\mathrm{m} = \sqrt{2}U \\ I_\mathrm{m} = \sqrt{2}I \end{cases} \quad (7\text{-}20)$$

3. 电流、电压、电功率的概念

（1）电路及其构成

凡是用电工部件（元件）的任何方式连接成的总体都称为电路，电路是提供电流流通的路径。

电路的结构形式和功能完成的任务是各种各样的，如图 7-8(a) 所示，它的作用是实现电能的传输和转换，其中包括电源、负载和中间环节。

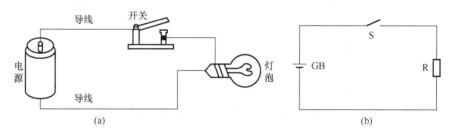

图 7-8　电路图（直流）

1）电源是电路中将其他形式的能转换成电能的设备，如发电机、蓄电池等都是电源。

2）负载是将电能转换成其他形式能的装置，如电动机、电灯等都是负载。

3）中间环节是用来连接电源和负载起到能量传输作用和控制及保护电路的装置，如导线、开关及保护设备等。

凡电路中的电流，电压大小和方向不随时间的变化而变化的称稳恒电流，简称直流电，用 DC 表示。如是电路中的电流、电压大小和方向随时间作正弦规律变化的则称正弦交流电，用 AC 表示。

为便于分析和研究电路中各物理量的关系，用规定的图形符号把一些实际设备抽象成一些理想的模型图，称电路图，如图 7-8(b) 所示。

4）如电源为交流电源，则电路图如图 7-9 所示。

5）电路图中 G 表示电源、S 表示接通电路或开断电路的控制开关、直流电路中 R 为电阻性负载、交流电路中 Z 为阻抗性负载，交流电路中的阻抗区 Z 值由其构成的电阻、电容、电感的量值决定，且由此决定了电路的功率因数 $\cos\phi$ 的值，其值在 0～1 之间，视阻抗构成而定，

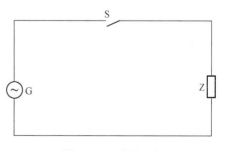

图 7-9　电路图（交流）

详见本节关于 RLC 电路及功率因数的概念。

电路控制开关 S 闭合接通，电路中有电流流动，电源对负载做功，打开控制开关 S，切断电路，电源停止对负载做功。

（2）直流电路的电流、电压和电功率

1）电流

电荷有规则运动叫作电流，电学上规定正电荷定向移动的方向为电流方向。单位时间内穿过导体截面积的电量，称为电流强度，以 I 表示，单位为安培，简称安（A）。电流强度是表示电流大小的物理量，习惯上简称为电流。

2）电压

单位正电荷由高电位移向低电位时电场力所做的功称为电压。单位为伏特，简称伏（V）。

3）电阻

电阻元件是体现电能转化为其他能量的二端元件，简称电阻，用 R 表示，其单位是欧姆，用 Ω 表示。电压表是个相当大的电阻元件，理想中的电阻为无穷大。

4）电功率

单位时间内电路负载上所做的功称为电功率，以 P 表示，单位为瓦（W）。

$$P = UI = U^2/R = I^2R \qquad (7-21)$$

（3）正弦交流电路的电流、电压、电功率

1）电流用有效值表示，符号 I，单位为安培，简称安；电压也用有效值表示，符号 U，单位为伏特，简称伏。

2）电功率

① 电路的有功功率，单位为瓦（W），以 P 表示。

负载 Z 上的有功功率为：

$$P = UI\cos\varphi \qquad (7-22)$$

它不同于直流电路的功率，其为 U、I 的乘积再乘以 U、I 间相角差的余弦。

② 电路的视在功率，单位为伏安（VA），以 S 表示。

负载 Z 上的视在功率为：

$$S = UI \qquad (7-23)$$

③ 电路的无功功率，单位为乏（var），以 Q 表示。

负载 Z 上的无功功率为：

$$Q = UI\sin\varphi \qquad (7-24)$$

④ S、Q、P 间的关系。

三者的关系为：

$$S^2 = P^2 + Q^2 \qquad (7-25)$$

三者的关系犹如直角三角形三条边的关系，因而称为功率三角形，如图 7-10 所示。

（4）额定功率

额定功率是指用电设备正常工作时的功率。它的值为用设备的额定电压乘以额定电流。若用电器的实际功率大于额定功率，则用电器可能会损坏；若实际功率小于额定功率（$P_实 < P_额$），则用电器无法正常运行。

(5) 电流表、电压表

电流表用于检测电路中的电流，电流表应串联在用电设备的电路中；直流回路中的电流表有极性要求，电流从正极流入，从负极流出；交流回路中的电流表无极性要求；电流表的量程应大于被测电流值。

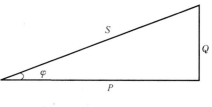

图 7-10 功率三角形

电压表用于检测电路中某一用电设备、元器件两端的电压，电压表应并联在被测对象电路上；直流回路中的电压表有极性要求，电流从正极流入，从负极流出；交流回路中的电压表无极性要求；电压表的量程应大于被测电压值。

4. RLC 电路及功率因数的概念

(1) 负载为电阻元件

1) 电压与电流的关系

如图 7-11(a) 所示电路，设加在电阻两端的正弦电压为：$u_R = U_{Rm}\sin\omega t$。

实验证明，交流电流与电压的瞬时值，仍符合欧姆定律，即：

$$I = \frac{U_R}{R} = \frac{U_{Rm}}{R}\sin\omega t = I_m\sin\omega t \tag{7-26}$$

可见在电阻元件电路中，电流 i 与电压 u_R 是同频率，同相位的正弦量，如图 7-11(b) 所示，用有效值表示，则有：

$$I = \frac{U_R}{R} \text{ 或 } U_R = IR \tag{7-27}$$

2) 电路的功率

在交流电路中，电压和电流是不断变化的，我们把电压瞬时值 u 和电流瞬时值 i 的乘积称为瞬时功率，用 P 表示，即：

$$P = u_R i = U_R I - U_R I\cos 2\omega t \tag{7-28}$$

瞬时功率的变化曲线如图 7-10(b) 所示，由于电流与电压同相位，所以瞬时功率总是正值，（或为零），表明电阻总是在消耗功率。为反映电阻所消耗功率的大小，用平均功率来表示瞬时功率在一个周期内的平均值，称有功功率，用 P 表示。

$$P = \frac{1}{T}\int_0^T p\,dt = UI = I^2 R = U^2/R \tag{7-29}$$

(2) 负载为电感元件

1) 电压与电流的关系

如图 7-12(a) 所示电路，设电流 i 与电感元件两端感应电压 u_L 参考方向一致，且设 $i = \sqrt{2}I\sin\omega t$，则根据式（7-4）得：

$$u_L = L\frac{di}{dt} = \sqrt{2}I\omega L\cos\omega t = \sqrt{2}I\omega L\cos\left(\omega t + \frac{\pi}{2}\right) \tag{7-30}$$

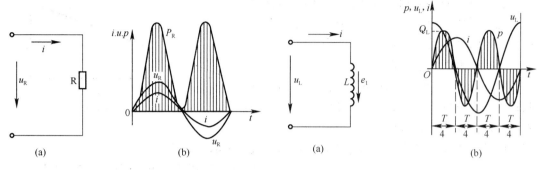

图 7-11　电压与电流的关系（1）　　　　图 7-12　电压与电流的关系（2）

u_L 和 i 是同频率的正弦函数，两者互相正交，且 u_L 超前 i 90°，如图 7-12(b) 所示。可以证明，电感元件中电流与电压有效值之间的关系为：

$$U_L = \omega L I \text{ 或 } I = \frac{U_L}{\omega L} \tag{7-31}$$

其中 ωL 称感抗，单位是欧姆。用 X_L 表示。

$$X_L = \omega L = 2\pi f L \tag{7-32}$$

所以电感元件中电流、电压有效值关系可写成：

$$I = \frac{U_L}{X_L} \tag{7-33}$$

由式（7-32）、式（7-33）可以看出，当电流的频率越高，感抗越大，其对电流的阻碍作用也越强，所以高频电流不易通过电感元件，但对直流电，$X_L = 0$，电感元件相当于短路，可见电感元件有"通直阻交"的性质。在电工和电子技术中有广泛应用，例如高频扼流圈就是利用感抗随频率增高而增大的特性制成的，被用在整流后的滤波器上。

2）电路的功率

$$P_L = u_L i = 2U_L I \sin\left(\omega t + \frac{\pi}{2}\right)\sin\omega t = U_L I \sin 2\omega t \tag{7-34}$$

则在一个周期内的平均功率为：

$$P_L = \frac{1}{T}\int_0^T p\, dt = \frac{1}{T}\int_0^T U_L I \sin 2\omega t \cdot dt = 0 \tag{7-35}$$

即平均功率等于零。但瞬时功率并不恒等于零，而是时正时负，如图 7-13(b) 所示，说明电感元件本身并不消耗电能，而是与电源之间进行能量交换，为了反映交换规模的大小，把瞬时功率的最大值称为无功功率，单位是乏尔（var），用符号 Q 表示，电感元件无功功率表达式为：

$$Q_L = U_L I = I^2 X_L = \frac{U_L^2}{X_L} \tag{7-36}$$

（3）负载为电容元件

1）电压与电流的关系

如图 7-13(a) 所示，设 $U_C=\sqrt{2}U_C\sin\omega t$，且取电容元件电流 i 与电压 U_C 的参考方向一致，则根据式 (7-3) 得：

$$i = C\frac{du_C}{dt} = \sqrt{2}\omega c U_C \sin\left(\omega t + \frac{\pi}{2}\right) \tag{7-37}$$

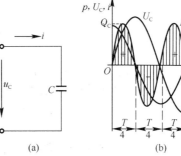

图 7-13　电压与电流的关系（3）

i 和 U_C 是同频率的正弦函数，两者互相正交，且 i 超前 U_C 90°，如图 7-13(b) 所示。可以证明：电容元件电流与电压有效值的关系为：

$$I = \omega C U_C = \frac{U_C}{\frac{1}{\omega C}} \text{ 或 } U_C = \frac{I}{\omega C} \tag{7-38}$$

其中 $\frac{1}{\omega C}$ 称容抗，用 X_c 表示，单位是欧姆。

$$X_c = \frac{1}{\omega C} = \frac{1}{2\pi f C} \tag{7-39}$$

则：

$$I = \frac{U_C}{X_C} \tag{7-40}$$

从式 (7-39)、式 (7-40) 两式可以看出，当 $\omega=0$ 时，$X_c\to\infty$ 即对直流稳态来说电容元件相当于开路。当 $\omega\to\infty$ 时，$X_c\to 0$，即对于极高频率的电路来说，电容元件相当于短路，因此在电子线路中常用电容 C 来隔离直流或作高频旁通电路。

2）电路的功率

$$P_C = U_C i = I\sin\omega t \cdot \sin\left(\omega t + \frac{\pi}{2}\right) = U_C I \sin 2\omega t \tag{7-41}$$

则在一个周期内的平均功率为：

$$P_C = \frac{1}{T}\int_0^T p_c dt = 0$$

即电容元件和电感元件一样，本身并不消耗电能，只与电源间进行能量交换，其无功功率表达式为：

$$Q_C = U_C I = I^2 X_C = \frac{U_C^2}{X_C} \tag{7-42}$$

（4）RLC 组成的交流电路及功率因数的概念

1）电阻与电感串联的正弦交流电路

图 7-12(a) 是一个 RL 串联电路。变压器、电动机等负载都可以看成是电阻与电感串联的电路。

电流与电压的关系

设电流为参考量 $i=\sqrt{2}I\sin\omega t$，则有：

$$u_R = \sqrt{2}U_R\sin\omega t$$

$$u_L = \sqrt{2}U_L\sin\left(\omega t + \frac{\pi}{2}\right) \tag{7-43}$$

根据 $\dot{U}=\dot{U}_R+\dot{U}_L$；三个相量构成一个电压相量三角形，如图7-14（b）所示，根据勾股弦定理，可求得总电压的有效值为：

$$U = \sqrt{U_R^2 + U_L^2} = I\sqrt{R^2 + X_L^2} \tag{7-44}$$

令 $Z=\sqrt{R^2+X_L^2}$，Z称为电路的阻抗，单位是欧姆，则得：

$$I = \frac{U}{Z} \tag{7-45}$$

从相量图可以看出，总电压在相位上，比电流超前φ角度，则：

$$\varphi = \arctan = \frac{U_L}{U_R} = \arctan\frac{X_L}{R} \tag{7-46}$$

我们将图7-14（b）中的相量分别用式（7-18）、式（7-24）代入可得一个R、L、Z组成的阻抗三角形，如图7-14（c）所示。阻抗三角形与电压三角形相似；但阻抗三角形不是相量三角形，不能用相量表示。

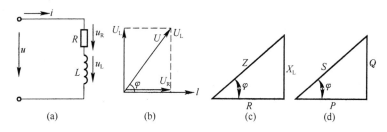

图7-14　RL串联电路分析

2）电路的功率

RL串联电路中，因电阻R是耗能元件，电感L是储能元件，所以既有有功功率，又有无功功率。

有功功率：整个电路消耗的有功功率等于电阻消耗的有功功率，即：

$$P = U_R I = UI\cos\varphi \tag{7-47}$$

无功功率：整个电路的无功功率就是电感的无功功率，即：

$$Q = U_L I = UI\sin\varphi \tag{7-48}$$

视在功率：电源输出的总电流与总电压的有效值乘积，称电路的视在功率，用S表示，单位是伏安VA，即：

$$S = UI \tag{7-49}$$

视在功率代表电源所能提供的容量，即在规定电压下，能供给的最大电流值是多少。许多电气设备，例如变压器等都是按照一定的额定电压，电流设计使用的，所以通常用视在功率来表示它的额定容量。

3）电阻与电容串联的正弦交流电路

在电子技术中，经常遇到电阻和电容串联电路，如阻容耦合放大器、晶闸管电路中的 RC 移相器、RC 振荡器等。

① 电流与电压的关系

RC 串联电路如图 7-15(a) 所示，设电流为参考量，$i=\sqrt{2}I\sin\omega t$，则有：

$$u_R = \sqrt{2}U_R\sin\omega t \tag{7-50}$$

$$u_c = \sqrt{2}U_C\sin\left(\omega t - \frac{\pi}{2}\right) \tag{7-51}$$

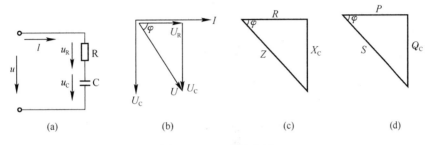

图 7-15　RC 电路分析

U、U_R、U_C 构成一个电压三角形，如图 7-15(b) 所示。求得总电压的有效值为：

$$U = \sqrt{U_R^2 + U_C^2} = I\sqrt{R^2 + X_C^2} \tag{7-52}$$

令 $Z=\sqrt{R^2+X_C^2}$ 阻抗三角形如图 7-15(c) 所示。则上式可写成：

$$I = \frac{U}{Z} \tag{7-53}$$

从相量图上可以看出，总电压比总电流滞后 φ 角度：

$$\varphi = \arctan\frac{U_C}{U_R} = \arctan\frac{X_C}{R} \tag{7-54}$$

② 电路的功率

RC 串联电路中既有有功功率又有无功功率，整个电路的有功功率等于电阻上消耗的有功功率。视在功率、有功功率、无功功率分别为：

$$S = UI \tag{7-55}$$

$$P = UI\cos\varphi \tag{7-56}$$

$$Q = UI\sin\varphi \tag{7-57}$$

4）电阻、电感、电容三者串联的正弦交流电路

电阻、电感、电容组成的串联电路，如图 7-16(a) 所示。

① 电流与电压的关系

设电路中的电流为：$i=\sqrt{2}I\sin\omega t$

则

$$u_R = \sqrt{2}IR\sin\omega t \tag{7-58}$$

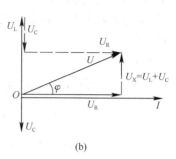

图 7-16 RLC 串联电路和相量图

$$U_L = \sqrt{2}IX_L\sin\left(\omega t + \frac{\pi}{2}\right) \tag{7-59}$$

$$u_C = \sqrt{2}IX_C\sin\left(\omega t - \frac{\pi}{2}\right) \tag{7-60}$$

可做出 U、U_R、U_L 和 U_C 的相量图如图 7-16(b) 所示,则:

$$U = \sqrt{U_R^2 + (U_L - U_C)^2} = I\sqrt{R^2 + (X_L - X_C)^2} \tag{7-61}$$

令 $Z=\sqrt{R^2+(X_L-X_C)^2}=\sqrt{R^2+X^2}$ 其中 $X=X_L-X_C$ 称电路的电抗,单位为 Ω,则上式可写成:

$$I = \frac{U}{\sqrt{R^2+X^2}} = \frac{U}{Z} \tag{7-62}$$

总电压与总电流相位差角 φ 为:

$$\varphi = \arctan = \frac{U_L - U_C}{R} = \arctan\frac{X_L - X_C}{R} = \arctan\frac{X}{R} \tag{7-63}$$

由式 7-55 可看出:当 $X_L>X_C$ 总电压超前电流,称为感性电路;如图 7-17(a) 所示;当 $X_L<X_C$ 时,总电压滞后电流,称为容性电路;如图 7-17(b) 所示,当 $X_L=X_C$ 时,总电压与总电流同相位,这时电路发生串联谐振。如图 7-17(c) 所示。

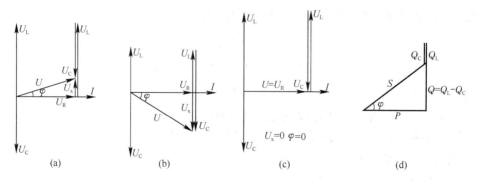

图 7-17 RLC 串联电路的几种情况图

② 电路的功率

在 RLC 串联电路中，电路的有功功率是电阻消耗的功率，电路的无功功率等于电感和电容上的无功功率之差，即：

有功功率： $$P=U_R I=UI\cos\varphi \quad (7-64)$$

无功功率： $$Q=Q_L-Q_C=I^2(X_L-X_C)=UI\sin\varphi \quad (7-65)$$

视在功率： $$S=UI \quad (7-66)$$

RLC 串联电路中，有功功率、无功功率、视在功率的功率三角形如图 7-17(d) 所示。

5) 功率因数的概念

① 定义

从前面分析可知，单相交流电路中，有功功率为：

$$P=UI\cos\varphi \quad (7-67)$$

式中的 $\cos\varphi$ 称电路的功率因数。功率因数是用电设备的一个重要技术指标。电路的功率因数是由负载中包含的电阻与电抗的相对大小所决定的。

② 作用

如一个交流电路的电压是确定的，这个电路能否作出有用功发挥生产效益，并不仅决定于电路中电流的大小，很大程度与电路的阻抗构成直接有关，不同的阻抗构成，使 $\cos\varphi$ 从 0 到 1 发生变化，可以认为，提高供电设备负载的功率因数可以最大限度地发挥供电设备的供电能力和供电效益。

③ 提高功率因数的基本方法

A. 在感性负载两端并接电容器，以提高线路的功率因数，也称并联补偿。

B. 提高用电设备本身功率因数（自然功率因数），合理选择和使用电气设备，尽量使设备在满载情况下工作，避免"大马拉小车"的现象。以提高用电设备本身的功率因数，从而使电路功率因数提高。

C. 使用调相发电机提高整个电网的功率因数。

5. 晶体二极管、三极管的基本结构及应用

(1) 晶体二极管基本结构及应用

1) PN 结的单向导电性

① 通过一定的工艺，使半导体单晶片中一部分为 P 型，另一部分为 N 型，P 型杂质原子电离为带正电的空穴和带负电的受主离子，N 型杂质原子电离为带负电的电子和带正电的施主离子。电子和空穴为自由电荷，由于两者在结的两边的浓度差，各自向对方区域扩散，带电的离子固定在晶格点上，不能移动，因而形成一个由 N 区指向 P 区的内建电场 U_D，该电场阻碍电子和空穴的进一步扩散，如图 7-18 所示。当扩散势和电场的漂移势相等时，载流子运动达到动态平衡，从而产生一定宽度的空间电荷区，其以外区域可以视为电中性区。因为该区域内自由载流子即电子和空穴的浓度很低，基本耗尽，故常称耗尽区，所谓 PN 结实际上就是指的该区域。

② 当在 PN 结上加正向电压，即电源正极接 P 区，负极接 N 区时，如图 7-19(a) 所

示，P区的负载流子空穴和N区的多数载流子自由电子在电场作用下，通过PN结进入对方，两者形成较大的正向电流，此时PN结呈现低电阻，处于导通状态。

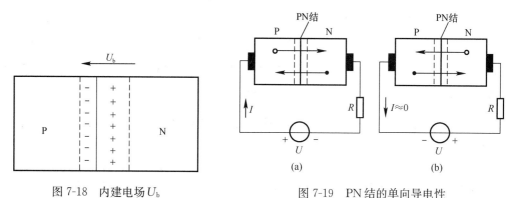

图 7-18　内建电场 U_b

图 7-19　PN结的单向导电性
(a) 加正向电压；(b) 加反向电压

当PN结上加反向电压时，如图7-19(b)所示，P区和N区的多数载流子受阻，难于通过PN结。此时PN呈现高电阻，处于截止状态。

2）二极管基本结构

将PN结加上相应的电极引线和管壳就称为二极管。按结构分，二极管有点接触型、面接触型和平面接触型三类。点接触型二极管如图7-20(a)所示，它的PN结面积很小，因此不能通过较大电流，但其高频性能好，故一般适用于高频和小功率的工作，也用作数字电路中的开关元件。面接触型二极管如图7-20(b)所示，它的PN结面积大，故可通过较大电流，但其工作频率较低，一般用作整流。平面型二极管如图7-20(c)所示，可用作大功率整流管和数字电路中的开关管。图7-20(d)所示是二极管的符号。

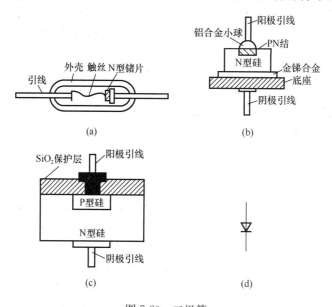

图 7-20　二极管
(a) 点接触型；(b) 面接触型；(c) 平面型；(d) 符号

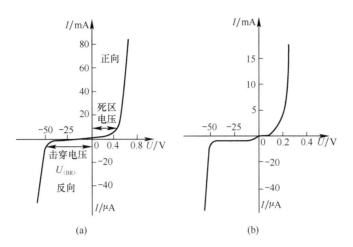

图 7-21 二极管的伏安特性曲线
(a) 硅二极管；(b) 锗二极管

3）伏安特性

二极管伏安特性构成如图 7-21 所示，当外加正向电压很低时，正向电流很小，几乎为零。当正向电压超过一定数值后，电流增长很快。这个一定数值的正向电压称为开启电压，其大小与材料及环境温度有关。通常硅管约为 0.5V，锗管约为 0.1V。导通时的正向压降硅管为 0.6~0.8V，锗管为 0.2~0.3V。

在二极管加反向电压时，形成很小的反向电流。反向电流有两个特点：一是它随温度的上升增长很快，二是反向电压不超过某一范围时，反向电流的大小基本恒定，而与反向电压的高低无关，故通常称它为反向饱和电流。而当外加反向电压过高时，反向电流将突然增大，二极管失去单向导电性，这种现象称为击穿。产生击穿时加在二极管上的反向电压称为反向击穿电压。

稳压二极管就是利用二极管的反向特性，当电压超过稳压二极管的击穿电压时，稳压管产生可逆击穿，当电压低于击穿电压时，稳压管又恢复正常，这样就把电压维持在稳压管击穿电压以下，对电路起到稳压的作用。

4）主要参数

二极管的主要参数有以下几个：

① 最大整流电流 I_{OM}

最大整流电流是指二极管长时间使用时，允许流过二极管的最大正向平均电流。

② 反向工作峰值电压 U_{RWM}

它是保证二极管不被击穿而给出的反向峰值电压，一般是反向击穿电压的一半或三分之一。

③ 反向峰值电流 I_{RM}

它是指在二极管上加反向工作峰值电压时的反向电流值。

二极管的应用范围很广，主要都是利用它的单向导电性。它可用于整流检波、限幅、元件保护以及在数字电路中作为开关元件等。

5）二极管在整流电路中的应用

① 单相半波整流电路

图 7-22 所示是单相半波整流电路，它是最简单的整流电路，由整流变压器、整流元件（二极管）及负载组成。

由于二极管 D 是具有单相导电性，在负载 R_L 上得到的是半波整流电压 U_0，如图 7-23 所示。

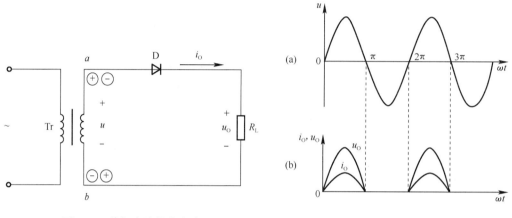

图 7-22　单相半波整流电路　　　　图 7-23　单相半波整流电路的电压与电流的波形

② 单相桥式整流电路

单相半波整流的缺点是利用了电源的半个周期，同时整流电压的脉冲较大，为了克服这些缺点，常采用全波段整流电路，其中最常用的是单相桥式电路。如图 7-24 所示。

负载电阻 R_L 的电压、电流波形如图 7-25 所示。

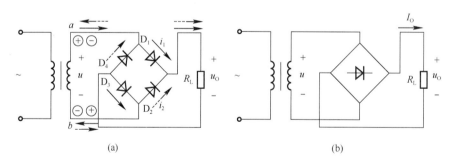

图 7-24　单相桥式整流电路

(2) 晶体三极管基本结构及应用

1) 基本结构

三极晶体管的结构，目前常用的有平面型和合金型两类。不论平面型或合金型都分成 NPN 或 PNP 三层，因此又把晶体三极管分为 NPN 型和 PNP 型两类，其结构示意图和符号如图 7-26 所示。

2) 特性曲线

三极晶体管的特性曲线是用来表示该晶体管各极电压和电流之间相互关系的,它反映晶体管的性能,是分析放大电路的重要依据。其最常用的是共发射极接法时的输入特性曲线和输出特性曲线。

① 输入特性曲线

输入特性曲线是指当集-射极电压 U_{CE} 为常数时,输入电路(基极电路)中基极电流 I_B 与基-射极电压 U_{BE} 之间的关系曲线 $I_B = f(U_{BE})$ 如图 7-27 所示。

② 输出特性曲线

输出特性曲线是指基极电流 I_B 为常数时,输出电路(集电极电流)中集电极电流 I_C 与集-射极电压 U_{CE} 之间的关系曲线 $I_C = f(U_{CE})$。在不同的 I_B 下可得出不同的曲线,所以晶体管的输出特性曲线是一组曲线,如图 7-28 所示。

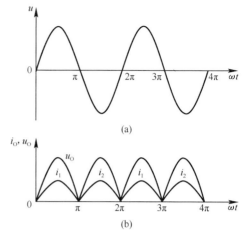

图 7-25 单相桥式整流电路的电压、电流波形

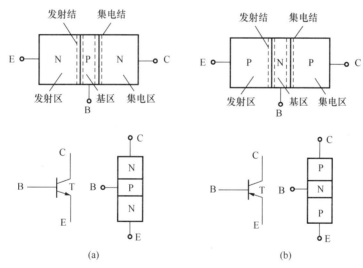

图 7-26 晶体管的结构示意图和符号
(a) NPN 型;(b) PNP 型

通常把晶体管的输出特性曲线区分为三个工作区,就是晶体三极管有三种工作状态。

A. 放大区

输出特性曲线的近水平部分是放大区,在放大区 $I_C = \bar{\beta} I_B$。放大区也称为线性区,因为 I_C 和 I_B 成正比关系。

B. 截止区

$I_B = 0$ 的曲线下的区域称为截止区。

C. 饱和区

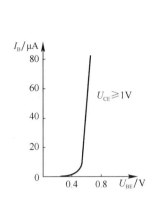 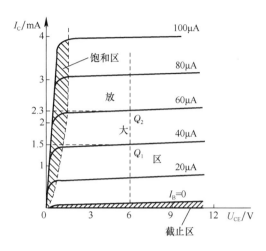

图 7-27　晶体管的输入特性曲线　　　　图 7-28　晶体管输出特性曲线

当 $U_{CE}<U_{BE}$ 时，集电结处于正向偏置（$U_{BC}>0$），晶体管处于饱和状态。在饱和区，I_B 的变化对 I_C 影响较小，两者不成正比。放大区 $\bar{\beta}$ 不能适用于饱和区。

3）主要参数

晶体管主要参数有下面几个：

① 电流放大系数 $\bar{\beta}$、β

当晶体管接成共发射极电路，在静态（无输入信号）时集电极电流 I_C 与基极电流 I_B 的比值称为共发射极静态（直流）放大系数。

$$\bar{\beta}=\frac{I_C}{I_B} \tag{7-68}$$

ΔI_C 与 ΔI_B 的比值称为动态电流（交流）放大系数。

$$\beta=\frac{\Delta I_C}{\Delta I_B} \tag{7-69}$$

② 集-基极反向截止电流 I_{CBO}

③ 集-射极反向截止电流 I_{CEO}

④ 集电极最大允许电流 I_{CM}

⑤ 集-射极反向击穿电压 V_{CEO}

⑥ 集电极最大允许耗散功率 P_{CM}

4）三极晶体管的应用简介

晶体管的主要用途之一是利用其放大作用组成放大电路。在生产和科学实验中，往往要求用微弱的信号去控制较大功率的负载。例如，在自动控制机床上，需要反映加工要求的控制信号加以放大，得到一定输出功率以推动执行元件（电磁铁、电动机、液压机构等）。又例如在电动单元组合仪表中，首先将温度、压力、流量等通过传感器变换为微弱的电信号，经过放大以后，从显示仪表上读出非电量的大小，或者用来推动执行元件实现自动调节。可见放大电路的应用十分广泛，是电子设备中最普遍的一种基本单元。

6. 变压器和三相交流异步电动机的基本结构和工作原理

（1）变压器的工作原理和基本结构

1）工作原理

① 变压器主要由铁芯和套在铁芯上的两个或多个绕组所组成。如图 7-29 所示，如原边绕组 N_1 的线圈数多于副边绕组 N_2 的线圈数，则为降压变压器，反之则为升压变压器。原边绕组又称初级绕组，与电源相连，副边绕组又称次级绕组，与负载相连。

② 当原边绕组与电源接通后，在外施电压 U_1 作用下，原边绕组就会有交流电流流通，并在铁芯中产生交变磁通，磁通的交变频率与外施电压 U_1 的频率相同。磁通同时与原、副边线圈相交连，根据电磁感应原理，原、副边绕组中就会有感应电动势 e_1 和 e_2。若副边绕组与负载 ZL 接通，则在 e_2 的作用下，副边就有电流流通，向负载输出电功率。

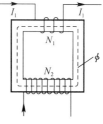

图 7-29　变压器

所以，变压器的工作原理就是：原边绕组从电源吸取电功率，借助磁场为媒介，根据电磁感应原理传递到副边绕组，然后再将电功率传送到负载。

A. 电压变换

设变压器是理想的（其绕组没有电阻，励磁后没有漏磁，磁路不饱和而且铁芯中没有任何损耗）则原边电压 U_1 与副边电压 U_2 关系为：

$$\frac{U_1}{U_2} = \frac{N_1}{N_2} = K \tag{7-70}$$

式中 K 为变压器的变比，在实际变压器中，$\frac{U_1}{U_2}=K$ 是近似的。

B. 电流变换

从上面的分析可知，变压器从电网吸收能量并通过电磁形成的能量转换，以另一个电压等级把电能输给用电设备或下一级变压器。根据能量守恒定律，在理想变压器状态下，变压器的输出的功率 P_2 应与变压器从电网中吸收的功率 P_1 相等，即 $P_1=P_2$ 即：$I_1U_1=I_2U_2$ 得：

$$\frac{I_1}{I_2} = \frac{U_2}{U_1} = \frac{N_2}{N_1} = \frac{1}{K} \tag{7-71}$$

上式说明，变压器工作时其初、次级电流与初、次级电压或匝数成反比。而且初级的电流随着次级电流的变化而变化。

2）基本结构

房屋建筑安装工程中采用的变压器有两种类型，第一种为油浸式电力变压器，第二种为干式变压器，由于干式变压器有较高防火灾风险和易维护等特点，所以房屋建筑的电气工程中已被广泛采用。

① 油浸变压器

油浸变压器的外形和内部主要构造如图 7-30 所示。

铁芯和线圈（绕组）的作用已作介绍；油箱是变压器外壳，充满了变压器油，铁芯和

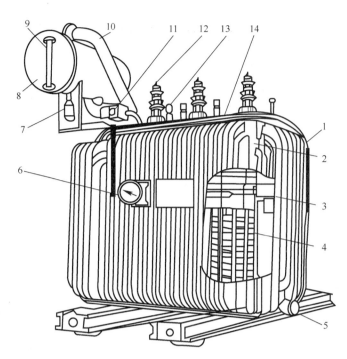

图 7-30 变压器外形
1—散热器；2—油箱；3—铁芯；4—线圈及绝缘；5—放油阀；6—温度计；7—吸湿器；8—贮油柜；
9—油面指示器；10—防爆管；11—气体继电器；12—高压套管；13—低压套管；14—分接开关

线圈浸在油内，变压器油起到绝缘和散热作用；装有油位计的油枕（贮油柜），用作油温度化时使油有膨胀或补充的余地；装有干燥剂的吸湿器，保持箱体内外压力平衡，干燥剂滤去空气中水分或尘埃，使油保持良好的绝缘性能；防爆管当变压器内部故障严重压力骤增时，可冲破其顶部的薄膜或玻璃盖板，使油和气体向外泄放，防止油箱胀裂损坏；气体继电器可以发出油面降低和内部有气体产出的信号，使警报告诫或跳闸切断电源，故又称瓦斯保护继电器；绝缘套管是高低压侧绕组引入或引出导线的通路；分接开关起电压调节作用，有空载调压和有载调压两类；油箱上的翅片和管状散热器为增强油箱散热效果而装设；此外还有温度计、散热风扇等附件，是否所有器件都装设齐全，要视变压器的电压高低、容量大小由产品设计而定。

② 干式变压器

干式变压器的绕组和铁芯以及引出线套管的外形结构与油浸式变压器的区别不大，但无外壳，也不浸在任何绝缘液体内，直接裸露在空气中，以自然通风或强制通风使运行中的热量进行散热，但为了保持绕组有可靠的绝缘性能，所以对变压器的绕组绝缘保护有以下三种形式：

A. 浸渍式：绕组经浸渍处理，器身与外部大气相通的称开启式，器身与外部大气不相通的称密封式。

B. 包封绕组式：绕组用固体绝缘包封，各个绕组可以分别装模后用环氧树脂浇注，也可用浸树脂的玻璃纤维包绕来包封。其电压等级最高达 35kV。

C. 气体绝缘式：变压器的绕组和铁芯组成的器身置于密封的箱壳中，箱壳内充以六氟化硫气体，气体压力为 0.1～0.2MPa，箱壳外有散热器，这种结构形式可以制成高电压大容量的变压器。

③ 变压器的铭牌

变压器的铭牌是安装变压器之前必须了解的内容，以取得基本信息，便于安装和投运中应用。其主要内容有：型号、额定容量、额定电压、额定电流、阻抗电压、线圈温升、油面温升、接线组别、冷却方式，有的还标有冷却油油号、油重和总重等数据。

(2) 三相异步电动机工作原理和基本结构

1) 工作原理

① 图 7-31 为一台三相交流异步电动机的工作原理示意图。当定子三相对称绕组施以对称的三相电压，有对称的三相电流流过，会在电机的气隙中形成一个旋转的磁场，这个旋转磁场的转速 n_1，称为同步转速，它与电网频率 f_1 及电机的极对数 P 的关系如下：

$$n_1 = 60f_1/P \quad (7-72)$$

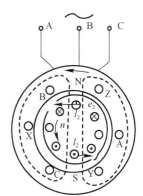

图 7-31 三相异步电动机工作原理图

为了叙述方便，这个旋转的气隙磁场用磁极 N 和 S 来表示，且假设其转向为逆时针方向。旋转的气隙磁场切割转子导体，在转子导体中感应电动势 e_2，其大小为：$e_2 = B_1 L \Delta V$。

式中 B_1 为转子导体所处的气隙磁密度，L 为转子导体的有效长度，ΔV 为转子导体对气隙磁场的相对切割速度。

e_2 的方向可由右手定则决定，如图 7-29 所示，e_2 在闭合的转子绕组中产生电流 i_2，其有功分量与 e_2 同相，它与气隙磁场相互作用，使转子导体受到电磁力 f，f 的大小由式 $f = BL$ 决定，f 方向由左手定则确定，如图 7-31 所示，f 将产生力矩 $T_x = f\dfrac{D}{2}$（式中 D 为转子外径），而转子所有导体所生的力矩之总和即为转轴所受的电磁转矩 $T = \sum T_x$，T 的方向与旋转磁场的转向一致。

② 在电磁转矩 T 的驱动下，转子就会沿着气隙磁场的转向转起来。但是，即使轴上不带任何机械负载，转子的转速 n 也不可能加速到与 n_1 相等。这是因为当 $n = n_1$ 时，转子导体对气隙磁场的相对切割速度 $\Delta V = 0$，使 $e_2 = 0$ 以致 $i_2 = 0$，$f = 0$ 及 $T = 0$，转子就要减速，从而使 $n < n_1$。

如果轴负荷 T_z 增加而使 $T_z > T$ 时，转子就会减速，ΔV 增大，使 e_2、i_2、f 及 T 变大。当 n 降低到使 T 增至 $T = T_z$ 达到新的平衡，转子以更低的转速而稳定运行。而且 T_z 越大、n 越低。

综上所述，三相交流异步电机工作在电动机状态时，从电网输入电能转换成轴上机械能，带动生产机械以低于同步转速 n_1 的速度而旋转，其电磁转矩 T 是驱动转矩，其方向与转子转向一致。由于产生电磁转矩的转子电流是靠电磁感应作用产生的，所以称为感应电动机。由于其转子转速始终低于同步转速 n_1，即 n 与 n_1 之间必须存在着差异，因而又称作"异步"电动机。

转差（$n_1 - n$）的存在是感应电机运行的条件，我们将转差（$n_1 - n$）与同步转速 n_1 的比值称为转差率，用符号 S 表示，即：

$$S = \frac{n_1 - n}{n_1} \tag{7-73}$$

转差率是三相交流异步电动机的一个基本参数，它对电动机的运行有极大的影响。感应电机工作于电动机状态时的转差率的范围为 $0 < S < 1$。

由上式还可得：

$$n = (1 - S)n_1 \tag{7-74}$$

这个原理对笼式或绕线式的三相异步电动机均适用。

2）基本结构

图 7-32 所示是一台三相笼型异步电动机的结构图。

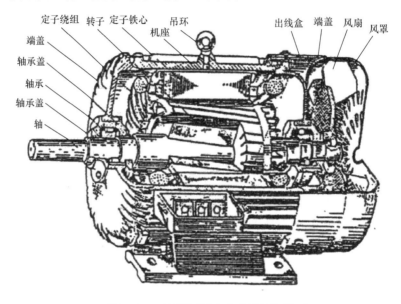

图 7-32　三相笼型感应电动机结构图

其主要部件有：

① 定子

电动机的静止部分称定子，由定子铁芯、定子绕组、机座和端盖等组成。

A. 定子铁芯的作用是作为电机主磁通磁路的一部分和安放定子绕组。其用小于 0.5mm 厚相互绝缘的硅钢片叠压而成。为安放定子绕组，需在定子铁芯内圆开槽，槽的形状有：半闭口槽、半开口槽和开口槽等。

B. 定子绕组的作用是通过电流建立磁场及感应电动势以实现机电能量的转换。定子绕组在槽内的布置可以是单层的，也可以是双层的。

C. 机座的作用是固定与支撑定子铁芯，所以要求它有足够的机械强度和刚度。

D. 端盖的作用是安装轴承来支撑转子，使定子、转子之间保证一定的同心度，还可保护定子、转子绕组，并作为通风的风路。

② 转子

转子是电动机的旋转部分，由转轴、转子铁芯和转子绕组等组成。

A. 转子铁芯的作用也是组成电动机主磁路的一部分和安放转子绕组。它也是用小于

0.5mm 厚的冲有转子槽形的硅钢片叠压而成。中小型异步电动机的转子铁芯一般都直接固定在转轴上，而大型异步电动机的转子铁芯则套在转子支架上，然后让支架固定在转轴上。

B. 转子绕组的作用是感应电动势、流动电流并产生电磁转矩。按其结构型式可分为绕线式转子和笼型转子两种。

3）铭牌数据

异步电动机的机座上有一个铭牌，铭牌上标注着额定数据。主要的额定数据为：

① 额定功率：指电动机在额定运行时输出的机械功率，单位为 kW。

② 额定电压：指额定运行状态下，电网加在定子绕组的线电压，单位为 V。

③ 额定电流：指电机在额定电压下使用、输出额定功率时，定子绕组中的线电流，单位为 A。

④ 额定频率：线圈规定标准工业用电频率为 50 周/s。

⑤ 额定转速：指电动机在额定电压、额定频率及额定功率下的转速，单位是 rad/min。

此外，铭牌上还标明绕组的相数与接法，绝缘等级及允许温升等。

4）电动机的启动方式主要有：直接启动、降压启动和软启动。

（二）建筑设备工程的基本知识

本节对建筑设备安装工程中的给水排水工程、建筑电气工程、供暖工程、通风与空调工程、自动喷水灭火工程和建筑智能化工程等的分类及应用作概略的介绍，并对工程常用的器材选用原则作出说明，以利学习者在实际工作中参考。

1. 建筑给水和排水系统的分类、应用及常用器材的选用

给水系统是通过管道及辅助设备，按照建筑物和用户的生产、生活和消防的需要，有组织地输送到用水点的网络。给水系统能满足各类用水对水质、水量和水压的要求。

（1）建筑给水系统的组成和分类

1）组成

给水系统一般由水源、引入管、干管、水表、支管和用水设备组成。室内消火栓系统主要有消防水箱、消火栓管网、消火栓箱、水泵及稳压设备等组成。同时，给水管路上设置有阀门等给水附件及各种设备：如水箱、水泵及消火栓等。

2）分类

① 建筑给水系统按供水对象，可分为生活、生产、消防三类基本给水系统。

A. 生活给水系统：为满足民用和工业建筑内的饮用、盥洗、洗涤等日常生活用水需要所设的给水系统，其水质必须符合国家规定的生活饮用水标准，其特点是用水量不均匀，用水有规律。

B. 生产给水系统：为满足工业企业生产过程中用水需要所设的给水系统，其特点是用水量均匀、用水有规律、水质要求差异大。

C. 消防给水系统：为满足建筑物消防用水所设的给水系统，其特点是对水质无特殊

要求、短时间内用水量大、压力要求高。

② 建筑给水系统按供水形式，可分为直接供水形式、附水箱供水形式、水泵给水形式、水池、水泵和水箱联合给水形式等。

A. 直接供水形式

室内仅设有给水管道系统，无加压设备。适用于室外市政给水系统的水压、水量在任何时间内都能满足室内最高和最远点的用水要求。一般普通建筑物的供水大多采用直接供水形式。

B. 附水箱供水形式

室内设有给水管道系统及屋顶水箱。用于在大部分时间室外给水系统能满足室内最高点供水要求，但在用水高峰时，必须由水箱供水。当室外管网水压足够时，便向水箱充水。

C. 水泵给水形式

适用于室内用水量均匀而室外供水系统压力不足，需要局部增压的给水系统。

D. 水池、水泵和水箱联合给水形式

当室外给水管网的水压或夏季用水高峰期内低于要求水压，且用水量又不均匀时采用这种形式，常用于多层建筑。这种给水系统，水泵和水箱联合使用。水箱中有浮球继电器，以达到水泵启闭自动化。

③ 给水系统的管网布置方式

建筑给水系统按水平干管的敷设位置，可分上行下给式、下行上给式和环状供水式三种管网布置方式，其主要特征和适用范围如下。

A. 上行下给式

水平配水干管敷设在底层（明装、暗装或沟槽敷设）或地下室顶棚下，适用于居住建筑、公共建筑和工业建筑，在利用外管网水压直接供水或增压设备位于底层，但不设高位水箱的建筑。

B. 下行上给式

水平配水干管敷设在顶层天花板下或吊顶内，对于非冰冻地区，也有敷设在屋顶上的，对于高层建也可设在技术夹层内，适用于设有高位水箱的居住、公共建筑、机械设备或地下管线较多的工业厂房等建筑。

C. 环状供水式

水平配水干管或配水立管互相连接成环，组成水平干管环状或立管环状，在有两个引入管时，也可将两个引入管通过配水立管和水平配水干管相连通，组成贯穿环状，适用于高层建、大型公共建筑和工艺要求不间断供水的工业建筑，消防管网有时也要求采用环状式。

（2）建筑给水工程常用器材的选用

1）建筑给水工程涉及人们生活用水，尤其是饮用水，其所用器材必须符合相关卫生标准。

2）给水工程中的运转设备（如水泵、气压给水装置）应是节能、噪声小的环保产品。

3）不能使用国家明令淘汰的器材（如砂型铸造的铸铁管）和限制使用的器材（如镀锌钢管）。

4）器材选用要依据建筑物类别而选取，普通的可选用 PPR 管、U-PVC 给水管，要求高的可选用铜管、薄壁不锈钢管等。

(3) 建筑排水系统的组成和分类

1）排水系统一般由污水（废水）收集器、排水管道、通气管、清通设备等组成。

2）排水系统的分类

① 分流制：分别设污水、废水及雨水管道。在民用建筑内，设置生活污水和废水的分流系统。粪便污水不得与雨水管道合流。

② 合流制：组合任意二种或三种污（废）水的系统，不含泥砂和有机杂质的生产废水，与雨水合流；生产污水如只含泥砂或矿物质而不含有机物时，经过沉淀处理后可与雨水合流。被有机杂质污染的生产污水，如符合污水净化标准，则允许与生活污水合流。

(4) 建筑排水系统常用器材的选用

1）排水工程的管材要区分重力流和压力流，前者承压低、后者承压高。

2）排水泵房的运转设备（污水泵、排风机等）应是高效节能的产品。

3）排水管道应内壁光滑有同类材质的清通部件供应。

4）在住宅、宾馆、饭店、学校选用的室内排水管材应是排水过程中噪声小的产品。

2. 建筑电气工程的分类、组成及常用器材的选用

(1) 建筑电气工程的定义

1）依据 IEC 标准，建筑电气工程是指"为实现一个或几个具体目的，且特性相配合的，由电气装置、布线系统和用电设备电气部分的组合。这种组合能满足建筑物预期的使用功能和安全要求；也能满足使用建筑物的人的安全需要"。由定义可知，建筑电气工程是为建筑物建造的电气设施，这种设施要确保在使用中对建筑物和使用建筑物的人两者都有可靠的安全保障。

2）建筑电气工程的范围始自电力电源引入处，终于各用电设备、器具。值得提醒的是按 IEC 标准的技术委员会分工防雷接地系统不属于建筑电气工程，而由大气过电压技术（建筑防雷及其他）委员会负责制订标准和解释，但我国的工程设计和施工以及规范标准的制订，仍延适用习惯将其纳入建筑电气工程中。而其使用中的监管另有专门机构。

(2) 建筑电气工程的组成

由定义可知建筑电气工程的构成分为三大部分，具体指的是：

1）电气装置：主要指变配电所内各类高低电压电气设备，例如变压器、开关柜、控制屏台等。

2）布线系统：主要指以 380/220V 为主的布电线路及附属设备，例如电缆电线、桥架导管、封闭插接母线以及分配电箱柜等。

3）用电设备（器具）电气部分：主要指用电设备（器具）直接消耗电能的部分，例如电动机和电加热器及其开关控制设备、电气照明灯具及开关、插座等。

(3) 建筑电气工程的分类

1）按负荷工作制分类

① 连续工作制负荷

长时间连续工作的设备，负荷比较稳定，即 30min 出现的最大平均负荷与最大负荷班的平均负荷相差不大。如：泵、通风机、照明装置等。

② 短时工作制负荷

工作时间甚短、停歇时间相当长的用电设备，在整个用电设备中所占容量少，耗电量相应也较少。如消防水泵、消防排烟风机等。

③ 反复短时工作制

时而工作，时而停歇，反复运行的用电设备。如电梯和空调等。

2）按供电对象负荷分类

① 照明负荷

照明负荷绝大多数为单相而恒定的负荷，其容量变化较大，使用时间受昼夜、季节、地理位置、工作环境及工作班数等因素的影响。

② 动力负荷

动力负荷大多为三相负荷，也有少数的单相负荷。如电梯、水泵、空调、风机，洗衣房的洗衣机、厨房的加工和制冷、声像等用电设备。其中空调用电量最多，且其负荷随季节而变化。

③ 通信及数据处理设备负荷

通信及数据处理设备负荷变化范围较大，要求连续的、可靠的、质量高的电源。如大型计算机，除要求有不间断电源供电外，还要求电源电压变化不大于±3%，频率变化不大于±0.5Hz，设备运行时，相间不平衡电压不超过2.5%，设备不运行时，总的最大谐波含量不大于5%。

3）按负荷分级分类

电力负荷根据对供电可靠性的要求及中断供电在政治、经济上所造成损失或影响的程度进行分级。

① 一级负荷

凡中断供电时将造成人身伤亡或将造成重大政治影响或将造成重大经济损失或将造成公共场所秩序严重混乱等，均为一级负荷。一级负荷要求由二个独立电源供电。

所谓独立电源是指若干个电源中，任一电源因故障而停止供电时，不影响其他电源继续供电。凡同时具备下列二个条件的发电厂、变电站的不同母线段均属独立电源：

A. 每段母线的电源来自不同的发电机。

B. 母线段之间无联系，或虽有联系但其中一段发生故障时，能自动断开联系，不影响其余母线段继续供电。

② 二级负荷

凡中断供电时将在政治、经济上造成较大损失或将影响重要用电单位的正常工作等，均为二级负荷。二级负荷应由两回路供电，该两回路应尽可能引自不同的变压器或母线段。当负荷较小或地区供电条件困难时，允许由一回6kV及以上专用的架空线路或电缆供电。当采用架空线时，可为一回架空线供电；当采用电缆线路时，应采用两根电缆组成的线路供电，其每根电缆应能承受100%的二级负荷。

③ 三级负荷

所有不属于一级和二级负荷的电力用户均属于三级负荷。一般民用建筑（除高层民用建筑外）的用电负荷均属三级负荷。三级负荷对供电无特殊要求，允许较长时间停电，可用单回线路供电。

(4) 建筑电气工程常用器材的选用

1) 由于建筑电气工程涉及建筑物的使用安全和使用电气工程的人的安全，具体表现为建筑物有潜在的火灾危险、人有可能触电的危险，因而建筑电气工程器材选用的基本要领是防止发生电气火灾、防止人身电击。

2) 变压器选用干式变压，不采用油浸式变压器，少集油坑等设施，也降低火灾发生概率；高低压开关柜选型要自动化程度高能与建筑智能化工程配套，有利于实现建筑设备自动监控系统（BAS）的全面运行。

3) 建筑电气工程中的布线系统，导线的导体选用铜导体，线缆的保护结构（导管、槽盒）明敷的选用金属制品，即使暗敷的塑料制品也应是经认证的阻燃器材。

4) 各类灯具、各种开关插座均应符合产品制造技术标准。因与建筑艺术和谐协调需要而专门设计的自制灯具，其安全设施部分应符合国家灯具制造标准的规定。

5) 电气工程中某些产品更新较快，与节能降耗的需要关联较紧密，所以要注意不使已被淘汰的产品被选用。

3. 供暖系统的分类、应用及常用器材的选用

(1) 供暖系统的分类和应用

1) 按供暖系统供暖方法分类有：

① 应用热媒的包括热水供暖系统、蒸汽供暖系统、热风供暖系统。

A. 热水供暖系统以循环动力不同可分为机械循环热水供暖系统和自然循环热水供暖系统。大量应用于各类民用建筑工程中，其加热均匀，约 70℃以下的热水不易发生烫伤事故。

B. 蒸汽供暖系统以工作压力 0.07MPa 为界，分为低压蒸汽供暖系统和高压蒸汽供暖系统，基本适用于工业建筑，其与厂房内的热风机房配套后便形成热风供暖系统。

C. 在有风机盘管系统的空调工程中夏季通以冷冻水降温，冬季通以热水为另一种热风供暖系统。

② 应用电力电热板辐射供暖装置、采用燃气的壁炉供暖装置、带有小型锅炉的热水地板供暖装置等新型供暖方法多见于高档住宅小区，具有个性化的特征。

2) 按热水或蒸汽供热范围划分可分为集中供热系统、区域供热系统、局部供热系统，为了节能和环保的效果，提倡集中和区域供热系统。

3) 按散热设备散热原理可划分为对流式供暖系统和辐射式供暖系统。两者只能说是以哪一种为主，不能认为对流式的无辐射效应，也不能认为辐射式的无对流的可能。

(2) 供暖系统常用器材的选用

1) 供暖工程中使用的管材、电线等可参阅给水排水工程和建筑电气工程中的有关说明。

2) 供暖工程有关的绝热材料要符合施工设计中对防火等级的需求。

3) 供暖工程的热水或蒸汽系统的器材应满足在系统压力、温度等参数下能可靠安全运行。

4) 供暖工程的热水或蒸汽系统中安全阀应选经过有关认证的合格产品。

5) 热水地板供暖装置应是经许可的包括控制器在内成套供应的设施。

6) 电辐射板应是经过安全认证的合格产品，必须防触电可靠。

4. 通风与空调系统的分类、应用及常用器材的选用

(1) 通风系统的分类与应用

根据空气流动的动力不同，通风方式可分为自然通风和机械通风两种。所谓自然通风，就是依靠室内外空气所产生的热压和风压作用而进行的通风；所谓机械通风，就是依靠风机机械作用而进行的通风。

1) 自然通风是借助于室内外空气自然的压力（风压和热压）作用促使空气流动的。风压作用下的自然通风，是利用室外空气流动（风力）的一种作用压力造成的室内外空气交换。在它的作用下，室外空气通过建筑物迎风面上的门、窗、孔口进入室内，室内空气则通过背风面上的门、窗、孔口排出；热压作用下的自然通风，是利用室内外空气温度的不同而形成的密度压力差造成的室内外空气交换。当室内空气的温度高于室外时，室外空气的密度较大，便从房屋下部的门、窗、孔口进入室内，室内空气则从上部的窗口排出。

2) 机械通风是依靠风机所产生的压力而强制空气流动。根据通风系统的作用范围不同，机械通风可划分为局部通风和全面通风两种。

① 局部通风：局部通风系统的作用范围，仅限于个别地点或局部区域，它包括了局部送风系统和局部排风系统两种。

A. 局部送风系统：是指向局部地点送入新鲜空气或经过处理的空气，以改善该局部区域的空气环境的系统。它又分为系统式和分散式两种。系统式局部送风系统，可以对送出的空气进行加热或冷却处理；分散式局部送风系统，一般采用循环的轴流风扇或喷雾风扇。

B. 局部排风系统：是指在局部工作地点将污浊有毒有害空气就地排除，以防止其扩散的排风系统。它由局部排风罩、排风管道、空气净化装置、排风机、排风帽等部分组成。

② 全面通风

A. 全面通风系统是对整个房间进行通风换气，用新鲜空气把整个房间的有害物浓度冲淡到最高允许浓度以下（或改变房间内的温度、湿度）。全面通风所需的风量大大超过局部通风，相应的设备较庞大。全面通风分为全面送风、全面排风和进风与排风都有的联合通风三大类。

B. 全面机械进风系统由进风百叶窗、过滤器、空气加热器（冷却器）、通风机、送风管道和送风口等组成；全面机械排风系统由排风口、排风管道、空气净化设备、风机等组成；联合通风，是指机械通风和自然通风相结合的通风方式。

3) 防排烟系统

消防防排烟系统由防烟系统、排烟系统、补风系统、储烟仓及挡烟垂壁设施组成。

① 防烟系统：分为自然通风或机械加压送风的方式。自然通风指通过自然通风方式，防止火灾烟气在楼梯间、前室、避难层（间）等空间内积聚。机械加压送风指通过采用机械加压送风方式形成压差，阻止火灾烟气侵入楼梯间、前室、避难层（间）等空间的系统。其另可分为直灌式无送风井道、有风井或风道机械加压送风（采用风机直接对楼梯间进行机械加压的送风）。

② 排烟系统：分为自然排烟、机械排烟方式。自然排烟是利用火灾热烟气流的浮力和外部风压作用，通过建筑开口将建筑内的烟气直接排至室外的，或通过自然排烟窗（口）具有排烟作用的可开启外窗或开口，可通过自动、手动、温控释放等方式开启排烟。机械排烟是用风机将房间、走道等空间，把火灾产生烟气直接排至建筑物外。

③ 补风系统：分为自然补风或机械补风的方式。自然补风是指建筑地上部分的机械排烟的走道、小于 $500m^2$ 的房间，由于这些场所的面积较小，排烟量也较小，可以利用建筑的各种缝隙，进行自然补风，满足排烟系统所需的进风量。机械补风是根据空气流动的原理，必须要有补风才能排出烟气。当排烟系统排烟时，应同步进行机械补风，机械补风的主要目的是形成理想的气流组织，迅速排除烟气，有利于人员的安全疏散和消防人员的进入。补风系统应直接从室外引入空气，且补风量不应小于系统排烟量的50%。

④ 储烟仓及挡烟垂壁设施：储烟仓位于建筑空间顶部，是由挡烟垂壁、梁或隔墙等形成的用于蓄积火灾烟气的空间（储烟仓高度即设计烟层厚度）。挡烟垂壁应用不燃材料制成，分为固定式和活动式柔性挡烟垂壁，直接安装在建筑顶棚、梁或吊顶下，能在火灾时形成一定的蓄烟空间，用机械排烟风机快速排除防火与防烟分区上部的烟气。

（2）空气调节系统的分类与应用

1）按照使用目的分类

① 舒适空调：要求温度适宜，环境舒适，对温湿度的调节精度无严格要求，用于住房、办公室、影剧院、商场、体育馆、汽车、船舶及飞机等。

② 工艺性空调，分为恒温恒湿空调、净化空调、机房精密空调等系统，根据工艺需要对室内空气温度、湿度、洁净度、压差值和精度允许波动范围均有严格要求，并考虑必要的卫生条件，能自动控制运行的空调系统。其用于博物馆、档案馆、计量室、电子仪器和医药生产车间、医用手术室、生物实验室、数据中心、计算机房等场所。

③ 恒温恒湿空调：对室内空气的温、湿度和精度控制有严格要求，能自动控制温、湿度。

④ 净化空调系统：可分为集中式净化空调系统和分散式净化空调系统。其不仅对空气温、湿度提出一定要求，而且对空气中所含尘粒的大小和数量也有严格要求。

A. 厂房净化空调系统的型式应根据洁净厂房的规模、空气洁净度等级和产品生产工艺特点确定。洁净室（区）面积较小或只有局部要求净化时，宜采用分散式净化空调系统。

B. 手术室、负压生化实验室采用空气净化技术，可将洁净区环境空气中的微生物粒子及微粒总量自动降到允许标准控制值内，并对手术室或实验室的温度、湿度及压差等参数进行自动控制、监视。

⑤ 机房精密空调：是针对现代电子设备机房设计的专用空调，IT 硬件不间断运行，会产生连续的集中热负荷，而其可将环境的温度、湿度等参数精确控制在特定范围，并具有高可靠性，保证数据等机房空调系统能终年连续运行。

2）按照空气处理方式分类

① 集中式（中央）空调：空气处理设备集中在中央空调室里，处理过的空气通过风管送至各房间的空调系统。其适用于面积大、房间集中及各房间热湿负荷比较接近的场所选用，如宾馆、办公楼、船舶及工厂等。系统维修管理方便，设备的消声隔振比较容易解

决。例如：组合式空调系统，VAV变风量空调系统，恒温恒湿空调系统。

② 半集中式空调：既有中央空调又有处理空气的末端装置的空调系统。这种系统比较复杂，可以达到较高的调节精度。适用于对空气精度有较高要求的车间和实验室等。例如：风机盘管与新风系统，多联机与热回收新风系统，诱导器系统等。

③ 局部式空调：每个房间都有各自的设备处理空气的空调。空调器可直接装在房间里或装在邻近房间里，就地处理空气。适用于面积小、房间分散和热湿负荷相差大的场合，如办公室、机房及家庭等。其设备可以是单台独立式空调机组，如窗式、分体式空调器等，也可以是由管道集中给冷热水的风机盘管式空调器组成的系统，各房间按需要调节本室的温度。例如：单元式空调器、VRF空调机、多联机系统等。

3) 按照制冷量分类

① 大型空调机组：如卧式组装淋水式，表冷式空调机组，应用于大车间、电影院等。

② 中型空调机组：如冷水机组和柜式空调机等，应用于小车间、机房、会场等。

③ 小型空调机组：如窗式、分体式空调器，用于办公室、家庭及招待所等。

4) 按新风量分类

① 直流式系统：空调器处理的空气为全新风，送到各房间进行热湿交换后全部排放到室外，没有回风管。这种系统卫生条件好，能耗大，经济性差，用于有有害气体产生的车间、实验室等。

② 闭式系统：空调系统处理的空气全部再循环，不补充新风的系统。系统能耗小，卫生条件差，需要对空气中氧气再生和备有二氧化碳吸收装置。如用于地下建筑及潜艇的空调等。

③ 混合式系统：空调器处理的空气由回风和新风混合而成。它兼有直流式和闭式的优点，应用比较普遍，如宾馆、剧场等场所的空调系统。

5) 按送风速度分类

① 高速系统：主风道风速20～30m/s。

② 低速系统：主风道风速12m/s以下。

6) 按系统工作压力分类

风管系统按其工作压力划分为微压、低压、中压与高压四个类别

① 微压系统 P（Pa）：管内正压 $P\leqslant 125$、管内负压 $P\geqslant -125$。

② 低压系统 P（Pa）：管内正压 $125<P\leqslant 500$、管内负压 $-500\leqslant P<-125$。

③ 中压系统 P（Pa）：管内正压 $500<P\leqslant 1500$、管内负压 $-1000\leqslant P<-500$。

④ 高压系统 P（Pa）：管内正压 $1500<P\leqslant 2500$、管内负压 $-2000\leqslant P<-1000$。

(3) 通风与空调系统常用器材的选用

1) 通风与空调系统风管材料的选择从材质消声、节能、环保、重量轻、防火性能等方面以及工程投资的各方参数进行考虑。

2) 洁净度要求高的风管（如医院手术室的风管）可选择不锈钢薄板制作。

3) 对输送风的清洁卫生防火要求高、风管质量小、减少建筑物荷载、减小安装空间、不燃或高阻燃满足消防规定和无噪声提供舒适环境等指标需要的风管。可选用复合板风管，如聚氨酯铝箔风管彩钢板复合防火风管等。

4) 各种柔性软接件要选择耐火、耐酸、耐碱、耐霉变腐蚀的材料制成。

5）空调机、风机等设备在选型时，应充分评估设备的噪声与振动对环境的影响，选用高效率低噪声或变频调速的产品，以提高设备的工作效率，实现节能运行管理。风机的性能应符合消防、节能、环保有关国家标准和消防专项验收的要求。

5. 自动喷水灭火系统的分类、应用及常用器材的选择

（1）自动喷水灭火系统的分类与应用

目前国内外采用自动喷水灭火系统的类型较多。根据洒水喷头开、闭状态，可分为开式系统、闭式系统、雨淋系统和水幕系统。闭式系统又分为湿式系统、干式系统、预作用系统和重复启闭预作用系统。其中使用最多的是湿式灭火系统，占70%。下面简单介绍一下以上几种类型灭火系统的特性及使用范围。

1）湿式自动喷水灭火系统。该系统由湿式报警阀、闭式喷头和管网组成。在报警阀的上下管道中，经常充满有压水。湿式喷水灭火系统必须安装在全年不结冰及不会出现过热危险的房间（温度不低于4℃和不高于70℃的场所），该系统的灭火成功率比其他灭火系统高。湿式系统应用最为广泛，因此，本教材主要讲述湿式系统。

2）干式自动喷水灭火系统。该系统由干式报警阀、闭式喷头、管道和充气设备组成。在报警阀的上部管道中充装有压气体。该系统适用于安装在有冰冻危险和由于过热致使管道中的水可能汽化的房间内（温度低于4℃或高于70℃的场所）。对于存有可燃物或燃烧速度比较快的建筑物，不宜采用该灭火系统。

3）预作用喷水灭火系统。该系统是由火灾探测系统和管网中充装有压或无压气体的闭式喷头组成的喷水灭火系统（管道内平时无水）。该系统在报警系统报警后（喷头还未开启）管道就充水，等喷头开启时已成湿式系统，不影响喷头开启后及时喷水。该系统一般用于不允许出现水渍的重要建筑物内。如宾馆、重要档案、资料、图书及珍贵文物贮藏室。

4）雨淋灭火系统。该系统由火灾探测系统和管道平时不充水的开式喷头喷水灭火系统等组成。一般安装在发生火灾时火势猛、蔓延速度快的场所，如工业建筑、礼花厂、舞台等可燃物较多的场所。

5）水幕系统。该系统由水幕喷头、管道和控制阀组成。这种系统宜与防火带、防火卷帘配合使用。起阻止火势蔓延的隔断作用；也可以单独安装使用，保护建筑物的门、窗、洞、口等部位。

6）自动喷水灭火系统特点

实践证明，自动喷水灭火系统与其他形式的灭火系统相比有许多优点：

① 随时警惕火灾，安全可靠，是体现"预防为主、防消结合"方针的最好措施。

② 水利用率高，水渍损失少。

③ 协调建筑工业化、现代化与建筑防火某些要求之间的矛盾。

④ 使建筑设计具有更大的自由度和灵活性。

⑤ 有利于人员和物资的疏散。

⑥ 经济效益高。

（2）自动喷水灭火系统常用器材的选用

自动喷水灭火系统属于消防工程，其器材选用必须符合有关法律、法规的规定，主要

有以下三点：
1) 消防专用器材必须是经过强制质量认证的合格产品。产品应有检测合格证明和标识。
2) 消防工程通用器材应符合国家制造技术标准或行业制造技术标准。
3) 不得使用国家明令淘汰的产品或器材。

6. 智能化工程系统的分类及常用器材的选用

（1）智能化工程系统的分类

整个建筑智能化工程，由各个不同功能系统和共同的能源供给系统以及工程的保护系统等所组成。

1) 建筑设备自动监控系统（BAS）

① BAS 是对建筑群或建筑物内的空调与通风、变配电、照明、给水排水、热源及热交换、制冷及冷交换、电梯和自动扶梯等建筑设备的运行实施集中监视、控制和管理的综合系统。

② 系统监控的目的是使被控对象运行安全可靠、经济有效、实现优化运行。

③ 系统由计算机、现场控制器（直接数字控制器 DDC）、电量（电压、电流、频率和功率）传感器、非电量（温度、压力、液位、湿度、位移、转速、流量和风速等）传感器、执行器（电磁阀、电动调节阀、电动机构等）以及相关的信号和控制管线组成。

2) 信息设施系统

① 信息设施系统应具有对建筑内外相关的语音、数据、图像和多媒体等形式的信息予以接受、交换、传输、处理、存储、检索和显示等功能。

② 该系统应融合信息化所需的各类信息设施，并为建筑的使用者及管理者提供信息化应用的基础条件。

③ 该系统包括以下几个子系统：

A. 信息接入系统，是由外部信息引入建筑物并与建筑物内的信息设施系统进行信息关联和对接的电子信息系统。

B. 综合布线系统，是由能够支持智能化系统的信息电子设备相连的各种缆线、跳线、接插、软线和连接器件组成的系统，并对建筑物内信息传输系统以集约化方式整合为统一及融合的共享信息传输的物理层。

C. 移动通信室内信号覆盖系统，是由移动通信信号的接受、发射及传输等设施组成的移动通信基站的室内设置形式的电子系统。

D. 卫星通信系统，是以卫星作为中继站转发微波信号在多个地面站之间通信，实现对地面完整覆盖的微波通信系统。

E. 用户电话交换系统，是供用户在自建专用通信网和建筑内通信业务中使用，并与公网连接的用户电话交换系统。

F. 无线对讲系统，是独立的以放射式的双频双向自动交互方式通信的系统，克服因使用通信范围或建筑结构等因素引起的通信信号无法覆盖盲区，确保畅通的对讲通信功能。

G. 信息网络系统，是通过通信介质，由操作者、计算机及其他外围设备等组成且实现信息收集、传递、存贮、加工、维护和使用的系统。

H. 有线电视及卫星电视接收系统，是由外部有线电视信息引入建筑物，用射频电缆、光缆、多路微波或其组合实现建筑物内传输、分配和交换声音、图像及数据信号的电视系统，前端信号按需要可包括卫星电视信息前端接收装置。

I. 公共广播系统，是为公共广播覆盖区服务的集公共广播设备、设施及公共广播覆盖区的声学环境所形成的电子系统。

J. 会议系统，是集音视频、通信、控制、多媒体等技术的整合实现会议应用功能的电子系统。

K. 信息导引及发布系统，是应用网络实现远程多点分布式信息播放和集中管理控制的系统。

L. 时钟系统，是应用网络实现同一范围内智能化系统纳入统一基准时间的电子系统。

3）信息化应用系统

① 系统包括公共服务、智能卡应用、物业管理、信息设施运行管理、信息安全管理、通用业务和专业业务等信息化应用系统。

② 系统应满足建筑物运行和管理的信息化要求，并为建筑业务运行提供支撑和保障。

4）公共安全系统

① 公共安全系统包括火灾自动报警系统、安全技术防范系统和应急响应系统等。

② 火灾自动报警系统是火灾探测报警与消防联动控制系统的统称，是以实现火灾早期探测和报警，以及向各类消防设备发出控制信号并接收设备反馈信号，进而实现预定消防功能为基本任务的一种自动消防设施。火灾自动报警系统根据保护对象及设立的消防安全目标不同分区域报警系统、集中报警系统、控制中心报警系统三类。

A. 区域报警系统由火灾探测器、手动火灾报警按钮、火灾声光警报器、火灾报警控制器等组成，系统中可包括消防控制室图形显示装置和指示楼层的区域显示器。

B. 集中报警系统由火灾探测器、手动火灾报警按钮、火灾声光警报器、消防应急广播、消防专用电话、消防控制室图形显示装置、火灾报警控制器、消防联动控制器等组成。

C. 控制中心报警系统由火灾探测器、手动火灾报警按钮、火灾声光警报器、消防应急广播、消防专用电话、消防控制室图形显示装置、火灾报警控制器、消防联动控制器等组成，且包含两个及以上集中报警系统。

③ 安全技术防范系统是依据防护对象的防护等级、安全防范管理等要求，以建筑物自身物理防护为基础，运用电子信息技术、信息网络技术和安全防范技术等进行构建的防范体系。其主要包括以下几个子系统：

A. 安全防范综合管理（平台）系统，是在统一的平台上对各子系统进行集中监控，综合利用各子系统产生的信息，并根据这些信息的变化情况让各子系统作出相应的协调动作，实现信息交换、提取、处理和共享的系统。

B. 入侵和紧急报警系统，是应用传感技术和电子信息技术探测并指示非法进入或试图非法进入设防区域的行为、处理报警信息、发出报警信息的电子系统。

C. 视频安防监控系统，是应用视频探测技术监视设防区域并实时显示、记录现场图像的电子系统。

D. 出入口控制系统，是应用自定义符识别或/和模式识别技术对出入口目标进行识别并控制出入口执行机构启闭的电子系统。

E. 电子巡查系统，是对保安巡查人员的巡查路线、方式及过程进行管理和控制的电子系统。

F. 楼宇对讲系统，是应用网络实现建筑内用户与外部来访者间互为通话和互为可视功能的电子系统。

G. 停车库（场）管理系统，是对车库（场）的车辆通行道口实施出入控制、监视、行车信号指示、停车计费及汽车防盗报警等综合管理的电子系统。

④ 应急响应系统，为应对各类突发公共安全事件，提高应急响应速度和决策指挥能力，有效预防、控制和消除突发公共安全事件的危害，具有应急技术体系和响应处置功能的应急保障机制或履行协调指挥职能的系统；是以火灾自动报警系统、安全技术防范系统为基础，是数字化、网络化、智能化的软硬件一体化的应急联动系统。

5) 智能化集成系统

① 系统应包括智能化信息集成（平台）系统与集成信息应用系统。

② 智能化信息集成（平台）系统包括操作系统、数据库、集成系统平台应用程序、各纳入集成管理的智能化设施系统与集成互为关联的各类信息通信接口等。

③ 集成信息应用系统由通用业务基础功能模块和专业业务运营功能模块等组成。

6) 机房工程

① 智能化系统机房包括信息接入机房、有线电视前端机房、信息设施系统总配线机房、智能化总控室、信息网络机房、用户电话交换机房、消防控制室、安防监控中心、应急响应中心和智能化设备间（弱电间、电信间）等，并可根据工程具体情况独立配置或组合配置。

② 机房工程应包括机房的结构与装修、通风和空气调节系统、供配电系统（含UPS）、照明系统、接地及防静电泄放装置、安全系统等。

（2）智能化工程常用器材的选用

1) 智能化工程的线缆及其保护结构（导管、槽盒等）的选用与建筑电气工程一致，只因智能化工程的电信号微弱，有抗干扰要求，所以有些线缆要有屏蔽功能。

2) 智能化工程与其他建筑设备间有信号交换，即两者有线缆连接，连接处称为接口，要求两者接口器件都应采用标准化的器件。

3) 智能化工程选用的设备、器件要有利于软件的升级，方便维修更新。

4) 智能化工程的用户个性化需求较强，对选用的器材均需征得用户的同意，如能得到书面确认是最佳的方式。

7. 焊接方法分类及常用器材的选用

（1）焊接方法的分类及应用

随着建筑施工技术手段的不断完善，焊接作为一项常用技术广泛应用于建筑施工中。

焊接是通过加热、加压，或两者并用，或者不用焊材，使两工件产生原子间相互扩散，形成冶金结合的加工工艺和连接方式。焊接应用非常广泛，既可用于金属，也可用于非金属。

1）焊接方法通常根据热源的性质、形成接头的状态及是否采用加压来划分，分为熔化焊、压焊、钎焊等。熔化焊是将焊件接头加热至熔化状态，不加压力完成焊接的方法，其包括气焊、电弧焊、埋弧焊、激光焊、电子束焊、等离子弧焊、堆焊和铝热焊等。压焊是通过对焊件施加压力（加热或不加热）来完成焊接的方法，包括爆炸焊、冷压焊、摩擦焊、扩散焊、超声波焊、高频焊和电阻焊等。钎焊是采用比母材熔点低的金属材料作钎料，在加热温度高于钎料低于母材熔点的情况下，利用液态钎料润湿母材，填充接头间隙，并与母材相互扩散实现连接焊件的方法，包括硬钎焊、软钎焊等。

热塑性塑料的焊接方法可分为：采用外加热源方式（加热工具）软化的焊接技术（热板焊接、热风焊接、热棒和脉冲焊接）、采用机械运动方式软化的焊接技术（摩擦焊接、超声波焊接）、采用电磁作用软化的焊接技术（高频焊接、红外线焊接、激光焊接）等。

2）建筑安装中常用的金属焊接方法有焊条电弧焊、埋弧焊、气焊等，塑料焊接采用加热工具焊接，如常见的聚乙烯（PE）燃气管道焊接施工通常使用热熔焊机和电熔焊机。

3）焊条电弧焊是焊接施工中应用最广泛的焊接方法，其原理是利用电弧放电（俗称电弧燃烧）所产生的热量将焊条与工件互相熔化并在冷凝后形成焊缝，从而获得牢固接头的焊接过程。

4）埋弧焊（含埋弧堆焊及电渣堆焊等）是一种电弧在焊剂层下燃烧进行焊接的方法。

埋弧焊的焊接质量稳定、焊接生产率高、无弧光且烟尘很少，是重要钢结构制作中的主要焊接方法。埋弧焊的焊剂应与所焊工件材质和焊丝相匹配，具有适当的导电率，以达到要求的焊接性能。

5）气焊是利用可燃气体与助燃气体混合燃烧生成的火焰为热源，熔化焊件和焊接材料使之达到原子间结合的一种焊接方法。助燃气体主要为氧气，可燃气体主要采用乙炔、液化石油气等。常见有氧—乙炔气焊等。

6）利用加热工具，如热板、热带或烙铁对被焊接的两个塑料表面直接加热，直到其表面具有足够的熔融层，而后移开加热工具，并立即将两个表面压紧，直至熔融部分冷却硬化，使两个塑件彼此连接，这种加工方法称为加热工具焊接。它适用于焊接有机玻璃、硬聚氯乙烯、软聚氯乙烯、高密度聚乙烯、聚四氟乙烯以及聚碳酸酯、聚丙烯、低密度聚乙烯等塑料制品。

（2）常用焊接器材的选用

1）电焊机的选用

① 建筑安装工程中常用的电弧焊机按焊接电源分类有交流焊机和直流焊机两类。交流焊机又称弧焊变压器，具有结构简单、易造易修、成本低、磁偏吹小、空载损耗小、效率较高等特点，但电弧稳定性较差，一般应用于普通构件的焊接，采用酸性焊条施焊。常用交流焊机有BX3系列产品等。

② 直流焊机电弧稳定性较好，但结构相对复杂、空载损耗较大、价格较高，易发生磁偏吹现象，适用于较重要结构的焊接，采用碱性焊条施焊。常用整流式直流焊机有ZX5系列等。

③ 逆变焊机具有高效节能、体积小、功率因数高、焊接性能好等优点，适合普及应用。逆变焊机有ZX7系列产品等。

2）常用手工电弧焊机的选择原则

① 根据所用焊条的种类选用焊机

酸性焊条一般用于焊接低碳钢和不太重要的钢结构，应选用结构简单且价格较低的交流焊机；碱性熔渣的脱氧较完全，又能有效地消除焊缝金属中的硫，合金元素烧损少，所以焊缝金属的机械性能和抗裂性均较好，用于合金钢、有色金属和压力容器、压力管道、锅炉等重要部件以及结构复杂、刚性大的焊件时，应选用直流焊机，保证电弧稳定燃烧。

② 根据焊接产品所需要的焊接电流范围和实际负载持续率来选择焊机的额定焊接电流。

选用焊机时，应注意使焊机铭牌上所标注的额定电流值要大于焊接过程中的焊接电流值，否则容易损坏焊机。

③ 根据焊接现场工作条件和节能要求来选择焊机

如现场移动性大，则应采用重量较轻、较灵活的焊机。如野外无电源，则应选用汽油机或柴油机拖动的弧焊发电机。对于要求较高的焊接工作，尽可能选用逆变焊机，以获得满意的焊接质量，同时达到高效节能的目的。

（3）焊接材料的储存保管要求

常用焊接材料分为焊条、焊丝、焊剂等。

1）焊材库内可根据需要划分为"待检""合格""不合格"等区域，各区域要有明显的标记。焊材入库前，应首先检查质量证明书和标志齐全，验收合格的焊材应进行入库登记。其中包括：焊材的名称、型号（或牌号）、规格、批号或炉号、数量（或重量）、生产日期、入库日期、有效期、生产厂（供应商）等。焊材入库后即应建立相应的台账。

2）焊材应加以妥善保管。焊材的储存场所应保持适宜的温度及湿度，室内应保持干燥、清洁，不得存放有害介质。焊材应按种类、牌号、批次、规格、入库时间等分类堆放。每垛应有明确标注，避免混放。存储时，应离地面高 300mm、离墙壁 300mm 以上存放，以免受潮。

（4）焊接施工的注意事项

1）对于焊接施工中遇到的新材料，应先进行焊接工艺评定。焊接技术人员应根据焊接工艺评定报告和实际焊接条件，编制焊接作业指导书和焊接工艺卡，焊工应按照其规定进行焊接作业。

2）焊接作业环境应满足要求：焊接作业区风速：手工电弧焊超过 8m/s、气体保护电弧焊及药芯焊丝电弧焊超过 2m/s 时，应设防风棚或采取其他防风措施。

3）焊接坡口应按规定加工。为预防焊接变形，可采取合理的装配工艺参数，如：反变形、刚性固定、预留焊缝的收缩余量、选择合理的装配顺序等。

4）焊接施工属于动火作业，施焊前应履行申请审批手续。清理施焊现场 10m 内的易燃易爆物品，施工现场周围及下方采取相应的防火措施。

5）焊接设备及线路由专业人员维护检修，使之处于完好状态。焊机应远离易燃易爆物品；焊机应与安装环境条件相适应；焊机应通风良好，避免受潮，并能防止异物进入。焊机外壳应可靠接地。电源电压应与焊机额定电压相符合；工作电流不得超过相应暂载率下的许用电流。

6）多台焊机应尽量均匀地分接于三相电源，尽量保持三相平衡。焊机应经端子排接线；接线应正确，避免产生有害的环流。每台电焊机必须有各自专用的开关箱，严禁用同一个开关箱直接控制1台及1台以上用电设备（含插座）。更换作业场所或工作完毕后应切断电源。

7）焊机的一、二次电源线均应采用铜心橡皮电缆（橡皮套软线）。焊机的一次电源线，长度一般不宜超过2~3m，当有临时任务需要较长的电源线时，应沿墙或立柱用瓷瓶隔离布设，其高度必须距地面2.5m以上，不允许将电源线拖在地面上。二次线不大于30m。电焊机导线应有良好的绝缘性能，当导线绝缘层受损或断股时，应立即更换。设备导线和地线不得搭在易燃、易爆及热源上，地线不得接在管道、设备和建筑物金属构架或轨道上。

8）焊机一、二次线圈绝缘电阻合格。

9）移动焊机时必须在停电后进行；调节焊接电流时，应在空载下进行。

10）在电击危险性大的环境作业，焊机二次侧宜装设熄弧自动断电装置。

11）焊工在弧焊作业时应穿戴绝缘鞋、手套、工作服、面罩等防护用品。焊接工具及配件携带牢靠，防止掉落伤人。在金属设备中工作时，还应戴上头盔、护肘等防护用品，设备上能打开的盖子、人孔、料孔等全部打开，保持通风良好，必要时采用局部抽风。

12）与施工相关的工艺管线、下水系统等，必须采取有效的隔离措施。接触过易燃易爆或危险化学品的管道、容器等，必须经过彻底清洗，检测合格后方可施焊。有可燃保温材料的部位，不得施焊。

13）在危险性较大的场所施工，必须设专人监护，并准备相应的灭火器材。

八、工程预算的基本知识

本章对工程量计算规则和工程造价计价方法作出介绍，供学习者在实际工作中应用。

（一）工程量计算

本节对房屋建筑面积计算和建筑设备工程量计算的规则作出介绍，供学习者在实际工作中应用。

1. 建筑面积计算

（1）应计算建筑面积的范围

1）建筑物的建筑面积应按自然层外墙结构外围水平面积之和计算。结构层高在 2.20m 及以上的，应计算全面积；结构层高在 2.20m 以下的，应计算 1/2 面积。

2）建筑物内设有局部楼层时，对于局部楼层的二层及以上楼层，有围护结构的应按其围护结构外围水平面积计算，无围护结构的应按其结构底板水平面积计算。结构层高在 2.20m 及以上的，应计算全面积；结构层高在 2.20m 以下的，应计算 1/2 面积。

3）形成建筑空间的坡屋顶，结构净高在 2.10m 及以上的部位应计算全面积；结构净高在 1.20m 及以上至 2.10m 以下的部位应计算 1/2 面积；结构净高在 1.20m 以下的部位不应计算建筑面积。

4）场馆看台下的建筑空间，结构净高在 2.10m 及以上的部位应计算全面积；结构净高在 1.20m 及以上至 2.10m 以下的部位应计算 1/2 面积；结构净高在 1.20m 以下的部位不应计算建筑面积。室内单独设置的有围护设施的悬挑看台，应按看台结构底板水平投影面积计算建筑面积。有顶盖无围护结构的场馆看台应按其顶盖水平投影面积的 1/2 计算面积。

5）地下室、半地下室应按其结构外围水平面积计算。结构层高在 2.20m 及以上的，应计算全面积；结构层高在 2.20m 以下的，应计算 1/2 面积。

6）出入口外墙外侧坡道有顶盖的部位，应按其外墙结构外围水平面积的 1/2 计算面积。

7）建筑物架空层及坡地建筑物吊脚架空层，应按其顶板水平投影计算建筑面积。结构层高在 2.20m 及以上的，应计算全面积；结构层高在 2.20m 以下的，应计算 1/2 面积。

8）建筑物的门厅、大厅按一层计算建筑面积。门厅、大厅内设置的走廊应按其结构底板水平投影面积计算建筑面积。结构层高在 2.20m 及以上的，应计算全面积；结构层高在 2.20m 以下的，应计算 1/2 面积。

9）建筑物间的架空走廊，有顶盖和围护结构的，应按其围护结构外围水平面积计算全面积；无围护结构、有围护设施的，应按其结构底板水平投影面积计算 1/2 面积。

10）立体书库、立体仓库、立体车库，有围护结构的，应按其围护结构外围水平面积计算建筑面积；无围护结构、有围护设施的，应按其结构底板水平投影面积计算建筑面积。无结构层的应按一层计算，有结构层的应按其结构层面积分别计算。结构层高在2.20m及以上的，应计算全面积；结构层高在2.20m以下的，应计算1/2面积。

11）有围护结构的舞台灯光控制室，应按其围护结构外围水平面积计算。结构层高在2.20m及以上的，应计算全面积；结构层高在2.20m以下的，应计算1/2面积。

12）附属在建筑物外墙的落地橱窗，应按其围护结构外围水平面积计算。结构层高在2.20m及以上的，应计算全面积；结构层高在2.20m以下的，应计算1/2面积。

13）窗台与室内楼地面高差在0.45m以下且结构净高在2.1m及以上的凸（飘）窗，应按其围护结构外围水平面积计算1/2面积。

14）有围护设施的室外走廊（挑廊），应按其结构底板水平投影面积计算1/2面积；有围护设施（或柱）的檐廊，应按其围护设施（或柱）外围水平面积计算1/2面积。

15）门斗应按其围护结构外围水平面积计算建筑面积。结构层高在2.20m及以上的，应计算全面积；结构层高在2.20m以下的，应计算1/2面积。

16）门廊应按其顶板水平投影面积的1/2计算建筑面积；有柱雨蓬应按其结构板水平投影面积的1/2计算建筑面积；无柱雨蓬的结构外边线至外墙结构外边线的宽度在2.10m及以上的，应按雨蓬结构板的水平投影面积的1/2计算建筑面积。

17）设在建筑物顶部的、有围护结构的楼梯间、水箱间、电梯机房等，结构层高在2.20m及以上的，应计算全面积；结构层高在2.20m以下的，应计算1/2面积。

18）围护结构不垂直于水平面的楼层，应按其底板面的外墙外围水平面积计算。结构净高在2.10m及以上的部位，应计算全面积；结构净高在1.20m及以上至2.10m以下的部位应计算1/2面积；结构净高在1.20m以下的部位，不应计算建筑面积。

19）建筑物的室内楼梯、电梯井、提物井、管道井、通风排气竖井、烟道，应并入建筑物的自然层计算建筑面积。有顶盖的采光井应按一层计算建筑面积，结构层高在2.10m及以上的，应计算全面积；结构层高在2.10m以下的，应计算1/2面积。

20）室外楼梯应并入所附建筑物自然层，并应按其水平投影面积的1/2计算建筑面积。

21）在主体结构内的阳台，应按其结构外围水平面积计算全面积；在主体结构外的阳台，应按其结构底板水平投影面积计算1/2面积。

22）有顶盖无围护结构的车棚、货棚、站台、加油站、收费站等，应按其顶盖水平投影面积的1/2计算建筑面积。

23）以幕墙作为围护结构的建筑物，应按幕墙外边线计算建筑面积。

24）建筑物的外墙外保温层，应按其保温材料的水平截面面积计算，并计入自然层建筑面积。

25）与室内相通的变形缝，应按其自然层合并在建筑物建筑面积内计算。对于高低联跨的建筑物，当高低跨内部连通时，其变形缝应计算在低跨面积内。

26）对于建筑物内的设备层、管道层、避难层等有结构的楼层，结构层高在2.20m及以上的，应计算全面积；结构层高在2.20m以下的，应计算1/2面积。

（2）下列项目不应计算建筑面积

1）与建筑物内不相连通的建筑部件；

2）骑楼、过街楼底层的开放公共空间和建筑物通道；

3）舞台及后台悬挂幕布和布景的天桥、挑台等；

4）露台、露天游泳池、花架、屋顶的水箱及装饰性结构构件；

5）建筑物内的操作平台、上料平台、安装箱和罐体的平台；

6）勒脚、附墙柱、垛、台阶、墙面抹灰、装饰面、镶贴块料面层、装饰性幕墙，主体结构外的空调室外机搁板（箱）、构件、配件，挑出宽度在 2.10m 以下的无柱雨篷和顶盖高度达到或超过两个楼层的无柱雨篷；

7）窗台与室内地面高差在 0.45m 以下且结构净高在 2.10m 以下的凸（飘）窗，窗台与室内地面高差在 0.45m 及以上的凸（飘）窗；

8）室外爬梯、室外专用消防钢楼梯；

9）无围护结构的观光电梯；

10）建筑物以外的地下人防通道，独立的烟囱、烟道、地沟、油（水）罐、气柜、水塔、贮油（水）池、贮仓、栈桥等构筑物。

2. 建筑设备安装工程的工程量计算

（1）工程量的单位

1）成套设备，如风机、水泵、配电柜等以"台"为计量单位。

2）各类电梯，以"部"为计量单位。

3）各类箱式配电所以"套"为计量单位。组合型成套箱式变电站以"台"为计量单位。

4）撬块设备以"套"为计量单位。

5）以体积计量的单位为"立方米（m^3）"。

6）以面积计量的单位为"平方米（m^2）"。

7）以长度计量的单位为"米（m）"，架空线路计量单位为"千米（km）"，电杆组立的单位为"根（基）"。

8）各类支架制作安装以重量计量单位为"吨（t）"。但各类管线安装固定用小型支架制作安装以重量计量单位为"公斤（kg）"。

9）灯具、开关、插座计量单位为"套"。

10）阀门计量单位为个，水表、疏水器、减压阀组合件计量单位为"组"。

11）燃气表计量单位为"块（台）"。

12）卫生洁具计量单位为"组"或"套"。

13）光纤连接计量位为"芯"。综合布线的跳线计量单位为"条"。

14）管线、电缆计量单为"米（m）"。

（2）主要的计量规则

1）成套设备、阀门、组件等依图示明确清点。

2）调试试验的电气信号回路以电路图的示意进行点检查明。

3）钢架结构件的重量以零件图计量型钢钢板的重量，总重要计入焊缝的重量。

4）其他的计量规则基本规定

① 电气工程量计量规则的基本规定：

A. 配管敷设根据配管材质与直径，区别敷设位置、敷设方式，按照设计图示安装数量以"米（m）"为计量单位。计算长度时，不扣除管路中间的接线箱、接线盒、灯头盒、开关盒、插座盒、管件等所占长度。

B. 管内穿线的工程量根据导线材质与截面面积，区别照明线与动力线，按照设计图示安装数量以"米（m）"为计量单位；管内穿多芯软导线根据软导线芯数与单芯软导线截面面积，按照设计图示安装数量以"米（m）"为计量单位。

C. 塑料护套线明敷设根据导线芯数与单芯导线截面面积，区别导线敷设位置（木结构、砖混凝土结构、沿钢索），按照设计图示安装数量以"米（m）"为计量单位。

D. 普通灯具安装的工程量，应区别灯具的种类、型号、规格以"套"为计量单位。

E. 组合荧光灯带安装的工程量，应根据灯管数量，按照设计图示灯带安装数量，以"米（m）"为计量单位。

F. 立体广告灯箱、天棚荧光灯带的工程量，按照设计图示安装数量以"米（m）"为计量单位。

G. 开关、按钮安装的工程量，应区别开关、按钮安装形式，开关、按钮种类，开关极数以及单控与双控，以"套"为计量单位。

H. 插座安装的工程量，应区别电源相数、额定电流、插座安装形式、插座插孔个数以"套"为计量单位。

② 给水排水工程量计算规则的基本规定

A. 各类管道安装工程量均按设计管道中心线长度以"米（m）"为计量单位，不扣除阀门、管件、附件（包括器具组成）及井类所占长度。

B. 管道支架制作安装以"千克（kg）"为计算单位。

C. 各种阀门、补偿器、软接头、水锤消除器安装，均按照不同连接方式、公称直径以"个"为计量单位。

D. 减压器、疏水器、水表、倒流防止器、热量表成组安装，按照不同组成结构、连接方式、公称直径以"组"为计量单位。减压器安装按高压侧的直径计算。

E. 各种卫生器具均按设计图示数量计算，以"组"或"套"为计量单位。

F. 电热水器、电开水炉安装以"台"为计量单位。

③ 通风空调工程工程量计算规则的基本规定

A. 风管制作安装以设计图示内径尺寸按展开面积计算，以"平方米（m²）"为计量单位不扣除检查孔、测定孔、送风口、吸风口等所占面积。

$$圆形风管 F = \pi \times D \times L \tag{8-1}$$

式中：F——圆风管展开面积；
　　　D——圆风管截面直径；
　　　L——管道中心线长度。

矩形风管按图示内周长乘以管道中心长度计算。

B. 风管长度一律以施工图示中心线长度为准（主管与支管以其中心线交点划分），包括弯头、变径管、天圆地方等管件长度，但不得包括部件所占长度。

C. 弯头导流叶片制作、安装按设计图示叶片面积计算，以"平方米（m²）"为计量单位。

D. 整体式空调机组安装，空调器按不同制冷量和安装方式以"台"为计量单位。

E. 风机盘管安装按安装方式不同以"台"为计量单位。

5) 必须注意，目前建设工程量清单计价规范与全统定额同时存在，其有关工程量计算规则的解释对同一个工程名称有可能存在差异，因而先要分清楚，另外规范和标准是在随时间更迭的，要注意采用最新的版本。

（二）工程造价计价

本节对工程造价构成，工程造价的定额计价基本知识和工程造价的工程量清单计价基本知识作出介绍，供学习者在工作中参考应用。

1. 工程造价的构成（按费用构成要素划分）

建筑安装工程费按照费用构成要素划分：由人工费、材料（包含工程设备，下同）费、施工机具使用费、企业管理费、利润、规费和税金组成。其中人工费、材料费、施工机具使用费、企业管理费和利润包含在分部分项工程费、措施项目费、其他项目费中（如图8-1所示）。

（1）人工费：是指按工资总额构成规定，支付给从事建筑安装工程施工的生产工人和附属生产单位工人的各项费用。内容包括：

1) 计时工资或计件工资：是指按计时工资标准和工作时间或对已做工作按计件单价支付给个人的劳动报酬。

2) 奖金：是指对超额劳动和增收节支支付给个人的劳动报酬。如节约奖、劳动竞赛奖等。

3) 津贴补贴：是指为了补偿职工特殊或额外的劳动消耗和因其他特殊原因支付给个人的津贴，以及为了保证职工工资水平不受物价影响支付给个人的物价补贴。如流动施工津贴、特殊地区施工津贴、高温（寒）作业临时津贴、高空津贴等。

4) 加班加点工资：是指按规定支付的在法定节假日工作的加班工资和在法定日工作时间外延时工作的加点工资。

5) 特殊情况下支付的工资：是指根据国家法律、法规和政策规定，因病、工伤、产假、计划生育假、婚丧假、事假、探亲假、定期休假、停工学习、执行国家或社会义务等原因按计时工资标准或计时工资标准的一定比例支付的工资。

（2）材料费：是指施工过程中耗费的原材料、辅助材料、构配件、零件、半成品或成品、工程设备的费用。内容包括：

1) 材料原价：是指材料、工程设备的出厂价格或商家供应价格。

2) 运杂费：是指材料、工程设备自来源地运至工地仓库或指定堆放地点所发生的全部费用。

3) 运输损耗费：是指材料在运输装卸过程中不可避免的损耗。

4) 采购及保管费：是指为组织采购、供应和保管材料、工程设备的过程中所需要的各项费用。包括采购费、仓储费、工地保管费、仓储损耗。

材料预算价格=（材料供应价格+运杂费）×(1+场外运输损耗率)×(1+采购及保管费率)-包装品回收价值。

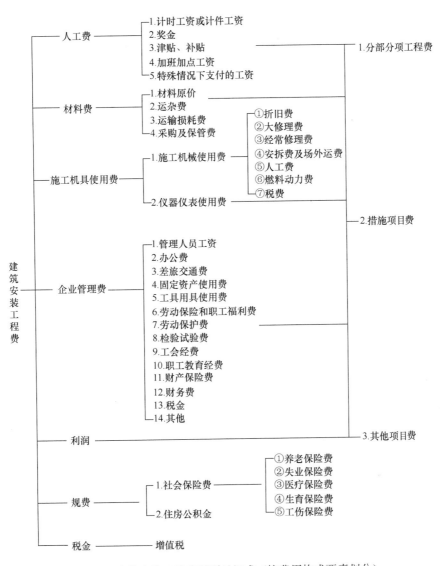

图 8-1 建筑安装工程费用项目组成（按费用构成要素划分）

工程设备是指构成或计划构成永久工程一部分的机电设备、金属结构设备、仪器装置及其他类似的设备和装置。

（3）施工机具使用费：是指施工作业所发生的施工机械、仪器仪表使用费或其租赁费。

1）施工机械使用费：以施工机械台班耗用量乘以施工机械台班单价表示，施工机械台班单价应由下列七项费用组成：

① 折旧费：指施工机械在规定的使用年限内，陆续收回其原值的费用。

② 大修理费：指施工机械按规定的大修理间隔台班进行必要的大修理，以恢复其正常功能所需的费用。

③ 经常修理费：指施工机械除大修理以外的各级保养和临时故障排除所需的费用。包括为保障机械正常运转所需替换设备与随机配备工具附具的摊销和维护费用，机械运转

中日常保养所需润滑与擦拭的材料费用及机械停滞期间的维护和保养费用等。

④ 安拆费及场外运费：安拆费指施工机械（大型机械除外）在现场进行安装与拆卸所需的人工、材料、机械和试运转费用以及机械辅助设施的折旧、搭设、拆除等费用；场外运费指施工机械整体或分体自停放地点运至施工现场或由一施工地点运至另一施工地点的运输、装卸、辅助材料及架线等费用。

⑤ 人工费：指机上司机（司炉）和其他操作人员的人工费。

⑥ 燃料动力费：指施工机械在运转作业中所消耗的各种燃料及水、电等。

⑦ 税费：指施工机械按照国家规定应缴纳的车船使用税、保险费及年检费等。

2）仪器仪表使用费：是指工程施工所需使用的仪器仪表的摊销及维修费用。

（4）企业管理费：是指建筑安装企业组织施工生产和经营管理所需的费用。内容包括：

1）管理人员工资：是指按规定支付给管理人员的计时工资、奖金、津贴补贴、加班加点工资及特殊情况下支付的工资等。

2）办公费：是指企业管理办公用的文具、纸张、账表、印刷、邮电、书报、办公软件、现场监控、会议、水电、烧水和集体取暖降温（包括现场临时宿舍取暖降温）等费用。

3）差旅交通费：是指职工因公出差、调动工作的差旅费、住勤补助费、市内交通费和误餐补助费，职工探亲路费，劳动力招募费，职工退休、退职一次性路费，工伤人员就医路费，工地转移费以及管理部门使用的交通工具的油料、燃料等费用。

4）固定资产使用费：是指管理和试验部门及附属生产单位使用的属于固定资产的房屋、设备、仪器等的折旧、大修、维修或租赁费。

5）工具用具使用费：是指企业施工生产和管理使用的不属于固定资产的工具、器具、家具、交通工具和检验、试验、测绘、消防用具等的购置、维修和摊销费。

6）劳动保险和职工福利费：是指由企业支付的职工退职金、按规定支付给离休干部的经费，集体福利费、夏季防暑降温、冬季取暖补贴、上下班交通补贴等。

7）劳动保护费：是企业按规定发放的劳动保护用品的支出。如工作服、手套、防暑降温饮料以及在有碍身体健康的环境中施工的保健费用等。

8）检验试验费：是指施工企业按照有关标准规定，对建筑以及材料、构件和建筑安装物进行一般鉴定、检查所发生的费用，包括自设试验室进行试验所耗用的材料等费用。不包括新结构、新材料的试验费，对构件做破坏性试验及其他特殊要求检验试验的费用和建设单位委托检测机构进行检测的费用，对此类检测发生的费用，由建设单位在工程建设其他费用中列支。但对施工企业提供的具有合格证明的材料进行检测不合格的，该检测费用由施工企业支付。

9）工会经费：是指企业按《中华人民共和国工会法》规定的全部职工工资总额比例计提的工会经费。

10）职工教育经费：是指按职工工资总额的规定比例计提，企业为职工进行专业技术和职业技能培训，专业技术人员继续教育、职工职业技能鉴定、职业资格认定以及根据需要对职工进行各类文化教育所发生的费用。

11）财产保险费：是指施工管理用财产、车辆等的保险费用。

12）财务费：是指企业为施工生产筹集资金或提供预付款担保、履约担保、职工工资支付担保等所发生的各种费用。

13）税金：是指企业按规定缴纳的城市维护建设税、教育费附加以及地方教育附加、房产税、车船使用税、土地使用税、印花税等。

14）其他：包括技术转让费、技术开发费、投标费、业务招待费、绿化费、广告费、公证费、法律顾问费、审计费、咨询费、保险费等。

（5）利润：是指施工企业完成所承包工程获得的盈利。

（6）规费：是指按国家法律、法规规定，由省级政府和省级有关权力部门规定必须缴纳或计取的费用。包括：

1）社会保险费

① 养老保险费：是指企业按照规定标准为职工缴纳的基本养老保险费。

② 失业保险费：是指企业按照规定标准为职工缴纳的失业保险费。

③ 医疗保险费：是指企业按照规定标准为职工缴纳的基本医疗保险费。

④ 生育保险费：是指企业按照规定标准为职工缴纳的生育保险费。

⑤ 工伤保险费：是指企业按照规定标准为职工缴纳的工伤保险费。

2）住房公积金：是指企业按照规定标准为职工缴纳的住房公积金。

其他应列而未列入的规费，按实际发生计取。

（7）税金：是指国家税法规定的应计入建筑安装工程造价内的建筑服务增值税。

2. 工程造价的构成（按造价形成划分）

建筑安装工程费按照工程造价形成由分部分项工程费、措施项目费、其他项目费、规费、税金组成，分部分项工程费、措施项目费、其他项目费包含人工费、材料费、施工机具使用费、企业管理费和利润，如图8-2所示。

（1）分部分项工程费：是指各专业工程的分部分项工程应予列支的各项费用。

1）专业工程：是指按现行国家计量规范划分的房屋建筑与装饰工程、仿古建筑工程、通用安装工程、市政工程、园林绿化工程、矿山工程、构筑物工程、城市轨道交通工程、爆破工程等各类工程。

2）分部分项工程：指按现行国家计量规范对各专业工程划分的项目。如房屋建筑与装饰工程划分的土石方工程、地基处理与桩基工程、砌筑工程、钢筋及钢筋混凝土工程等。

各类专业工程的分部分项工程划分见现行国家或行业计量规范。

（2）措施项目费：是指为完成建设工程施工，发生于该工程施工前和施工过程中的技术、生活、安全、环境保护等方面的费用。其内容包括：

1）安全文明施工费

环境保护费：是指施工现场为达到环保部门要求所需要的各项费用。

文明施工费：是指施工现场文明施工所需要的各项费用。

安全施工费：是指施工现场安全施工所需要的各项费用。

临时设施费：是指施工企业为进行建设工程施工所必须搭设的生活和生产用的临时建筑物、构筑物和其他临时设施费用。包括临时设施的搭设、维修、拆除、清理费或摊销费等。

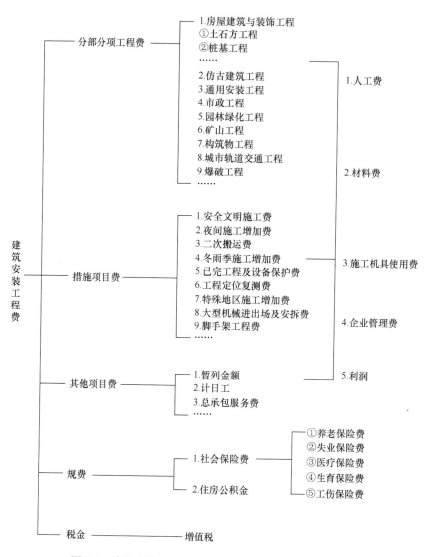

图 8-2　建筑安装工程费用项目组成（按造价形成划分）

2）夜间施工增加费：是指因夜间施工所发生的夜班补助费、夜间施工降效、夜间施工照明设备摊销及照明用电等费用。

3）二次搬运费：是指因施工场地条件限制而发生的材料、构配件、半成品等一次运输不能到达堆放地点，必须进行二次或多次搬运所发生的费用。

4）冬雨期施工增加费：是指在冬期或雨期施工需增加的临时设施、防滑、排除雨雪，人工及施工机械效率降低等费用。

5）已完工程及设备保护费：是指竣工验收前，对已完工程及设备采取的必要保护措施所发生的费用。

6）工程定位复测费：是指工程施工过程中进行全部施工测量放线和复测工作的费用。

7）特殊地区施工增加费：是指工程在沙漠或其边缘地区、高海拔、高寒、原始森林等特殊地区施工增加的费用。

8) 大型机械设备进出场及安拆费：是指机械整体或分体自停放场地运至施工现场或由一个施工地点运至另一个施工地点，所发生的机械进出场运输及转移费用及机械在施工现场进行安装、拆卸所需的人工费、材料费、机械费、试运转费和安装所需的辅助设施的费用。

9) 脚手架工程费：是指施工需要的各种脚手架搭、拆、运输费用以及脚手架购置费的摊销（或租赁）费用。

措施项目及其包含的内容详见各类专业工程的现行国家或行业计量规范。

(3) 其他项目费

1) 暂列金额：是指建设单位在工程量清单中暂定并包括在工程合同价款中的一笔款项。用于施工合同签订时尚未确定或者不可预见的所需材料、工程设备、服务的采购，施工中可能发生的工程变更、合同约定调整因素出现时的工程价款调整以及发生的索赔、现场签证确认等的费用。

2) 计日工：是指在施工过程中，施工企业完成建设单位提出的施工图纸以外的零星项目或工作所需的费用。

3) 总承包服务费：是指总承包人为配合、协调建设单位进行的专业工程发包，对建设单位自行采购的材料、工程设备等进行保管以及施工现场管理、竣工资料汇总整理等服务所需的费用。

4) 暂估价：是指招标人在工程量清单中提供的用于支付必然发生但暂时不能确定价格的材料、工程设备的单价以及施工技术专项措施项目、专业工程等的金额。

5) 专业工程结算价：是指发包阶段招标人在工程量清单中以暂估价给定的专业工程、竣工结算时发承包双方按照合同约定计算并确定的最终金额。

6) 索赔与现场签证费：索赔费用是指在工程合同履行过程中，合同当事人一方因非己方原因而遭受损失，按合同约定或法律法规规定应由对方承担责任，从而向对方提出补偿的要求，经双方共同确认需补偿的各项费用；现场签证费用是指发包人现场代表（或其授权的监理人、工程造价咨询人）与承包人现场代表就施工过程中涉及的责任事件所做出的签认证明中的各项费用。

7) 优质工程增加费：是指建筑施工企业在生产合格建筑产品的基础上，为生产优质工程而增加的费用。

(4) 规费：定义同建筑安装工程费用项目组成（按费用构成要素划分）。

(5) 税金：定义同建筑安装工程费用项目组成（按费用构成要素划分）。

3. 建筑安装工程费用参考计算方法

各费用构成要素参考计算方法如下：

(1) 人工费

公式1：人工费 = $\sum$(工日消耗量 × 日工资单价)

日工资单价 = $\dfrac{\text{生产工人平均月工资（计时、计件）} + \text{平均月（奖金 + 津贴补贴 + 特殊情况下支付的工资）}}{\text{年平均每月法定工作日}}$

注：公式1主要适用于施工企业投标报价时自主确定人工费，也是工程造价管理机构编制计价定额确定定额人工单价或发布人工成本信息的参考依据。

公式 2：人工费＝Σ（工程工日消耗量×日工资单价）

日工资单价是指施工企业平均技术熟练程度的生产工人在每工作日（国家法定工作时间内）按规定从事施工作业应得的日工资总额。

工程造价管理机构确定日工资单价应通过市场调查、根据工程项目的技术要求，参考实物工程量人工单价综合分析确定，最低日工资单价不得低于工程所在地人力资源和社会保障部门所发布的最低工资标准的：普工 1.3 倍、一般技工 2 倍、高级技工 3 倍。

工程计价定额不可只列一个综合工日单价，应根据工程项目技术要求和工种差别适当划分多种日人工单价，确保各分部工程人工费的合理构成。

注：公式 2 适用于工程造价管理机构编制计价定额时确定定额人工费，是施工企业投标报价的参考依据。

（2）材料费

1）材料费

材料费＝Σ（材料消耗量×材料单价）

材料单价＝{（材料原价＋运杂费）×[1＋运输损耗率(%)]}×[1＋采购保管费率(%)]

2）工程设备费

工程设备费＝Σ（工程设备量×工程设备单价）

工程设备单价＝（设备原价＋运杂费）×[1＋采购保管费率(%)]

（3）施工机具使用费

1）施工机械使用费

施工机械使用费＝Σ（施工机械台班消耗量×机械台班单价）

机械台班单价＝台班折旧费＋台班大修费＋台班经常修理费＋台班安拆费及场外运费＋台班人工费＋台班燃料动力费＋台班车船税费

注：工程造价管理机构在确定计价定额中的施工机械使用费时，应根据《建筑施工机械台班费用计算规则》结合市场调查编制施工机械台班单价。施工企业可以参考工程造价管理机构发布的台班单价，自主确定施工机械使用费的报价，如租赁施工机械，公式为：

施工机械使用费＝Σ（施工机械台班消耗量×机械台班租赁单价）

2）仪器仪表使用费

仪器仪表使用费＝工程使用的仪器仪表摊销费＋维修费

（4）企业管理费费率

1）以分部分项工程费为计算基础

$$企业管理费费率(\%)=\frac{生产工人年平均管理费}{年有效施工天数×人工单价}×人工费占分部分项工程费比例(\%)$$

2）以人工费和机械费合计为计算基础

$$企业管理费费率(\%)=\frac{生产工人年平均管理费}{年有效施工天数×(人工单价＋每一工日机械使用费)}×100\%$$

3）以人工费为计算基础

$$企业管理费费率(\%)=\frac{生产工人年平均管理费}{年有效施工天数×人工单价}×100\%$$

注：上述公式适用于施工企业投标报价时自主确定管理费，是工程造价管理机构编制

计价定额确定企业管理费的参考依据。

工程造价管理机构在确定计价定额中企业管理费时,应以定额人工费或(定额人工费+定额机械费)作为计算基数,其费率根据历年工程造价积累的资料,辅以调查数据确定,列入分部分项工程和措施项目中。

(5)利润

1)施工企业根据企业自身需求并结合建筑市场实际自主确定,列入报价中。

2)工程造价管理机构在确定计价定额中利润时,应以定额人工费或(定额人工费+定额机械费)作为计算基数,其费率根据历年工程造价积累的资料,并结合建筑市场实际确定,以单位(单项)工程测算,利润在税前建筑安装工程费的比重可按不低于5%且不高于7%的费率计算。利润应列入分部分项工程和措施项目中。

(6)规费

规费包括社会保险费和住房公积金

1)社会保险费和住房公积金应以定额人工费为计算基础,根据工程所在地省、自治区、直辖市或行业建设主管部门规定费率计算。

2)社会保险费和住房公积金=∑(工程定额人工费×社会保险费和住房公积金费率)

式中:社会保险费和住房公积金费率可以每万元发承包价的生产工人人工费和管理人员工资含量与工程所在地规定的缴纳标准综合分析取定。

(7)税金

税金是指国家税法规定应计入建筑安装工程造价的增值税销项税额。

$$工程造价=税前工程造价×[1+增值税税率(或征收率)]$$

$$税金=税前工程造价×增值税税率(或征收率)$$

$$或税金=\frac{工程造价}{1+税率(或征收率)}×税率(或征收率)$$

4. 建筑安装工程计价参考公式

(1)分部分项工程费

分部分项工程费=∑(分部分项工程量×综合单价)

式中:综合单价包括人工费、材料费、施工机具使用费、企业管理费和利润以及一定范围的风险费用(下同)。

(2)措施项目费

1)国家计量规范规定应予计量的措施项目,其计算公式为:

措施项目费=∑(措施项目工程量×综合单价)

2)国家计量规范规定不宜计量的措施项目计算方法如下:

① 安全文明施工费

安全文明施工费=计算基数×安全文明施工费费率(%)

计算基数应为定额基价(定额分部分项工程费+定额中可以计量的措施项目费)、定额人工费或(定额人工费+定额机械费),其费率由工程造价管理机构根据各专业工程的特点综合确定。

② 夜间施工增加费

夜间施工增加费＝计算基数×夜间施工增加费费率（%）

③ 二次搬运费

二次搬运费＝计算基数×二次搬运费费率（%）

④ 冬雨期施工增加费

冬雨期施工增加费＝计算基数×冬雨期施工增加费费率（%）

⑤ 已完工程及设备保护费

已完工程及设备保护费＝计算基数×已完工程及设备保护费费率（%）

上述②～⑤项措施项目的计费基数应为定额人工费或（定额人工费＋定额机械费），其费率由工程造价管理机构根据各专业工程特点和调查资料综合分析后确定。

(3) 其他项目费

1) 暂列金额由建设单位根据工程特点，按有关计价规定估算，施工过程中由建设单位掌握使用、扣除合同价款调整后如有余额，归发包人。

2) 计日工由发包人和承包人按施工过程中的签证计价。

3) 总承包服务费由发包人在招标控制价中根据总包服务范围和有关计价规定编制，承包人投标时自主报价，施工过程中按签约合同价执行。

(4) 规费和税金

发包人和承包人均应按照省、自治区、直辖市或行业建设主管部门发布标准计算规费和税金，不得作为竞争性费用。

5. 工程造价的定额计价基本知识

工程造价的定额计价，又称工、料、机单价计价法，包括定额单价法和实务量法。是在计划经济年代形成的工程建设领域工程造价的计价方法，适用于施工图预算的编制、工程的竣工结算、施工中设计变更的造价调整等。

(1) 基本原理

1) 由国家建设行政主管部门依据社会生产力的发展和科技进步水平的提高定期修编劳动定额、预算定额和费用定额，定额的每个子目只指明消耗的量，如工日数、材料用量、机械台班数等。为全国通用的统一定额，以《通用安装工程消耗量定额》TY 02—31—2015 为例，共有十二册，简称全统消耗量定额。国家消耗量定额是国家建设行政主管部门组织编制及发布，并在全国范围内使用。

① 按照编制程序和用途，建筑工程定额分为施工定额、预算定额、概算指标、投资估算指标。投资估算指标的适用对象通常是独立的单项工程，它是编制项目建议书和可行性研究报告书投资估算的依据。概算指标是设计单位编制设计概算或建设单位编制年度投资计划的依据，也可作为编制投资估算指标的基础。建设工程概预算一般包括设计概算、施工图预算和施工预算三部分。

② 预算定额是以建筑物或构筑物各个分部分项工程为对象编制的定额。按照生产要素内容，建设工程定额分为人工定额、材料消耗量定额、施工机械台班使用定额。

施工定额由施工单位自主编制，反映了施工企业生产与组织的技术水平和管理水平。

③ 人工定额反映的是生产工人在正常施工条件下的劳动效率，表明每个工人生产单

位合格产品所必需消耗的劳动时间,或者在一定的劳动时间内所生产的合格产品的数量。有两种表示方式:人工时间定额和人工产量定额,时间定额与产量定额互为倒数,即:时间定额×产量定额=1,编制人工定额时要考虑正常的施工条件及拟定定额时间。在人工时间定额的概念中,每个工日为8h。人工定额的制定方法包括技术测定法、统计分析法、比较类推法、经验估计法。

④ 编制施工机械台班使用定额时,机械工作时间的消耗分为必需消耗的时间和损失时间。其中施工机械必须消耗时间包括有效工作、不可避免的无负荷工作和不可避免的中断三项时间消耗,有效工作时间包括正常负荷下、有根据地降低负荷下和低负荷下工作的工时消耗。不可避免的中断包括与机械有关的不可避免中断工作时间和工人休息时间。损失的工作时间包括多余工作、停工和违反劳动纪律所消耗的工作时间。

2) 因我国地域广阔,各地经济发展不平衡,所以人工、材料、机械台班的单价在各地是有差异的,所以各地造价管理部门参照全国统一消耗量定额的量耗以当地的价格编制符合当地物价水平的单位估价表,作为编制当地工程造价的依据。

3) 因全统定额的子目不可能包含全部工程所有分项的子目,这是由于新生事物不断涌现的结果,当出现新的子目情况下,施工单位要编制工料分析单,取得发包方确认后,成为承发包双方共同遵守的单位估价表的补充,作为施工图预算编制和工程竣工结算的依据。

4) 基于各地经济发展情况不同,定额中以人工费为基数计取的各类费用的费率也不尽相同,通常省级主管部门给予定期调整,但费用的项目名称和内涵是全国一致的。

(2) 定额单价法编制施工图预算

1) 定额单价法是用事先编制好的分部分项的定额单价表来编制施工图预算的方法。根据施工图设计文件和预算定额,按分部分项工程顺序先计算出分项工程量,然后乘以对应的定额单价,求出分项工程人、料、机费用;将分项工程人、料、机费用汇总为单位工程人、料、机费用;汇总后另加企业管理费、利润、规费、税金生成单位工程的施工图预算。

2) 定额单价法计价步骤

① 准备资料,熟悉施工图纸:准备施工图纸、施工组织设计、施工方案、现行建筑安装定额、取费标准、统一工程量计算规则和地区材料预算单价等各种资料,在此基础上详细了解施工图纸,全面分析工程各分部分项工程,充分了解施工组织设计和施工方案,注意影响费用的关键因素。

② 计算工程量:首先根据工程内容和定额项目,列出需计算工程量的分部分项工程;其次根据一定的计算顺序和计算规则,列出分部分项工程量计算式;然后根据施工图纸上的设计尺寸及有关数据,代入计算式进行数据计算;最后对计算结果的计量单位进行调整,使之与定额中相应的分部分项工程的计量单位保持一致。

③ 套用定额单价,计算人、料、机费用:核对工程量计算结果后,利用地区统一的分项工程定额单价,计算出各分项工程合价,汇总求出单位工程人、料、机费用。单位工程人、料、机费用=Σ(分项工程量×定额单价)。

计算人、料、机费用时应注意:分项工程的名称、规格、计量单位与定额单价中所列内容完全一致时,可直接套用定额单价;分项工程的主要材料品种与定额单价中规定材料不一致时,不可以直接套用定额单价,需要根据实际使用材料价格换算定额单价;分项工程施工工艺条件与定额单价不一致而造成人工、机械的数量增减时,一般调量不换价;分项工程不能直接套用定额、不能直接换算和调整时,应编制补充定额单价。

④ 编制工料分析表:汇总该单位工程所需的各类人工、材料数量等。

⑤ 按计价程序计取其他费用并汇总造价:根据规定的税率、费率和相应的计取基础,分别计算企业管理费、利润、规费、税金等,将上述费用累计后与人、料、机费用进行汇总,求出单位工程预算造价。

⑥ 复核:对项目填列、工程量计算公式、计算结果、套用的单价、采用的费率、数字计算、数据精确度等进行全面复核,以便及时发现差错、及时修改,提高预算的准确性。

⑦ 编制说明,填写封面。

(3) 实物量法编制施工图预算

1) 实物量法是依据施工图纸和预算定额的项目划分及工程量计算规则,先计算出分部分项工程量,然后套用预算定额(实物量定额)来编制施工图预算的方法。

2) 实物量法编制施工图预算的步骤与定额单价法基本相似,但在具体计算人工费、材料费和机械费及汇总三种费用之和方面有一定的区别。实物量法所用人工、材料、机械台班的单价都是当时当地的实际价格,编制出的预算可较为准确地反映实际水平,误差较小,适用于市场经济条件波动较大的情况,由于采用该方法需要统计人工、材料、机械台班消耗量,还需收集相应的实际价格,因而工作量较大,计算过程烦琐。

3) 用实物量法编制施工图预算,主要是先用计算出的各分项工程的实物工程量,分别套取预算定额中工、料、机消耗指标,并按类相加,求出单位工程所需的各种人工、材料、施工机械台班的总消耗量、然后分别乘以当时当地各种人工、材料、机械台班单价,求得人工费、材料费和施工机械使用费,再汇总求和。对于企业管理费、利润等费用得计算则根据当时当地建筑市场供求情况予以具体确定。

4) 实物量法编制施工图预算的步骤

① 准备资料,熟悉施工图纸:在定额单价法该步骤的基础上,还须全面收集各种人工、材料、机械的当时当地的实际价格,要求获得的各种实际价格全面、系统、真实、可靠。

② 计算工程量:与定额单价法该步骤相同。

③ 套用定额单价,计算人、料、机费用:定额消耗量中的"量"在相关规范和工艺水平等未有较大变化之前具体相对稳定性,据此确定符合国家技术规范和质量标准要求,并反映当时施工工艺水平的分项工程计价所需的人工、材料、施工机械的消耗量。

④ 计算并汇总人工费、材料费、施工机械使用费:根据当时当地工程造价管理部门定期发布的或企业根据市场价格确定的人工工资单价、材料预算价格、施工机械台班单价分别乘以人工、材料、机械消耗量,汇总即为单位工程人工费、材料费和施工机械使用费,计算公式为:

单位工程人、料、机费用=Σ(工程量×材料预算定额量×当时当地材料预算价格)+Σ(工程量×人工预算定额用量×当时当地人工工资单价)+Σ(工程量×施工机械预算定额台班用量×当时当地机械台班单价)

⑤ 计算其他各项费用,汇总造价:对于企业管理费、利润、规范和税金等的计算,

可以采用与定额单价法相类似的计算程序，只是有关的费率是根据当时当地建筑市场供求情况及相关规则予以确定。

⑥ 复核、编制说明，填写封面：与定额单价法相同。

（4）定额单价法计价的预算书实例见表8-1。

安装工程预算书　　　　　　　　　　　　　　　　　　　　　　　表8-1

工程名称：某会所暖通安装工程

序号	编号	项目名称	单位	工程量	单位价值				总价值				备注
					主材（设备）	安装费	其中人工费	其中机械费	主材（设备）	安装费	其中人工费	其中机械费	
1		空调风系统											
(1)	7-1-9	变风量空调箱K-1～4BFP-40，4000m³/h×29kW制冷量×200Pa×0.75kW	台	4	—	184.70	175.50	3.00	40984.00	738.80	702.00	12.00	
(2)	7-1-38	风机盘管FP-5，360m³/h×2450W	台	46	1370.00	144.18	97.61	12.38	63020.00	6632.28	4490.06	569.48	
(3)	7-1-72×1.2换	低噪声消防风机箱HTFC-1N020，24000m³/h×850rpm×670Pa×11kW	台	1	—	748.27	769.67	2.66	36461.00	748.27	769.67	2.66	
(4)	7-3-33	防火阀150℃，1200×500	个	1	840.00	103.45	87.48	4.65	840.00	103.45	87.48	4.65	
(5)	10-1-166×a2换	空调用无缝钢管ϕ159×5，热镀锌二次安装，法兰连接	10m	19.72	1102.65	665.84	525.42	70.77	21744.26	13130.36	10361.28	1395.58	
(6)	10-1-167×a2换	空调用无缝钢管ϕ219×6，热镀锌二次安装，法兰连接	10m	22.83	1893.78	942.57	633.16	196.15	43235.00	21518.87	14455.04	4478.10	
		……											
6		小计							3071075	352650	211713	37445	
(1)	13-2-7	脚手架搭拆费	100工日	22.02	—	386.78	101.25	—	0	8517.00	2230.00	0	
		……											
7		合计							3071075	361167	2139.43	37445	

注：上述价格按营改增后有关要素价格的调整原则计价，以不含进项税额的价格或费用确定。

（5）定额单价法计价的费用汇总表实例见表8-2。

某会所暖通安装工程预算费用汇总表 表 8-2

工程名称：某会所暖通安装工程（采用一般计税法的增值税率）

序号	费用项目			计算方法(公式)	金额(元)
一	分部分项工程费			∑(分部分项工程数量×除税后价格计算单价)	3423725
	其中	1. 人工费+机械费		∑分部分项工程(定额人工费+定额机械费)	249158
二	措施项目费			(一)+(二)	27019
	(一)施工技术措施项目费			∑(技术措施项目工程数量×定额单价)	8517
	其中	2. 人工费+机械费		∑技术措施项目(定额人工费+定额机械费)	2230
	(二)施工组织措施项目费			按实际发生项之和进行计算	18502
		其中	3. 安全文明施工基本费	(1+2)×费率(中值)	17849
			4. 提前竣工增加费	(1+2)×费率(本项目不计)	0
			5. 二次搬运费	(1+2)×费率(中值)	654
			6. 冬雨期施工增加费	(1+2)×费率(本项目不计)	0
			7. 行车、行人干扰增加费	(1+2)×费率(本项目不计)	0
			8. 其他施工组织措施费	按相关规定进行计算	0
三	企业管理费			(1+2)×费率(中值)	54601
四	利润			(1+2)×费率(中值)	26144
五	其他项目费			(三)+(四)+(五)+(六)	0
	(三)暂列金额			9+10+11	0
		其中	9. 标化工地暂列金额	(1+2)×费率	0
			10. 优质工程暂列金额	除暂列金额外税前工程造价×费率	0
			11. 其他暂列金额	除暂列金额外税前工程造价×估算比例	0
	(四)暂估价			12+13	0
		其中	12. 专业工程暂估价	按各专业工程的除税金外全费用暂估金额之和进行计算	0
			13. 专项措施暂估价	按各专项措施的除税金外全费用暂估金额之和进行计算	0
	(五)计日工			∑计日工(暂估数量×综合单价)	0
	(六)施工总承包服务费			14+15	0
		其中	14. 专业发包工程管理费	∑专业发包工程(暂估金额×费率)	0
			15. 甲供材料设备保管费	甲供材料暂估金额×费率+甲供设备暂估金额×费率	0
六	规费			(1+2)×费率	77000
七	计税不计费项目				0
	16. 人工补差			∑定额人工工日数×补差单价	0
八	税前工程造价			一+二+三+四+五+六+七	3608490
九	税金(增值税销项税额或征收率)			八×税率	324764
十	建筑安装工程造价			八+九	3933254

编制人： 日期： 年 月 日

6. 工程造价的工程量清单计价基本知识

工程量清单单价法计价是根据国家统一的工程量计算规则计算工程量，采用综合单价的形式计算工程造价的方法。

综合单价是指分部分项工程量单价综合了人、料、机费用及其以外的多项费用内容，按照单价综合内容的不同，综合单价可分为全费用综合单价和部分费用综合单价。

全费用综合单价：即单价中综合了人、料、机费用，企业管理费、规费、利润和税金等，以各分项工程量乘以综合单价的合价汇总后，就生成了工程承发包价。

部分费用综合单价：我国目前实行的工程量清单计价规范采用的综合单价是部分费用综合单价，分部分项工程、技术措施项目单价中综合了人、料、机费用、管理费、利润，以及一定范围内的风险费用综合单价的合价汇总，再加上项目措施费、其他项目费、规费和税金后，生成工程承发包价，以下均对以该计价方法进行阐述。

目前我国现行的《建设工程工程量清单计价规范》GB 50500—2013 及与之相配套的《通用安装工程工程量计算规范》GB 50856—2013，由中华人民共和国住房和城乡建设部于 2013 年 7 月 1 日起发布实施。

工程量清单计价作为招标文件的组成部分，在建设工程招标中应用，是指建设工程招投标工作中，由招标人按国家统一的项目编码、项目名称、项目特征、计量单位和工程量计算规则提供工程数量，由投标人自主报价，并按照招标文件确定的评标定标方法中标的工程造价计价模式。

工程量清单计价是市场形成工程造价的主要形式，工程量清单计价有利于发挥企业自主报价的能力，实现政府定价到市场定价的转变，有利于规范业主在招标中的行为，有效改变招标单位在招标中盲目压价的行为，从而真正体现公开、公平、公正的原则，反映市场经济规律，体现工程招标投标的真正效益。

采用工程量清单计价的工程，工程计价项目必须明确，《建设工程工程量清单计价规范》GB 50500—2013 附录栏目中的项目特征，为工程项目的划分、列项作出了一定的提示。工程量清单编制必须改变以前按定额计价列项的方式，而改为按要求投标人完成的工作来列项。

投标人对照招标人提供的工程量清单，根据本企业的管理组织水平、技术能力，充分考虑市场和风险因素，根据投标竞争策略进行自主报价，改变了采用工料机单价计价，定额设定方案、限定工序的计价现象，清单计价时，计价人可以通过不同的施工方法、工艺设计来体现企业的实际竞争能力，改变有的企业以定额代管理的现象。

（1）工程量清单的作用

工程量清单是工程量清单计价的基础，应作为编制招标控制价、投标报价、计算工程量、支付工程款、调整合同价款、办理竣工结算以及工程索赔等的依据之一。

1）工程量清单是编制招标控制价的依据，是投标人投标报价的依据。根据清单编制招标控制价，并根据清单计算、确定投标报价，是对工程发包内容由招标投标人各自对施工图纸理解、按定额列项计算存在一定差异，造成计价内容不一致现象的改变，体现了工程招标公正、公开的原则。

2）工程量清单是合同价调整的基础，是承发包工程最终结算的基础。工程实施过程对于必然会存在一定的项目内容的变更并引起合同价格的变化,需要对合同价格进行调整,调整的基础即是原来招、投标时提供的清单内容、数量及其投标报价的组成。工程实施过程中通过对清单及报价的调整,逐步形成的工程价格即成为工程最终结算的基础。

3)体现招标文件对招标项目的技术要求和投标报价要求。

4)工程量清单体现了招标人要求投标人完成的工程项目内容及相应工程数量,全面反映了投标报价要求,是投标人进行报价的依据,工程量清单应是招标文件不可分割的一部分。

5)工程量清单应反映拟建工程的全部工程内容,并为实现这些工程内容而进行的其他工作。

6)工程量清单由分部分项工程量清单、措施项目清单、其他项目清单、规费项目清单、税金项目清单组成。工程量清单编制必须改变以前按定额计价列项的方式,而改为按要求投标人完成的工作来列项。

(2)工程量清单计价方式

1)使用国有资金投资的建设工程发承包,必须采用工程量清单计价。

2)非国有资金投资的建设工程,宜采用工程量清单计价。

3)分部分项工程量清单应采用综合单价计价。

4)措施项目中的安全文明施工费必须按国家或省级、行业建设主管部门的规定计算,不得作为竞争性费用。

5)规费和税金必须按国家或省级、行业建设主管部门的规定计算,不得作为竞争性费用。

(3)工程量清单的编制

1)分部分项工程量清单项目的设置及各栏目的应用

① 分部分项工程量清单应包括项目编码、项目名称、项目特征、计量单位和工程量。

② 分部分项工程量清单必须根据相关工程现行国家计量规范规定的项目编码、项目名称、项目特征、计量单位和工程量计算规则进行编制。

③ 项目编码采用十二位阿拉伯数字表示。其中一、二位为专业工程代码,三、四位为附录分类顺序码,五、六位为分部工程顺序码,七、八、九位为分项工程名称顺序码,十至十二位为清单项目名称顺序码。一至九位应按照规范附录的规定设置,十至十二位应根据拟建工程的工程量清单项目名称和项目特征设置,同一招标工程的项目编码不得有重码。

④ 分部分项工程量清单的项目名称应按照规范附录的项目名称结合拟建工程的实际确定。

⑤ 分部分项工程量清单中所列工程量应按照规范附录中规定的工程量计算规则计算。

⑥ 分部分项工程量清单的计量单位应按照规范附录中规定的计量单位确定。

⑦ 分部分项工程量清单的项目特征应按照规范附录中规定的项目特征,结合拟建工程项目的实际予以描述。

⑧ 编制工程量清单出现附录中未包括的项目，编制人应作补充。补充项目的编码由附录的顺序码与 B 和三位阿拉伯数字组成，并应从 B001 起顺序编制，同一招标工程的项目不得重码。工程量清单中需附有补充项目的名称、项目特征、计量单位、工程量计算规则、工程内容。

2) 措施项目清单的设置

① 措施项目中列出了项目编码、项目名称、项目特征、计量单位、工程量计算规则的项目，编制工程量清单时，应按照规范分部分项工程的规定执行。

② 措施项目仅列出项目编码、项目名称，未列出项目特征、计量单位和工程量计算规则的项目，编制工程量清单时，应按规范附录措施项目规定的项目编码、项目名称确定。

③ 措施项目清单应根据拟建工程的实际情况列项。若出现本规范未列的项目，可根据工程实际情况补充。

3) 其他项目清单的设置

① 其他项目清单宜按照下列内容列项：暂列金额、暂估价（包括材料暂估单价、工程设备暂估单价、专业工程暂估价）、计日工、总承包服务费。

② 以上内容中未列的项目，可根据工程实际情况补充。

4) 规费项目清单的设置

① 规费项目清单应按照下列内容列项：社会保险费（包括养老保险费、失业保险费、医疗保险费、工伤保险费、生育保险费）、住房公积金。

② 以上内容中未列的项目，应根据省级政府或省级有关权力部门的规定列项。

5) 税金项目清单的设置

① 税金项目清单应包括下列内容：增值税。

② 出现以上内容中未列的项目，应根据税务部门的规定列项。

(4) 工程量清单的计价

1) 综合单价。分部分项工程量清单应采用综合单价计价，根据《建设工程工程量清单计价规范》GB 50500—2013 第 2.0.8 条：综合单价即为完成一个规定清单项目所需的人工费、材料和工程设备费、施工机具使用费和企业管理费、利润以及一定范围内的风险费用。综合单价的形成应根据清单工程内容，确定工料机消耗量，选定工料机单价，加上费用（如管理费、利润、风险等）后组成。为了保证清单报价的可比性，综合单价在投标工程所在地有统一的计算方法，投标人必须按该地区的统一方法计价。

2) 招标文件中的工程量清单标明的工程量是投标人投标报价的共同基础，竣工结算的工程量按发、承包双方在合同中约定给予计量且按实际完成的工程量确定。

3) 措施项目清单计价应根据拟建工程的施工组织设计，可以计算工程量的措施项目，应按分部分项工程量清单的方式采用综合单价计价；其余的措施项目可以"项"为单位的方式计价，应包括除规费、税金外的全部费用。措施项目清单中的安全文明施工费应按照国家或省级、行业建设主管部门的规定计价，不得作为竞争性费用。

4) 其他项目清单应根据工程特点和清单规范规定计价。招标人在工程量清单中提供了暂估价的材料、工程设备和专业工程属于依法必须招标的，由承包人和招标人共同通过招标确定材料单价与专业工程分包价。若材料和工程设备不属于依法必须招标的，经发、承包双方协商确认单价后计价。若专业工程不属于依法必须招标的，由发包人、总承包人与分包人按有关计价依据进行计价。

其他项目费应按下列规定报价：暂列金额应根据工程特点按有关计价规定估算，由招标人在其他项目清单中列出的金额填写；材料和工程设备暂估单价应根据工程造价信息或参照市场价格估算，由招标人列出明细表计入；专业工程暂估价应分不同专业，由招标人按有关计价规定估算，列出明细表计入；计日工按招标人在其他项目清单中列出的项目和数量，自主确定综合单价并计算计日工费用；总承包服务费根据招标文件中列出的服务项目及其内容和提出的要求确定。

5）规费和税金应按国家或省级、行业建设主管部门的规定计算，不得作为竞争性费用。投标总价应当与分部分项工程费、措施项目费、其他项目费和规费、税金的合计金额一致。采用工程量清单计价的工程，应在招标文件或合同中明确风险内容及其范围（幅度），不得采用无限风险、所有风险或类似语句规定风险内容及其范围（幅度）。

6）标价由投标人自主确定，但不得低于成本。投标人应按招标人提供的工程量清单填报价格。填写的项目编码、项目名称、项目特征、计量单位、工程量必须与招标人提供的一致。

7）投标报价应根据下列依据编制：《建设工程工程量清单计价规范》；国家或省级、行业建设主管部门颁发的计价依据和办法；企业定额，国家或省级、行业主管部门颁发的计价定额；招标文件、工程量清单及补充通知、答疑纪要；建设工程设计文件及其相关资料；施工现场情况、工程特点及拟定的投标施工组织设计或施工方案；与建设工程项目有关的标准、规范等技术资料；市场价格信息或工程造价管理机构发布的工程造价信息；其他相关资料。

8）工程量清单计价编制实例见表8-3～表8-7。

某医院工程量清单报价表——单位工程投标报价汇总表（9%增值税率）单位：元　　表8-3

单位工程名称：某医院改造工程安装

序号	费用项目		计算方法(公式)	金额(元)
一	分部分项工程费		∑(分部分项工程数量×综合单价)	689056
	其中	1. 人工费＋机械费	∑分部分项工程(人工费＋机械费)	84015
二	措施项目费		（一）+（二）	9343
	（一）施工技术措施项目费		∑(技术措施项目工程数量×综合单价)	3304
	其中	2. 人工费＋机械费	∑技术措施项目(人工费＋机械费)	1037
	（二）施工组织措施项目费		按实际发生项之和进行计算	6039
	其中	3. 安全文明施工基本费	(1+2)×费率	6039
		4. 提前竣工增加费	(1+2)×费率	0
		5. 二次搬运费	(1+2)×费率	0
		6. 冬雨期施工增加费	(1+2)×费率	0
		7. 行车、行人干扰增加费	(1+2)×费率	0
		8. 其他施工组织措施费	按相关规定进行计算	0
三	其他项目费		（三）+（四）+（五）+（六）	20000

续表

序号	费用项目		计算方法(公式)	金额(元)
	（三）暂列金额		9+10+11	20000
	其中	9. 标化工地暂列金额	(1+2)×费率	0
		10. 优质工程暂列金额	除暂列金额外税前工程造价×费率	0
		11. 其他暂列金额	除暂列金额外税前工程造价×估算比例	20000
	（四）暂估价		12+13	0
	其中	12. 专业工程暂估价	按各专业工程的除税金外全费用暂估金额之和进行计算	0
		13. 专项措施暂估价	按各专项措施的除税金外全费用暂估金额之和进行计算	0
	（五）计日工		∑计日工(暂估数量×综合单价)	0
	（六）施工总承包服务费		14+15	0
	其中	14. 专业发包工程管理费	∑专业发包工程(暂估金额×费率)	0
		15. 甲供材料设备保管费	甲供材料暂估金额×费率+甲供设备暂估金额×费率	0
四	规费		(1+2)×费率	26051
五	税前工程造价		一+二+三+四	744450
六	税金(增值税销项税额或征收率)		五×税率	67001
七	建筑安装工程造价		五+六	811451

某医院工程量清单报价表——分部分项工程量清单及计价表　　　　表8-4

单位及专业工程名称：某医院改造工程安装

序号	项目编码	项目名称	项目特征	计量单位	工程量	综合单价（元）	合价（元）	其中（元）		备注
								人工费	机械费	
1	030404017001	配电箱	配电箱 aAL1 QDB4-24B，含配电箱及内部元器件，接地	台	1	3224.5	3224.5	135.72		
2	030404017002	配电箱	配电箱 aAL2 QDB4-24B，含配电箱及内部元器件，接地	台	1	3224.5	3224.5	135.72		
3	030412005001	荧光灯	300×1200 格栅灯 2×36W，T5 光源配高频电子镇流器，含光源	套	16	312.99	5007.84	271.25		
4	030411001001	配管	暗敷 SC50	m	15	39.86	597.9	140.71	6.52	
	……									
		合计					689056	81137	2878	

某医院工程量清单报价表——措施项目清单与计价表（一） 表 8-5

单位工程名称：某医院改造工程安装

序号	项目名称	计费基础	费率（%）	金额（元）
1	安全文明施工基本费	人工费＋机械费	7.1	6039
2	提前竣工增加费	人工费＋机械费	0	0
3	二次搬运费	人工费＋机械费	0	0
4	冬雨期施工增加费	人工费＋机械费	0	0
5	行车、行人干扰增加费	人工费＋机械费	0	0
6	其他施工组织措施费	人工费＋机械费	0	0
	合计			6039

某医院工程量清单报价表——措施项目清单与计价表（二） 表 8-6

单位及专业工程名称：某医院改造工程安装

序号	项目编码	项目名称	项目特征	计量单位	工程量	综合单价（元）	合价（元）	其中	
								人工费	机械费
1		脚手架							
	031301017001	脚手架搭拆费	—	项	1	3303.86	3303.86	1037.47	0.00
		...							
		合计					3303.86	1037.47	0.00

某医院工程量清单报价表——其他项目清单与计价汇总表 表 8-7

单位工程名称：某医院改造工程安装

序号	项目名称	计量单位	金额（元）	备注
1	暂列金额	项		明细表详见××
(1)	标化工地暂列金额	项		
(2)	优质工程暂列金额	项		
(3)	其他暂列金额	项	20000	
2	暂估价	项		明细表详见××
(1)	专业工程暂估价	项		
(2)	专项措施暂估价	项		
3	计日工	项		明细表详见××
4	施工总承包服务费	项		明细表详见××
	合计	元	20000	

九、计算机和相关资料信息管理软件的应用知识

本章简述施工管理中使用 WPS Office、BIM 和资料管理软件等计算机方面的基础知识，涉及一些基本的操作，以供学习者参考。

（一）WPS Office 的应用知识

本节以 Windows 10 操作系统中的 WPS Office 2019 版为例，简单介绍 WPS Office 的概念和基本操作程序，供学习者参考。

1. 概念

（1）WPS Office 主要包含 WPS 文字、WPS 表格、WPS 演示三大功能模块，不仅在文件格式上能无障碍兼容 Microsoft Office，还可以使用 Microsoft Office 轻松编辑 WPS 系列文档。

（2）WPS Office 针对不同的用户群体和应用设备提供了不同的版本。有 WPS Office PC、WPS Office Mac、WPS Office For Linux、WPS Office Android 和 iOS 移动版等。

2. 基本操作程序

（1）WPS 文字的一些常见基本用法

1）新建空白文档。

2）保存文档。

3）选取文本。

4）插入页眉和页脚。

5）设置字体、字号、字形。

6）设置段落对齐方式。

7）设置段落缩进。

8）设置段落间距。

（2）WPS 表格的一些常见基本用法

1）新建工作簿。

2）快速填充相同数据。

3）输入与编辑公式计算数据。

4）插入图表。

（3）WPS 演示的一些常见基本用法

1）创建演示文稿。

2）复制、移动幻灯片。

3）播放幻灯片。

(二) BIM 的应用知识

1. 概念

BIM（建筑信息模型）不是简单地将数字信息进行集成，而是一种数字信息的应用，并可以用于勘察、规划、设计、施工、运维管理的数字化方法。

BIM 技术是一种应用于工程设计建造管理的数据化工具，通过参数模型整合各种项目的相关信息，在项目策划、运行和维护的全生命周期过程中进行共享和传递，在提高生产效率、节约成本和缩短工期方面发挥重要作用。

2. BIM 技术的特点

BIM 技术主要有可视化、协调性、模拟性、优化性、可出图性、一体化性、参数化性、信息完备性八大特点。

3. BIM 应用流程

BIM 应用大致分为：深化设计、工艺模拟、进度管理、质量管理、工厂加工、造价管理等 BIM 应用。

机电分包单位根据设计文件、设计模型，进行机电管线深化设计以及碰撞检查、净高分析，协助设计院解决相应图纸问题。基于 BIM 模型生成管道、支吊架等复杂工件的加工图纸，并进行工厂加工；利用 BIM 软件进行机电工程的 4D 模拟，指导现场施工；基于智慧工地平台对施工过程进行管理，并记录相关过程信息，最后归档整理形成竣工模型，交付后期运维平台使用。

4. BIM 技术应用点

目前建设项目施工现场 BIM 技术的应用点主要有：

(1) BIM 图纸校核

制作施工用 BIM 模型，并与二维施工图进行校核，提出图面问题并提交设计单位修改。

(2) 施工深化设计

包括施工各个阶段基于 BIM 技术的构件节点深化、预制件加工深化、安装工程优化等。

1) 机电管线综合优化：调整管线路由、标高，调整大风管尺寸等方法优化管线排布及标高，同时考虑施工工序、检修空间、支吊架安装空间等。

2) 碰撞检查：包含管线设备之间、管线与一次结构之间、管线与二次结构（主要是构造柱、圈梁、过梁等）等的冲突碰撞检查；需考虑管线的保护层、保温层、安装与操作检修空间、支吊架空间、无压管道的坡度等。

3) 净高分析与调整：分区域对管线净高进行分析，使用不同颜色在平面图中标记，并对净高不合格区域进行重点调整，保证满足净高要求；对净高要求较高的区域重点优化。

4) 预留预埋深化：对调整优化后模型进行预留预埋深化，明确预留预埋件或预留洞口尺寸、标高。

5) 模型发布：模型发布为脱机独立文件或网页文件，在不安装任何软件情况下能够便捷使用。

6) 深化出图：所有管道标注以下内容：管线名称、尺寸、管道标高，对管线复杂区域提供局部三维图、对应节点剖面、平面图。

(3) 施工方案模拟

施工方案模拟包括施工专项BIM模型建立，进行施工各个阶段的3D场布模拟、漫游等。

(4) 施工进度管理

基于BIM技术的虚拟进度与实际进度比对主要是通过方案进度计划和实际进度的比对，找出差异，分析原因，实现对项目进度的合理控制与优化。

(5) 施工现场质量与安全管理

使用智慧工地管理平台、模板脚手架BIM设计软件等工具进行现场安全管理；使用三维激光扫描等手段建立校核用BIM模型，进行精细化质量管理。

(6) 工程量管理

使用BIM模型进行5D施工模拟并与实际工程量进行关联和对比，进行工程量实时统计和管理。

(7) 设备和材料管理

使用BIM模型和专项应用软件进行设备和材料管理，如塔式起重机群塔作业模拟、材料备料计划管理等。

(8) 竣工模型构建与运维数据传递

根据工程的实际建设情况调整并构建得到满足精度要求的竣工BIM模型，整理与传递相关数据，供运维阶段使用。

(9) 三维激光扫描

运用三维扫描技术，将BIM技术与现场实际的点云模型相结合，可以精确测量现场施工的偏差，也可以基于现场实际施工数据进行装饰装修的二次深化设计，避免材料加工的误差和返工，同时提高工程成品的美观性。

能够应用激光三维扫描仪采集现场结构的三维数据，生成三维点云模型，利用BIM技术切片获取精准的三维边界数据辅助精装修深化设计。

(10) 无人机倾斜摄影

通过无人机航拍，生成三维点云模型，精确形象地还原了现场施工状况，利于项目管理人员更全局观地掌握现场状况，为后续的工作安排和施工提供有效的数据分析，如在场地布置、道路规划方案比选分析、通视分析、敏感点影响分析等运用。

(11) BIM+VR

将BIM技术与VR技术结合，使用VR设备进行真人VR场景漫游，帮助业主进行选型选样，确定精装方案，达到节约工期、节约材料的效果。

(12) BIM协同管理平台

通过 BIM 协同管理平台，进行模型的轻量化转化应用，在网页端进行模型查看、剖切、测量、漫游、搜索、分享等功能，使项目各参与方对于施工问题的交流沟通更加形象、准确。

(13) 智慧工地管理平台

在智慧工地管理平台中，上传 BIM 模型，进行数模联动，虚实结合，一模多用。将施工现场实际数据与三维模型进行关联，在模型中直观呈现现场的生产、技术、质量、安全、商务等业务管理数据，以及人、机、料、法、环等生产要素数据，实现虚拟模型与实际建筑的虚实结合，便于对现场进行直观了解。其还可切换浏览模式，通过沉浸式漫游对现场情况进行模拟巡检。

（三）常见资料管理软件的应用知识

1. 简述

建筑工程资料管理规程的基本规定中指出，工程资料宜采用信息化技术进行辅助管理。市场上工程资料管理软件品牌比较多，但软件类型总体可分为建筑云资料软件和建筑资料软件两类。目前建筑行业还是以建筑资料软件为主，现仅以建筑资料软件为例，对其功能和操作基本流程进行简单介绍，具体使用时要参照相应资料管理软件的使用手册。

2. 施工资料软件的功能介绍

1) 自动填表：表格通用信息可实现自动导入。
2) 导入、导出：能方便地导入、导出到常规的办公文件。
3) 智能评定：软件能依据国家标准规定的数据对检验批的等级作出评定，并作出标识。
4) 自动计算：对生成资料表格中有数据汇总的自动进行计算。
5) 逐级生成验收数据：依据检验批结论自动生成分项工程、分部工程的质量评定数据和等级。
6) 图形编辑：可灵活方便绘制建设行业常用的图形，并嵌入表格中的图形栏。
7) 施工日志：按标准的施工日志记事范本进行记录。
8) 工程表格批量打印：能批量打印整个工程表格。
9) 软件内置的阅读器可以方便查阅相关法律法规规范。

3. 编制表格的基本流程

(1) 新建工程资料

1) 软件登录

输入用户名、密码、点击确定。

2) 分部工程选择

在页面上选择分部工程名称，包括建筑给水排水及供暖、通风与空调、建筑电气、智能建筑、建筑节能、电梯等。

3) 工程概况输入

按页面提示填写工程名称、地址、设计单位、监理单位、施工单位等。并在较大的空白栏内填写已拟好的工程概况。完成后选择创建表格，点击确认。

4) 创建表格

如为施工质量检验类，选择确认要在页面上确定分部、分项、检验批名称，确定后便有系列的表式供选用，则可按需填写。完成后点击确认，则新建工程资料完成。如为其他技术资料，操作方法雷同。

（2）填写检验批表格的步骤

1) 打开检验批表格，进入表格编辑状态；

2) 自动导入工程概况信息；

3) 数据输入；

4) 检验结果。

4. 软件使用注意事项

（1）选择购入工程资料管理软件时，要注意其所含内容是否符合现行的法律、法规的规定和技术标准、规范的要求，即软件应是正版产品。

（2）资料管理软件使用前要认真阅读供应商提供的相关软件手册，避免发生使用中的失误。

（3）工程资料管理软件形成的工程资料应符合国家现行规范标准，在使用过程中，应及时更新或升级软件。

（4）在资料编辑中需要填入的数据必须为现场真实测量所得的数据。

十、施工测量的基本知识

本章对测量的基本工作和设备安装测量的知识作出介绍，供学习者在工作中参考应用。

（一）测量基本工作

本节对水准仪、经纬仪、全站仪、测距仪等测量仪器基本工作原理及在设备安装工作中的应用和水准、距离、角度等测量要点作扼要的介绍，供学习者参考应用。

按计量法规定，所有测量仪器应经过检测机构的检定，并在检定合格有效期内使用，其检测结果方为有效。

1. 水准仪、经纬仪、全站仪、测距仪、红外线激光水平仪的使用

（1）水准仪

1）使用

水准仪的使用包括：水准仪的安置、粗平、瞄准、精平、读数五个步骤。

安置：安置是将仪器安装在可以伸缩的三脚架上并置于两观测点之间。首先打开三脚架并使高度适中，用目估法使架头大致水平并检查脚架是否牢固，然后打开仪器箱，用连接螺旋将水准仪器连接在三脚架上。

粗平：粗平是借助圆水准器的气泡居中，使仪器竖轴大致铅垂，从而视准轴粗略水平。在整平的过程中，利用脚螺旋置圆水准气泡居于圆指标圈之中，气泡的移动方向与左手大拇指运动的方向一致。

瞄准：瞄准是用望远镜准确地瞄准目标。首先是把望远镜对向远处明亮的背景，转动目镜调焦螺旋，使十字丝最清晰。再松开固定螺旋，旋转望远镜，使照门和准星的连接对准水准尺，拧紧固定螺旋。最后转动物镜对光螺旋，使水准尺清晰地落在十字丝平面上，再转动微动螺旋，使水准尺的像靠于十字竖丝的一侧。

精平：精平是使望远镜的视线精确水平。微倾水准仪，在水准管上部装有一组棱镜，可将水准管气泡两端，折射到镜管旁的符合水准观察窗内，若气泡居中时，气泡两端的像将复合成抛物线形，说明视线水平。若气泡两端的像不相符合，说明视线不水平。这时可用右手转动微倾螺旋使气泡两端的像完全符合，仪器便可提供一条水平视线，以满足水准测量基本原理的要求。

读数：用十字丝，截读水准尺上的读数。现在的水准仪多是倒像望远镜，读数时应由上而下进行。先估读毫米级读数，后报出全部读数。读数时"从小往大"读，最后一位，是估读的。读数为四位数，从尺上可直接读出米、分米、厘米，并估读出毫米。

2）注意事项

水准仪安置地应地势平坦、土质坚实，能通视到所测工程实体位置，安装工程所用的

水准尺除塔尺外，大部分使用长度为1m的钢板尺，钢板尺的刻度应清晰，有时为了满足高度上的需要，将1m长的钢板尺固定在铝合金的型材上使用，固定应牢固，可用螺栓或铆钉进行紧固。

（2）经纬仪

1）使用

测量时，将经纬仪安置在三脚架上，用垂球或光学对点器将仪器中心对准地面测站点上，用水准器将仪器定平，用望远镜瞄准测量目标，用水平度盘和竖直度盘测定水平角和竖直角。经纬仪固定在三脚架顶部的基座上，用来测量水平或垂直角度，能在基座上做水平的旋转，同时望远镜可绕横轴作垂直面的旋转，如图10-1所示。

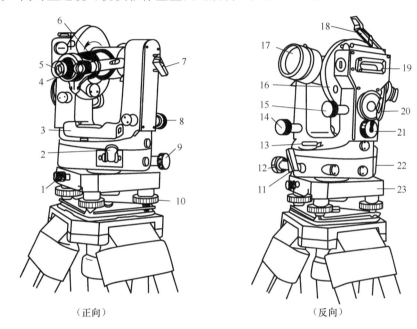

图10-1 DJ6光学经纬仪构造

1—轴座固定螺旋；2—复测扳钮；3—照准部管水准器；4—读数显微镜；5—目镜；6—对光螺旋；7—望远镜制动扳钮；8—望远镜微动螺旋；9—水平微动螺旋；10—脚螺旋；11—水平制动扳钮；12—水平微动螺旋；13—圆水准器；14—望远镜微动螺旋；15—竖直度盘管水准器微动螺旋；16—竖直度盘；17—物镜；18、20—反光镜；19—竖直度盘管水准器；21—测微轮；22—水平度盘；23—基座

由于经纬仪能在三维方向转动，为了方便瞄准提高瞄准效率，在垂直方向和水平方向都有控制精确度的制动螺旋和微动螺旋配合控制。同样有管水准器和圆水准器使经纬工作在正常状态。

2）应用

经纬仪主要用于测量纵、横中心线以及垂直角度，建立测量控制网并在过程中进行测量控制。经纬仪对中的目的是使经纬仪的旋转中心与测站点位于同一铅垂线上。

房屋建筑安装工程中使用经纬仪主要在室外工程的管沟或电缆沟的放线和垂直敷设的较高管道或风管的垂直度控制，而这些管子是不便于用线锤吊线检查的，尤其是室外的会受风力干扰。

室外管沟电缆沟的放线主要用于有特殊要求的转角确定，只要在经纬仪的水平度盘上读数就可确定。

垂直又高的管道或风管安装前要在上、中、下的中分线处做好垂直度检测标记，用经纬仪望远镜在垂直方向转动观测，就可检查其安装垂直度是否符合要求。

(3) 全站仪

全站仪是全站型电子速测仪的简称，其由光电测距仪、电子经纬仪和数据处理系统组成。它可以同时进行角度（水平角、竖直角）测量、距离（斜距、平距、高差）测量和数据的存储处理，自动用数字显示结果，并能与磁卡和微机等外部设备交互通信、传输数据。

1) 使用

全站仪的安置方法和基本操作步骤与经纬仪相同，安置包括对中与整平。仪器有双轴补偿器，整平后气泡略有偏移，对观测并无影响。测量工作中也应进行相关设置，除了厂家进行的固定设置外，主要包括：

各种观测量单位与小数点位数的设置，包括距离单位、角度单位及气象参数等。

指标差与视距差的存储。

测量仪常数的设置，包括加常数、乘常数以及棱镜常数设置。

标题信息、测站标题信息、观测信息。

全站仪可以用于角度测量、距离测量、三维坐标测量、导线测量、交会定点测量和放样测量等多种用途，主要应用于建筑工程平面控制网水平距离的测设、安装控制网的测设、建安过程中水平距离的测量等。

2) 应用

在房屋建筑安装工程中，全站仪基本无用武之地。而大型工业设备安装工程，如大型电站、大型炼化厂、大型钢铁厂，全站仪使用较多。

(4) 测距仪

除全站仪可测距离外，红外光电测距仪、手持式激光测距仪等均能取得高精度的效果，手持式激光测距仪应用最为广泛。现以适用于房地产测绘、建筑施工测量、室内装饰测量、电力线路测量和工业安装测量等，由瑞士来卡（Leica）公司生产的迪士通（DISTO）系列手持式激光测距仪为例介绍其测量特点。

1) 按下开关按钮，打开测距仪，再次按开关按钮，关闭测距仪。

2) 在开机状态下，按下测量激发按钮，仪器发出红色的测距激光，照准目标，再次按下测量激发按钮，测距结束，屏幕显示测量结果。

3) 激光测距精度高，可达 (1.5～5)mm/100m，测程可达 20～100m，配合反射板可达 300m。

4) 该仪器可以进行面积测量和体积测量。

5) 使用时不要通过光学镜片直视激光束，防止对眼睛的伤害，也不要把激光束直接打到光滑的金属表面，防止反射回来，意外地伤及眼睛。

6) 注意使用的环境，不要在雨雪天使用，避免所测结果不正确。

(5) 红外线激光水平仪

1) 红外线激光水平仪是一种测量小角度的常用量具，常用于测量相对于水平位置的倾斜角、设备导轨的平面度和直线度、设备安装的水平位置和垂直位置等。

2) 红外线激光水平仪作为传统水泡式的替代品,更多地应用在机械测量、建筑安装工程、工业平台、石油勘测等场合。

3) 红外线激光水平线采用自动安平(重力摆—磁阻尼)方式,操作精确,定位更准,适用于室内外各种场所。根据激光的类型,分为单水平线模式、单垂直线模式、十字线模式、双垂线单水平线模式等。

4) 红外线激光水平仪操作方便,具备自动校正系统,如放置不够水平,仪器通电后会发出声音,调整至不响即可。

2. 测量原理及测量要点

(1) 测量原理

1) 水准测量原理

水准测量原理是利用水准仪和水准标尺,根据水平视线原理测定两点高差的测量方法。

利用水准仪和水准标尺测定待测点高程的方法分为高差法和仪高法。

高差法是采用水准仪和水准尺测定待测点与已知点之间的高差,通过计算得到待定点的高程的方法。

仪高法是采用水准仪和水准尺,只需计算一次水准仪的高程,就可以测算数个前视点的高程。

当安置一次仪器,同时需要测出数个前视点的高程时,可采用仪高法。

2) 基准线测量原理

基准线测量原理是利用经纬仪和检定钢尺,根据两点成一直线原理测定基准线。确定地面点位的基本方法有水平角测量和竖直角测量。每两个点位都可连成一条直线(或基准线)。安装基准线一般都是直线,只要定出两个基准中心点,就构成一条基准线。平面安装基准线不少于纵横两条。相邻基准点安装高差应在0.3mm以内。

为保证量距精度,应采用返测丈量,当全段距离量完之后,尺端要调头,读数员互换,按同法进行返测,往返丈量一次为一测回,一般应测量两测回以上。量距精度以两测回的差数与距离之比表示。

(2) 测量要点

1) 水准测量要点

选好水准点,通常应用的是不需永久保留而使用一个时期的临时性水准点,其用大木桩(顶面10cm×10cm)打入地下,顶部有一个半球状钢钉来标定,也可用坚硬的岩石或房角等,但必须编号,有色标,在施工设计总平面上有标示,并注明高程。

在测量转点处要设置水准尺的尺垫,以防止观测中水准尺下沉而影响读数的准确性。

要使用经过检验和校正的仪器、设备,使用完毕,注意保护仪器设备,存放妥善。

水准测量记录要及时、规范、清晰。记录员记录前要复述观测者所报读数,确认无误后才能记录入册。

2) 距离测量要点

距离测量是指测量地面上两点连线长度的工作。通常需要测定的是水平距离,即两点连线投影在某水准面上的长度。在三角测量、导线测量、地形测量和工程测量等工作中都需要进行距离测量。距离测量的精度用相对误差（相对精度）表示。即距离测量的误差同该距离长度的比值，用分子为1的公式 $1/n$ 表示。比值越小，距离测量的精度越高。

距离测量常用的方法有丈量法（量尺量距）、视距法、视差法测距和光电测距等。

① 丈量法

丈量法（量尺量距）是至少由两人合作，用钢制盘尺（20m、30m、50m 等）及辅助工具（测钎、花杆、标桩、色笔等）沿着既定线路，循序前进逐段测量长度，累加后得出距离的数值，通常要到终点后，应返测一次，将往返所测得的数值两者取平均值。因房屋建筑安装工程所需测距离的场所大都地势平坦，测量时能保持盘尺拉紧呈水平状态，其所测的数值是较正确可信的。

② 视距法

A. 视距测量是利用经纬仪、水准仪的望远镜内十字丝分划板上的视距丝在视距尺（水准尺）上读数，根据光学和几何学原理，同时测定仪器到地面点的水平距离和高差的一种方法。

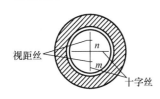

图 10-2 视距丝

B. 视距法使用仪器主要为水准仪和经纬仪，利用仪器望远镜内十字丝分划面上的上、下两根断丝，与横线平行且等距离，如图 10-2 所示。

C. 用水准仪望远镜在站位处（甲）向塔尺站位处（乙）读取，视距丝 m、n 截取塔尺上的长度数值 l，根据光学原理，可知甲、乙两点的水平距离 $L_{甲乙}=kl$，k 通常为100。

D. 水准仪用于平整场所的视距法测量距离，坡度较大场所用经纬仪做视距法测量水平距离，其数值要根据三角学、光学原理用另外的公式计算，且可计算出甲乙两点的高差。

③ 光电测距（电磁波测距）

采用可见光或红外光作为载波，通过测定光线在测线两端点间往返一次的传播时间 t，算出距离 D。光电测距计算公式为：$D=ct/2$，式中，c 为光波在大气中的传播速度，它可以根据观测时的气象条件来确定。测定 t 的方法有：A. 直接测定光脉冲在测线上往返传播时间的仪器，称为脉冲式光电测距仪。B. 通过测量调制光在测线上往返传播所产生的相位移，间接测定时间的仪器，称为相位式光电测距仪。光电测距种类有激光测距仪、红外测距仪等。

这几种方法中，量尺量距法比较烦琐，视距测量精度较低，而光电测距则测程长、精度高、操作简便、自动化程度高。

3）角度测量要点

角度测量有水平角测量和竖直角测量两种。

① 使用经纬仪测角度要控制角度误差，角度误差由仪器误差、目标偏心误差、观测误差形成。

A. 仪器误差的影响一般都是系统性的，可以在工作中通过一定的方法予以清除或减小。

B. 目标偏心误差是由仪器照准部旋转中心与水平盘的刻划中心不相重合形成的，采用对径符合读法的仪器,可将这项误差自动消除。

C. 观察误差包括测站偏心和目标偏心引起的误差,还有照准误差、读数误差和竖盘指标水准器的整平误差。发生观察误差的原因主要是工作时不细心及受使用人的器官及仪器性能的限制。

② 测量角度要注意环境条件的符合性,因为天气的变化、植被的不同、地面土质松紧的差异、地形的起伏,以及周围建筑物的状况等都会影响仪器的稳定和观测者的读数,使测角精度达不到要求。

③ 要设计合理的测量角度记录表式,使之清晰、规范、方便记录和计算。

(二) 安装测量的知识

本节对房屋建筑设备安装工程中的测量工作和安装定位、抄平的内容和基本方法作出介绍,供学习者参考应用。

1. 安装测量基本工作

施工测量是以地面上的施工控制点为基础,根据图纸上的建、构筑物的设计尺寸,计算出各部分的特征点与控制点之间的距离、角度、高差等数据,将建、构筑物的特征点在实地标定出来,以便施工,这项工作又称"放样"。

(1) 工程测量的程序

建立测量控制网——设置纵横中心线——设置标高基准点——设置沉降观测点——设置过程检测控制——实测记录。

(2) 工程测量的方法

工程测量分为平面控制测量和高程控制测量。

为了限制误差的累积和传播,保证测图和施工的精度及速度,测量工作必须遵循"从整体到局部,先控制后碎部"的原则。即先进行整个测区的控制测量,再进行碎部测量。控制测量的实质就是测量控制点的平面位置和高程,并最终建立平面控制网和高程控制网。测定控制点的平面位置工作,称为平面控制测量;测定控制点的高程工作,称为高程控制测量。

1) 平面控制测量常用的方法

一般有三角测量、导线测量、三边测量法、交会法定点测量等,采用全站仪、经纬仪等仪器进行。随着 GPS 全球定位系统技术的推广,利用 GPS 技术进行控制测量已得到广泛应用。

2) 高程控制测量

① 高程测量的概念

A. 测量地面上各点高程的工作,称为高程测量。

B. 高程测量按照"从整体到局部"的原则进行。先在测区内设立若干高程控制点,并测出其高程,然后再根据这些高程控制点测量附近其他点的高程,这些高程控制点称为"水准点",高程上用"BM"标记。测区的高程系统,宜采用国家高程基准。在已有高程控制网的地区进行测量时,可沿用原高程系统。当小测区联测有困难时,亦可采用假定高程系统。高程控制测量等级划分为二、三、四、五等。各等级视需要,均可作为测区的首级高程控制。

② 高程测量方法

根据所使用的仪器和施测方法的不同,分为水准测量法、电磁波测距三角高程测量法、气压高程测量法、GPS 测量法等,常用水准测量法。

（3）测量注意事项

1）望远镜视线,高差法与仪高法都是利用水准仪提供的水平视线测定地面点高程。望远镜视线水平是水准测量过程中要时刻牢记的关键操作。在施测过程中,水准仪安置的高度对测算地面点高程并无影响。因此,只要当水准仪的视线水平时,能在前、后视的标尺上读数即可。

2）水准标记设定,各等级的水准点,应埋设水准标石。水准点应选在土质坚硬、便于长期保持和使用方便的地点。由水准点组成的高程控制网称水准网。标定水准点位置的标石和其他标记,统称为水准标记。

一个测区及其周围至少应有3个水准点。水准点之间的距离,应符合规定。

3）水准观测应在标石埋设稳定后进行。两次观测高差较大超限时应重测。当重测结果与原测结果分别比较,其较差均不超过时限值时,应取三次结果数的平均值数。

设备安装过程中,测量时应注意：最好使用一个水准点作为高程起算点。当厂房较大时,可以增设水准点,但其观测精度应提高。设备标高基准点从建筑物的标高基准点引入到其他设备的基准点时,应该一次完成。对于大型、重型设备,应该多布置一些基准点。对于埋设在基础上的水准点,在埋设后即开始观测,在设备安装期间应连续进行观测。

4）仪器使用,水准测量所使用的水准仪视准轴与水准管轴的夹角,应符合规定。高程控制测量通常采用 S3 光学经纬仪,可用于建筑工程测量控制网标高基准点的测设及厂房、大型设备的基础沉降观测等,也可在设备安装工程中,用于连续生产线设备测量控制网标高基准点的测设和安装过程中对设备标高的控制。

5）沉降观测即根据建筑物设置的观测点与固定（永久性水准点）的测点进行观测。沉降观测一般采用二等水准测量方法,每隔适当距离选定一个基准点与起算基准点组成水准环线。

2. 安装工程测量要点

房屋建筑设备安装工程需使用仪器进行测量定位的通常分为室外工程和室内工程两部分。

（1）室外工程

1）给水、排水工程

室外埋地敷设的较长的管道管沟定线、定位,并计算其挖土或回填土的土方数量,一般直线段小于 10m 或地形平坦处不用测量仪器,仅用皮尺或钢盘尺参照已建成建筑物的外墙或其他构筑物的轴线就可正确定位并计算土方数量。

管沟开挖后对沟底标高进行测定,合格后才能敷设管道。

埋设的管道要测量其管顶标高是否符合设计要求,重力流的排水管道要测量其坡度和坡向是否符合施工质量验收规范的规定。

2）建筑电气工程

如有室外架空线路工程要测定线路方向及电杆杆位。

室外直埋敷设电缆的电缆沟定线、定位，并对开挖后的沟底标高进行测定，符合埋设深度要求后才能敷设电缆，同样要计算挖土和回填土的土方数量。

3）室外设备安装

主要对设备基础标高及其纵横中心的正确度复核，包括安装在屋顶上的设备基础在内。室外设备是指组合式变配电室、风机、水泵、冷却塔等。

(2) 室内工程

1）给水、排水工程

给水水平管道的标高测量，垂直管道的垂直度测量。

排水横管的标高测量及坡度坡向测量，排水垂直管道的垂直度测量。

给水工程水泵、气压给水设备、水箱等基础的标高和中心线复核。

2）建筑电气工程

变配电设备的基础标高和中心线复核，及变配电盘柜安装垂直度测量。

电缆梯架、托盘、槽盒等的标高测量。

地下车库日光灯光带直线度定位。

3）通风与空调工程

风机、冷水机组、水泵等设备基础的标高及中心线复核。

风管水平段的标高测量、垂直段的垂直度测量。

大空间内散流器直线度定位，带有装饰要求的出风口、回风口等位置定位。

3. 安装定位，找正找平

找正就是将设备正好放在规定的位置，使设备的纵、横中心线与基础的纵、横中心线对正；找平就是把设备调整成水平状态或铅垂状态的工艺过程。所谓水平状态，即使设备上的主要工作面与水平面平行；设备的找正与找平工作，概括起来主要是进行"三找"，即找中心、找标高和找水平。设备中心找正的方法有钢板尺、线锤测量法和边线悬挂法，测量圆形物品时可采用边线悬挂法。

(1) 安装定位

1）由于房屋建筑设备安装工程施工设计图纸的特点，决定了安装定位的方法。

2）各专业的设备在平面布置图上标有具体位置，大设备的位置有纵横中心线标定，如水泵、变压器、冷水机组、鼓风机等，其在设备室内有三视图说明具体安装要求，并标明与建筑物间相对距离；而小设备在平面布置图仅有示意位置，如水表、灯具、出风口、阀门等，具体位置要查阅相应标准图集和施工及验收规范的要求来确定。机电末端点位的放线根据安装标高水准点进行。

3）各专业的管线位置是主干管均在施工设计图上标有中心尺寸和标高，而支管均为示意走向。管线的主点一般包括管线的起点、终点和转折点等。

4）鉴于上述情况，房屋建筑设备安装工程施工前的准备工作中关键要做好深化设计工作，其中重要的一项是把施工设计图上未作详细定位的小设备、支管的位置确定下来，包括安装中心线和标高，经原设计单位确认后，才可正式施工，目前，较多单位采用

BIM 技术做深化设计，其效果更好。

　　5）设备定位

　　设备定位即按施工设计图纸所示中心线进行基础放线。标志安装基准线时，一般情况下根据有关的建筑物轴线、边线来确定平面位置基准线，对于平面位置基准线，一般先应划定两个基准中心点。基准中心点可依据建筑物来确定，也可按全厂性的永久中心点（一般设置在厂房的控制网或主轴线上）来放设，此时如果设计规定设备轴线平行或垂直厂房某主轴线，则可使用经纬仪或几何作图法，以便简单而精确地定出相应的基准线。

　　房屋建筑安装工程中设备基础的中心线放线，通常有单个设备基础放线和多个成排的并列基础放线两种情况。

　　单个设备基础放线，由土建工程施工单位提供建筑物的纵横轴线及标高参考点，依据设备安装图示中心线位置，用钢盘尺和墨斗尺量弹线即可完成，再对基础标高进行复核。

　　多个成排的并列基础（如水泵房的多台水泵基础），除依据土建施工单位提供的建筑物纵横轴线及标高的参考点决定设备基础中心线位置外，为了使多台设备排列整齐，观感质量满足要求，可以使用经纬仪或其他准直仪定位使各个单体设备的横向中心线处在同一条直线上。

　　(2) 找平找正

　　基准的选择应该遵循基准重合的原则，以减少检测工作的误差。设备符合要求的表面包括：设备的主要工作面、支持滑动部件的导向面、转动部件的配合面或轴线、设备上应为水平或铅直的主要轮廓或中心线、设备上加工精度较高的表面等。安装的基准点测量点，一般选择设备的主要工作面，连续运输设备和金属结构上的测点宜选在可调整的部位，两侧点间距不宜大于 6m。管线施工时应设置临时测量点。地下管线必须在回填前，测量出起、止点，窨井的坐标和管顶标高。

　　1）找平这个工序在房屋建筑设备安装工程中通常指单体设备、水平安装的水管、风管、变配电箱、柜、盘的顶部等部位要找平。在较小的测量面上可直接用水平仪检测，对于较大的测量面应先放上水平尺，然后用水平仪检测。平尺与测量基准面之间应擦干净，并用塞尺检查间隙，接触应良好。在有斜度的测定面上测量水平度时，可使用角度水平仪进行测量。

　　2）找平不用测量放线的仪器，而有专用的工具，工具依找平的精度等级要求来选定，房屋建筑设备安装精度等级不高，通常选用木水平尺、铁水平尺即可，对精度要求高的部位，如较大的高速运转的水泵或鼓风机主轴的水平度找平，要用框架式水平仪找平，其主水准刻度值可达每米 0.02mm。

　　3）发现设备水平度不符要求，则在设备底部加垫片进行设备找平，垫片的材质有钢和紫铜制成，通常的厚度为 0.2~3mm 不等。找平要将水平尺沿设备的纵横方向进行测量。多次操作才能达到要求。

　　4）管线水平度不符要求，调整支架位置或在管线与支架间加垫使之符合要求，测量时水平尺的方向正反调转取平均值，同时管线外壁应干净无杂物。

　　5）只有在某些场合，如影剧院、礼堂要求壁灯安装的高度整齐划一或有与建筑物的装饰线配合和谐而明确每个灯具的具体高度时才用测量仪器（水准仪）进行定位。

　　(3) 设备基础质量标准

机械设备基础的质量应符合现行国家标准《混凝土结构工程施工质量验收规范》GB 50204—2015 的有关规定,并应有验收资料和记录;机械设备基础的位置和尺寸应按表 10-1、表 10-2 的规定进行复检。

机械设备基础位置和尺寸的允许偏差　　　　　　　　　　表 10-1

项目		允许偏差（mm）
坐标位置		20
不同平面的标高		0，-20
平面外形尺寸		±20
凸台上平面外形尺寸		0，-20
凹穴尺寸		+20，0
平面的水平度	每米	5
	全长	10
垂直度	每米	5
	全高	10
预埋地脚螺栓	标高	+20，0
	中心距	±2
预埋地脚螺栓孔	中心线位置	10
	深度	+20，0
	孔壁垂直度	10
预埋活动地脚螺栓锚板	标高	+20，0
	中心线位置	5
	带槽锚板的水平度	5
	带螺纹孔锚板的水平度	2

设备基础常见缺陷及处理方法　　　　　　　　　　表 10-2

序号	缺陷	处理方法
1	基础标高过高	铲低，达到标准
2	基础标高过低	补浇混凝土，达到标准
3	基础中心偏差过大	可考虑改变地脚螺栓位置来调整，若难以调整，则重新浇捣基础
4	预埋地脚螺栓位置偏差超标	预埋地脚螺栓位置个别偏差较小时，可以将地脚螺栓用气焊烤红后敲移到正确位置；预埋地脚螺栓位置个别偏差较大时，可以在其周围凿到一定深度后割断，按要求尺寸打结焊上一段，并采取加固措施
5	预埋基础螺栓孔偏差过大	扩大预留孔